この図鑑のDVDでは、
さまざまな環境でたくましく生きる
爬虫類・両生類のすがたを紹介しています。
ぜひ見てみましょう。
DVDについては、2〜7ページでも紹介しています。

DVDの名場面

爬虫類のなかで最も奇妙ななかま、カメレオン。その体には、いろいろなひみつがあります。

卵を産み、砂でかくすキュビエブキオトカゲ。これで安全かと思ったら…。

ヘビにねらわれるマッコネリーテプイヒキガエル。どうやってにげるのでしょうか？

このDVDの映像は、「LIFE」のエピソード2「Reptiles and Amphibians」(爬虫類と両生類)を子ども向けに編集したものです。
BBC EARTH ライフ
ブルーレイ・デラックスBOX [episode1-10] 5枚組
発売・販売元(株)ソニー・ピクチャーズ エンタテインメント

©Adam Chapman ©2014 BBC Worldwide ltd. BBC and the BBC Earth logos are trademarks of the British Broadcasting Corporation and are used under licence. BBC Logo ©BBC 1996. BBC Earth logo ©BBC 2014 All rights Resrved.

スマートフォンで見てみよう！

「3Dで見てみよう」「見てみよう」のマークがあるページから、爬虫類・両生類の3DCGや動画が見られるよ。おうちの人がスマートフォンをもっていたら、おうちの人といっしょに見てみよう！

おうちの方へ

1 アプリをダウンロードしてください

「Google Play（Playストア）」・「App Store」から、ARAPPLI（アラプリ）をダウンロードしてください。

2 スキャンしてください

アラプリを起動し、見てみようのマークがあるページを、スマートフォンなどを縦にして画面いっぱいにスキャンしてください。

マークがあるページ全体をスキャンしてください。

「3Dで見てみよう」では、動く爬虫類・両生類が現れます！ スマートフォンを上に向けたり、左右に傾けると、いろいろな角度から観察できます。また、ピンチイン、ピンチアウトで拡大縮小ができます。写真も撮れて楽しめます。また「見てみよう」では、爬虫類・両生類の生態がわかる動画が見られます。

3DCG

動画

※スマートフォンアプリ「ARAPPLI（アラプリ）」のOS対応は　iOS：13以上 Android™7以上となります。
※タブレット端末動作保証外です。
※Android™端末では、お客様のスマートフォンでの他のアプリの利用状況、メモリーの利用状況等によりアプリが正常に作動しない場合がございます。
また、アプリのバージョンアップにより、仕様が変更になる場合があります。詳しい解決法は、https://www.arappli.com/faq をご覧下さい。
※Android™はGoogle Inc.の商標です。
※iPhone™は、Apple Inc.の商標です。※iPhone®商標は、アイホン株式会社のライセンスに基づき使用されています。
※記載されている会社名及び商品名/サービス名は、各社の商標または登録商標です。

動画をうまく再生するには
- かざすページが暗すぎたり、明るすぎると動画が表示しにくい場合があります。照明などで調節してください。
- かざすページに光が反射していたり、影がかぶっていたりするとうまく再生されません。
- 複数のアプリを同時に使用していると、うまく再生されない場合があります。ご確認ください。
- 電波状況の良いところでご利用ください。
- うまく再生できない場合は、一度画面からページをはずして、再度かざし直すとうまく再生できる場合があります。

スマートフォンがない場合は

Web上でも、動画を公開しています。パソコンから下記URLにアクセスしてください。

＜動画公開ページ＞　https://zukan.gakken.jp/live/movie/

現在のサービスは、2026年6月30日までです。その後は、「学研の図鑑LIVE」のWEBページをご覧ください。

＜学研の図鑑LIVE WEBページ＞　https://zukan.gakken.jp/live/

学研の図鑑 LIVE（ライブ）

爬虫類（はちゅうるい）両生類（りょうせいるい）

[監修（かんしゅう）]

森 哲（もり あきら）
京都大学大学院　理学研究科
准教授　博士（理学）

西川完途（にしかわ かんと）
京都大学大学院　人間・環境学研究科
准教授　博士（人間・環境学）

鈴木 大（すずき だい）
東海大学　生物学部生物学科
講師　博士（理学）

爬虫類・両生類の世界へようこそ

約3億6千万年前、両生類が脊椎動物（背骨のある動物）では初めて陸上へ進出し、そして約3億年前、爬虫類が誕生して世界のいろいろな場所に進出しました。そして現在も、さまざまな環境に適応して生きているのです。そんな爬虫類・両生類の世界を見てみましょう。

爬虫類・両生類のくらし 1

コモドオオトカゲ

日本から南に約5000kmはなれた、インドネシアのコモド島。ここには世界最大のトカゲ、コモドオオトカゲがいて、昆虫やトカゲ、ヘビ、ネズミなどのほか、大きなものはシカやスイギュウなどもおそって食べます。島にはほかに大型の肉食獣がいないため、コモドオオトカゲは天敵のいない、島の主なのです。

DVDで見てみよう

コモドオオトカゲは、繁殖期におす同士がはげしく戦います。

爬虫類・両生類のくらし 2

クロテプイヒキガエル

日本から南東へ約15000km、南アメリカのベネズエラ、ガイアナ、ブラジルなど6か国にまたがる地域にあるギアナ高地。テーブルマウンテン（現地の言葉でテプイという）と呼ばれる、切り立ったがけでかこまれた山がたくさんあります。この頂上部分はまわりから切りはなされていて、変わった生態をもつさまざまな生き物がここでくらしています。クロテプイヒキガエルも、その1種です。

DVDで見てみよう

クロテプイヒキガエルは、体長2.5cmしかなく、ジャンプもできないカエルです。では敵に出会ったとき、どのようにしてにげるのでしょうか。

©Adam Scott　　クロテプイヒキガエル

ギアナ高地のテーブルマウンテン（ロライマ山）

爬虫類・両生類のくらし 3

ナマクアカメレオン

　日本から南西へ約15000km、南アフリカ、ナミビアの大西洋側に広がるナミブ砂ばく。南北2000kmにもおよぶ広大な砂ばくにも、爬虫類がいます。写真のナマクアカメレオンは、木の上にすむほかのカメレオンとちがい、おもに地上で活動し、昆虫などをさがして食べています。

爬虫類・両生類のくらし ④

ウミヘビ

陸上だけではなく、海にも爬虫類がすんでいますが、完全に水中に適応した体にはなっていません。写真のウミヘビも、呼吸は海面上に出ないとできませんし、卵も海中では呼吸ができないので、陸上で産みます。

DVDで爬虫類・両生類のくらしを見てみよう

The BBC Earth logo is a trademark of the BBC and is used under licence.

DVDも見よう

DVDにはBBC（イギリス公共放送）制作による、爬虫類・両生類のくらしが、紹介したシーン以外にもたくさん収録されています。一生懸命生きる迫力ある映像を見てみましょう。

飛びおりてにげるマッコネリーテプイヒキガエル

雨季を待つパラグアイカイマン

水面を走るノギハラバシリスク

水面にうくヒラバナヤモリ

奇妙な爬虫類、カメレオン

砂ばくにすむカメレオンのくらし

いち早く体温を上げたいコモンガーターヘビの作戦

トカゲとヘビ、卵をめぐる攻防

ウミヘビの産卵場所

オタマジャクシの世話をする、アフリカウシガエル

コモドオオトカゲの狩り

もくじ

学研の図鑑 LIVE
爬虫類 両生類

表紙：ジョンストンワニ
裏表紙：キオビヤドクガエル
背表紙：グランディスヒルヤモリ
総とびら：パンサーカメレオン
爬虫類とびら：ガラパゴスゾウガメ
両生類とびら：ニホンアマガエル

スマートフォンで見てみよう！
（動画再生のやり方）——————— 見返し
DVD関連ページ
爬虫類・両生類の世界へようこそ ——— 2
この図鑑の見方と使い方 ——————— 10
爬虫類・両生類とは ———————— 12

爬虫類 —— 21

ワニのなかま ———————— 22
- クロコダイルのなかま ————— 26
- ガビアルのなかま ——————— 28
- アリゲーターのなかま ————— 29

カメのなかま ———————— 30
- ヨコクビガメのなかま ————— 34
- ヘビクビガメのなかま ————— 36
- スッポンモドキ・スッポンのなかま — 38
- ウミガメ・オサガメのなかま —— 40
- ドロガメ・カワガメのなかま —— 42
- カミツキガメ・オオアタマガメのなかま — 43
- ヌマガメのなかま ——————— 44
- イシガメのなかま ——————— 46
- リクガメのなかま ——————— 52

ムカシトカゲのなかま ———— 57

トカゲのなかま ——————— 60
- ヤモリのなかま ———————— 64
- トカゲモドキのなかま ————— 70
- そのほかのヤモリのなかま ——— 72
- ヒレアシトカゲ・フタアシトカゲのなかま — 74
- トカゲのなかま ———————— 75
- ヨルトカゲなどのなかま ———— 82
- カナヘビのなかま ——————— 84
- ミミズトカゲのなかま ————— 86
- テグートカゲなどのなかま ——— 90
- アガマのなかま ———————— 91
- カメレオンのなかま —————— 95
- イグアナなどのなかま ————— 102
- アシナシトカゲのなかま ———— 107
- ドクトカゲ・ワニトカゲなどのなかま — 108
- オオトカゲなどのなかま ———— 109

ヘビのなかま ———————— 114
- メクラヘビなどのなかま ———— 118
- サンゴパイプヘビなどのなかま — 119
- ボアのなかま ————————— 120
- ニシキヘビなどのなかま ———— 122
- ヤスリミズヘビ・タカチホヘビなどのなかま — 124
- クサリヘビのなかま —————— 126
- ナミヘビのなかま ——————— 134
- イエヘビのなかま ——————— 147
- コブラのなかま ———————— 150

両生類 ——— 159

アシナシイモリのなかま ——— 160

カエルのなかま ——— 164
- ムカシガエル・スズガエルなどのなかま ——— 168
- ピパ・メキシコジムグリガエルなどのなかま ——— 169
- コノハガエルなどのなかま ——— 170
- ユウレイガエルなどのなかま ——— 171
- コガネガエル・コヤスガエルなどのなかま ——— 172
- アマガエルのなかま ——— 173
- ナンベイウシガエル・アマガエルモドキのなかま ——— 176
- ヤドクガエルのなかま ——— 177
- ヒキガエルのなかま ——— 178
- ツノガエル・ダーウィンガエルなどのなかま ——— 182
- フクラガエル・クサガエルなどのなかま ——— 183
- ヒメアマガエルのなかま ——— 184
- アカガエルなどのなかま ——— 186
- ヌマガエルのなかま ——— 192
- アオガエルのなかま ——— 193
- マダガスカルガエルのなかま ——— 196

サンショウウオのなかま ——— 200
- オオサンショウウオのなかま ——— 204
- サンショウウオのなかま ——— 205
- サイレン・トラフサンショウウオなどのなかま ——— 210
- ホライモリ・オリンピックサンショウウオなどのなかま ——— 211
- イモリのなかま ——— 212
- アメリカサンショウウオのなかま ——— 216

さくいん ——— 220

本当の大きさです
爬虫類・両生類の迫力ある姿を本当の大きさで体感

- 本当の大きさ「ナイルワニ」——— 24
- 本当の大きさ「アオウミガメ」——— 32
- 本当の大きさ「エリマキトカゲ」——— 62
- 本当の大きさ「カメレオン」——— 100
- 本当の大きさ「オオアナコンダ」——— 116
- 本当の大きさ「ゴライアスガエル」——— 166
- 本当の大きさ「オオサンショウウオ」——— 202

LIVE情報
LIVE情報ではためになる情報がいっぱい

- 爬虫類・両生類の名前となかま分け ——— 58
- トカゲは何を聞いている？ ——— 88
- トカゲ・ヘビの尾の役割 ——— 89
- 爬虫類・両生類の擬態 ——— 112
- 爬虫類・両生類の脅威と保全 ——— 132
- 爬虫類・両生類の研究者の活動 ——— 156
- 前あし、後ろあしをなくす進化 ——— 158
- 爬虫類・両生類の脱皮 ——— 162
- カエルの音声によるコミュニケーション ——— 197
- 世界の爬虫類・両生類の分布 ——— 198
- 日本の爬虫類・両生類の多様性 ——— 218

この図鑑の見方と使い方

この図鑑では、爬虫類・両生類をなかま分けし、最新の情報とともに紹介しています。爬虫類・両生類の大きさや何を食べているか、どこにすんでいてどんなくらしをしているのかがくわしくわかります。また、DVDの映像を見ることができたり、スマートフォンやタブレットなどで動物たちの生きているすがたを動画で観察できます。おうちの方と楽しんでみましょう。

※爬虫類・両生類の写真は、向きをそろえるため一部左右を反転しています。

■大きななかま分け
爬虫類は5つ、両生類は3つのグループに分けています。

■小さななかま分け
さらに細かいグループのなかま分けを表しています。

■スマートフォンで爬虫類・両生類が動く!
このマークがあるページは、スマホやタブレットで動くすがたを観察できるページです。おうちの人と相談して、楽しんでみましょう。やり方は、1ページ左のページに出ています。

■コラム
もっと爬虫類・両生類にくわしくなれる情報を、写真やイラストなどとともにのせています。

■豆ちしき
知ってとくをする、おもしろ情報をのせています。

爬虫類・両生類の大きさ

爬虫類や両生類の体の大きさのはかり方は、なかまによってほぼ決まっており、それぞれ全長、体長、甲長などで表してあります。

※カエルは、頭の先から肛門までの長さを「体長」として表します。

※ワニ、トカゲ、ヘビ、サンショウウオなどは、頭の先から尾の先までの長さを「全長」として表します。

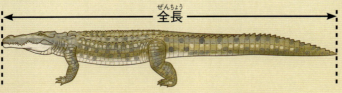

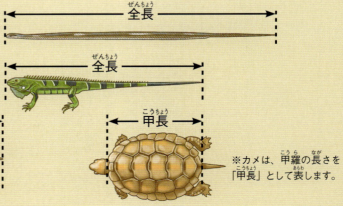
※カメは、甲羅の長さを「甲長」として表します。

■ 爬虫類・両生類のデータ

くわしい情報や特徴がわかります。

名前…別名のあるものは、かっこの中に入れています。

🔴 絶滅危惧種…絶滅のおそれがある動物です。

🔵 体の大きさ…全長、体長など
🍀 分布
❤ 食べ物…おもに食べているものです。
★ 特徴などを説明しています。

※「絶滅危惧種」とは

IUCN（国際自然保護連合）が発行する、絶滅危機動物の現状を解説したリスト（レッドリスト）で、絶滅寸前種、絶滅危惧種、危急種にランクされた種を「絶滅危惧種」といいます。
（絶滅危惧種のランクは、2019年現在のものです）

■ 分布図

爬虫類・両生類たちがすんでいる場所を、地図で表しています。

ジョンストンワニの分布

■ 引き出し情報

体の特徴などを説明しています。

■ DVDマーク

このマークのある爬虫類、両生類は、DVDにくわしく出ています。ぜひ、DVDも見てみましょう。

■ 大きさくらべ

身長118cm（小学校2年生の平均身長）の子どもと、爬虫類・両生類の大きさをシルエットでくらべています。

※亜種とは

亜種とは、種をさらに細かく分類するときに使われる言葉です。例えば、同じ種のなかでも、すんでいる地域などによって体の特徴がちがっている場合、それぞれの地域にすむグループを亜種として分類することがあります。

DVD関連ページ

DVDに収録されている爬虫類・両生類の一部を、迫力ある写真で紹介しています。

本当の大きさページ

代表的な爬虫類・両生類7種を、実物大で観察できます。こまかいところまで観察してみましょう。

爬虫類・両生類とは

両生類は、南極や極端に乾燥した砂ばく、そして海をのぞく全世界に約7100種、爬虫類は極地をのぞく全世界に約9800種がすみ、どちらも地球上で繁栄している動物（脊椎動物）のグループです。一般に、両生類と爬虫類はまとめて扱われることが多いですが、実際にはお互いにまったくことなる動物です。では、それぞれどんな動物なのか、進化の過程から見てみましょう。

爬虫類・両生類の進化

約3億6000万年前に、両生類はある種の魚類から進化したと考えられ、初めて陸上に進出した脊椎動物となりました。でも完全に水辺から離れることはできませんでした。その後、両生類から乾燥にたえられる体をもち、完全に水場から離れて生活できるようになった爬虫類が生まれてきたのです。

ユーステノプテロン／イクチオステガ

ユーステノプテロンは全長30〜120cmほどの魚類です。ひれの内部や頭骨のつくりなどが、最古の両生類のもつ特徴と似ていることから、両生類の祖先ではないかといわれています。イクチオステガは全長1mほどの初期の両生類で、体のつくりが魚類によく似ています。

エリオプスも初期の両生類です。全長は2mほどで、水中と陸上の両方で生活ができました。あごの関節のしくみから、水中に入ってえものを食べていたと考えられています。

エリオプス

ヒロノムスは初期の爬虫類のひとつです。全長は20cmほどで、沼や湿地でくらしていました。昆虫などの小さな動物を食べていたと考えられています。

爬虫類・両生類の進化のようす

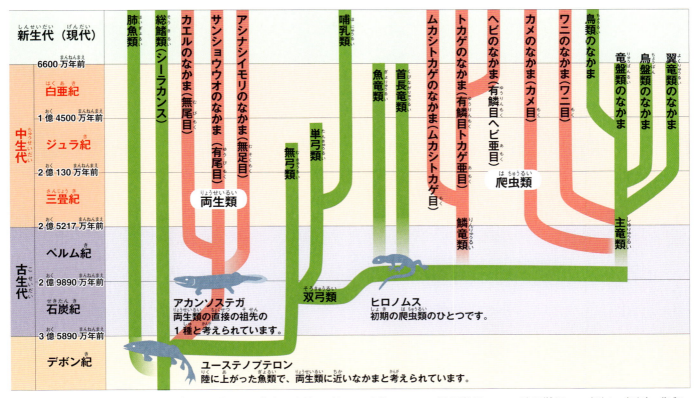

爬虫類・両生類は、私たち人間（哺乳類）や魚類、鳥類と同じ、背骨をもった脊椎動物です。脊椎動物は、最初に水中で魚類が誕生し、古生代デボン紀後期（約3億6000万年前）になると、水辺でくらす魚類のなかから、陸上に進出するものが現れました。これが両生類の祖先です。そしてそこからカエル、サンショウウオ、アシナシイモリなどのなかまが生じました。爬虫類は無弓類から分かれた双弓類から、現在のワニ、カメ、ヘビ、トカゲなどの爬虫類が生じました。

水からはなれられない両生類

　両生類は、ふつう水辺をはなれては一生を送ることができません。なぜなら、両生類は肺呼吸だけではなく皮ふ呼吸も多く行い、そのため皮ふがいつも湿っている必要があるからです。さらに、両生類の卵は爬虫類や鳥類とちがってからがなく、むき出しの状態で産み落とされるため、水中や湿った場所でないと卵は生きてゆくことができないからです。

オオサンショウウオ

ニホンアマガエル

アズマヒキガエル

カジカガエル

グレーターサイレン

まゆをつくってじっとしているミズタメガエル

アカハライモリ

水がない砂ばくに生きるカエル

　オーストラリアの砂ばくにすむミズタメガエルは、ふだんは地中にもぐり、脱皮した皮でまゆをつくり、さらにぼうこうに水をためて乾燥を防ぎながら、雨がふるのを待ちます。雨がふったら急いで地上に出て繁殖、産卵します。卵はわずか2週間ほどでカエルにまで成長し、水が干上がる前に地中にもぐります。こうして、水がほとんどない砂ばくでも生きのびているのです。

15

変態する両生類

両生類の卵はからがありませんので、基本的に水中で産卵します。卵をそのまま産むものや、ゼリー状の物質につつまれた、卵のうという形で産むものなど、種によってさまざまです。また、両生類の大きな特徴として、卵から幼生が生まれ、成長するにしたがって体のつくりが変化して、成体（おとな）となります。このような変化を「変態」といいます。

アカハライモリの幼生

アズマヒキガエルの産卵

アズマヒキガエルの幼生（オタマジャクシ）

ニホンアカガエルの成長

　カエルは卵、幼生（おたまじゃくし）、カエルという3段階で成長します。卵の中で幼生に成長すると、卵のうから出てきて水中の植物などを食べます。後ろあし、前あしの順に生え、その後、尾が体内に吸収されて水から陸に上がり、小さな昆虫などを食べながらおとなのカエルに成長します。

ニホンアカガエルの卵のう。

卵の中でオタマジャクシに成長します。

オタマジャクシになって泳ぎだします。

尾が体に吸収されてカエルになりました。

前あしも生えてカエルらしくなります。

後ろあしが先に生えます。

アカハライモリの成長

　アカハライモリは、4～7月頃水中の水草などに卵をひとつずつ産みつけます。ふ化した幼生は、イトミミズやユスリカの幼虫（アカムシ）などを食べて育ちます。水中生活を送る幼生には、水中で呼吸するためのえら（外鰓）がありますが、成長とともに退化し、陸上生活の準備がはじまります。成体になると、再び水中にもどり、2年ほどたつと繁殖できるようになります。

繁殖期のおすは、めすをさがして歩き回り、めすを見つけると求愛します。

水中の水草などにひとつずつ、20～40個ほど卵を産みつけます。

ふ化から2か月ほどで前、後ろあしが生えて、えらがなくなり、陸に上がります。

卵は2週間ほどでふ化します。幼生はえら（外鰓）があります。

乾燥に強くなった爬虫類

爬虫類は、脊椎動物で初めて水辺をはなれ、陸上で一生を送ることが可能になった動物です。その秘密は、かたい皮ふやうろこをもち、肺呼吸をするようになったことと、からのある卵を産めるようになったことにあります。こうして、爬虫類は両生類よりもさらに広い地域に分布を広げることができるようになったのです。

ヨコバイガラガラヘビ

見てみよう ヘビの横ばい運動

マダガスカルヘラオヤモリ

ナイルワニ

アメリカドクトカゲ

シュトゥンプフヒメカメレオン

フロリダミミズトカゲ

寒さに弱い爬虫類

乾燥に強い体を手に入れた爬虫類ですが、まわりの環境に合わせて体温が変わる変温動物のため、寒くなると体温が下がり、動けなくなってしまいます。そのため日光浴をして体温を上げたり、寒い地域にすむものは冬眠をして、冬をのりこえたりします。

DVDも見よう

冬眠をするために集まったコモンガーターヘビの群れ。

かたいからの卵を産む爬虫類

爬虫類は、かたいからのある卵を産むことで、乾燥から卵の内部を守ることができ、水辺からはなれた場所でも生活できるようになりました。ただし、卵は水中では呼吸ができないので、海などでくらす爬虫類でも、産卵のときだけは陸上に上がります。

ふ化の手助けをするナイルワニ

グリーンアノール

コモンキングヘビ

アオウミガメ

爬虫類
はちゅうるい

ワニのなかま

ワニのなかま（ワニ目）

現生爬虫類のなかでは、もっとも恐竜や鳥類に近いなかまです。全種が大型で、最大のものは全長6m以上、最小種でも1m以上になります。南極をのぞいた全大陸の、おもに亜熱帯から熱帯域に生息しますが、温帯域に分布する種類もいます。全部で25種が水辺で生活しています。また、群れで生活をする社会性の高い動物でもあります。

魚をとらえるメガネカイマン（29ページ）

22

ワニの体

平たい体に、かたいうろこ、短いあし、大きな口が特徴です。陸上よりも、水中での行動に適した体をしています。たてに平らな尾は、水中で、ひれの代わりになります。水上に鼻先と目だけを出して、水中にいる魚などの動物も食べます。上陸しても、いざというときには、かなりのスピードで走ることができます。

目

目と鼻だけを出して、水中にもぐることができます。水中にもぐるときは、瞬まくという透明なまぶたを閉じます。

水中でもものが見える瞬まく

こまく

目のすぐ後ろのくぼみにこまくがあり、皮ふのひだがかぶさっています。

皮ふ

かたいうろこにおおわれています。

見てみよう　ワニのジャンプ

アメリカアリゲーター

頭部
ここで、水面の波を感じとることができます。

口
種類によって、口のはばにちがいがあります。

長めの口のクロコダイル（ナイルワニ）

前あし

指は5本。

後ろあし
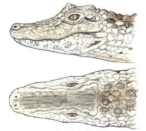
指は4本。

総排出口

尾のつけねにあります。

ワニの骨格

がんじょうな頭骨と、大きなあご、尾まで続く長い背骨をもちます。ろっ骨があり、内臓や肺を保護しています。哺乳類の首にあたる骨には、特別なろっ骨があります。

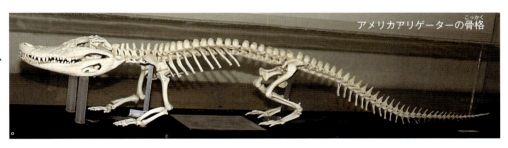
アメリカアリゲーターの骨格

口の形と食べ物

アリゲーター、クロコダイル、カイマン、ガビアルのなかまは口のはばや長さ、形で特徴づけられます。アリゲーターは陸生・水生のさまざまな動物、カイマンは貝やカメ、クロコダイルは魚を中心にさまざまな動物、ガビアルは魚を食べるのに適した口をしています。

アリゲーター	カイマン	クロコダイル	ガビアル
さまざまな動物を食べるはば広い口	あごの筋肉が発達していて貝のからやカメの甲羅をかみくだく	アリゲーターやカイマンよりも細長い口	魚をとらえやすい細長い口

ワニのなかま（ワニ目）

口を開けるのは何のため？

ワニは、よく口を開けたままじっとしていることがあります。これはワニが自分で体温調節ができない変温動物なので、体が熱くなりすぎないように、口の中から水分を蒸発させて体の熱を外ににがしやすくするためです。

本当の大きさです
ナイルワニ

ざらざらとした皮ふ、大きな口、するどい歯など、ワニの特徴を「本当の大きさ」でじっくり観察してみよう！

口の先にあるワニの鼻

ワニの鼻は、口の先にあります。これで鼻だけを水面に出したまま、水中を進むことができ、えものに気づかれずに近づけます。また、鼻の穴は閉じられるので、水中でも鼻に水が入ることはありません。

ぬけてもすぐ生えるするどい歯

ワニの歯はえものに食いつき、肉をひきさくため長く、するどくなっています。また、ぬけてしまってもすぐに生えかわります。

このページの写真は、下の部分です

クロコダイルのなかま

◆絶滅危惧種 ♠体の大きさ
♣分布 ♥食べ物 ★特徴など

クロコダイルのなかまは、全種が大型で、最小種でも1mをこえます。最大では全長6m以上になり、体長は爬虫類で最大です。長い口が特徴です。

見てみよう
ヌーをおそう
ナイルワニ

ナイルワニ
クロコダイル科 ♠全長6m以下 ♣アフリカ、マダガスカル ♥哺乳類（大型～小型）、鳥、魚など
★淡水の大きな川や湖ばかりでなく、河口などの汽水域にもすみます。ときに人もおそいます。群れで協力することもあります。アフリカ西部の集団は、最近セベクワニ（Crocodylus suchus）という別種に分けられました。

アメリカワニ ◆
クロコダイル科 ♠全長6m ♣カリブ海の島々と中央アメリカ、南アメリカ北西部 ♥哺乳類（大型～小型）、魚など
★海水・汽水域に好んで生息して、大型動物の死がいなどを食べます。カメやイグアナが卵を食べにくるのを、おすとめすが協力して防ぎます。

アメリカワニの分布

黒いしまもようがある

イリエワニ
クロコダイル科 ♠全長3～7m
♣インドから東南アジアにかけて
♥昆虫、甲殻類、さまざまな脊椎動物
★汽水域を好んで生活し、海にまで出るため、遊泳力と海水に対する耐性が高く、分布域は広くなっています。性質はあらく、大きな動物も食べます。

口は長く、先がとがっている

後ろあしの水かきが発達している

ジョンストンワニ
イリエワニ

豆ちしき イリエワニは、奄美大島や西表島など日本にも漂着、発見された例があります。

ジョンストンワニ（オーストラリアワニ）
クロコダイル科 ♠全長3m ♣オーストラリア北部 ♥さまざまな小動物
★体がわりと細く、動作は非常にすばやいです。とびはねるように移動することもあります。おもに淡水域にすんでいます。

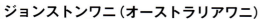

ジョンストンワニの分布

…… 後ろあしだけに水かきがある

…… 黒いはん点やしまもようが目立つ

キューバワニ ✚
クロコダイル科 ♠全長約3.5m ♣キューバ ♥小型哺乳類、カメ
★キューバの一部の沼のみに生息し、絶滅が心配されています。アメリカワニとの混血や、メガネカイマンによる幼体の捕食が問題になっています。

シャムワニ ✚
クロコダイル科 ♠全長3〜4m ♣東南アジア ♥魚など
★鼻先が平らで、沼などの淡水に生息します。性質は比較的おとなしいです。乱獲と生息地の環境破壊によって、激減しています。

…… 両目の後ろにもり上がりがある

ヌマワニ ✚
クロコダイル科 ♠全長4m ♣インドとその周辺 ♥哺乳類、爬虫類、両生類など ★淡水域に広く生息します。乾季に水が干上がったりすると、夏眠することもあります。頭から鼻先にかけてはば広いのが特徴です。

ワニは口を開けて体温調整をする

ワニは、天気のよい日には、日光浴をしながら口を開けています。これは、熱くなった体温を下げているところで、この行動を「ゲイピング」といいます。人間は体温が上がったときには汗をかいて、その水分が蒸発するのを利用して体温を下げます。ワニは汗をかくことはないので、口を開けて、口の中の水分を蒸発させて体温を下げているのです。

口を開けて体温調節するナイルワニ

日光浴中に歯のそうじにやってきたナイルチドリ

豆ちしき　野生のシャムワニは、生息地の減少のほか、革製品や薬に利用するために乱獲されて、絶滅が心配されています。

クロコダイル・ガビアルのなかま

魚を捕食するために進化した細長い口をもつガビアルのなかまは、クロコダイルのなかまにふくまれることもあります。

アフリカクチナガワニ
クロコダイル科
♠全長3〜4m
♣アフリカ中西部
♥カニ、エビ、カエルなど
★おもに熱帯雨林の川にすみますが、沿岸域で見つかることもあります。鼻先が細長く、ガビアルのなかまに少し似ています。

細長い口

ニシアフリカコビトワニ
クロコダイル科 ♠全長約2m ♣アフリカ西部 ♥貝、甲殻類、魚、カエルなど
★おもに淡水域に生息しますが、陸生傾向も強く、近くに水辺がないところにも出没します。貝類や甲殻類など、かたいものを多く食べます。このため吻（口先）が短く、口の後端が切れ上がっているなど、クルミをわる道具のように特殊化しています。また奥歯も臼歯状です。6〜8月に塚をつくり、約20個産卵します。

短くつまった口先

コンゴコビトワニ
クロコダイル科 ♠全長約1.5m ♣アフリカ中部 ♥カエル、魚、甲殻類など ★クロコダイル科では最小で、最も原始的です。熱帯雨林を流れる渓流とその付近にすみます。祖先の特徴を残し、ワニとしては陸生傾向が強くなっています。

マレーガビアル（ガビアルモドキ）
クロコダイル科 ♠全長3〜5m ♣東南アジア
♥魚、小型脊椎動物など ★川や沼など淡水域に生息します。吻（口先）は細長く、つるっとしています。乾季にかれ葉などで高さ60cmほどの巣をつくり、卵を20〜60個ほど産みます。ふ化まで75〜90日ほどかかります。一時は個体数が激減しました。

後ろあしだけに水かきがある

口先は細く、細かい歯がならぶ

鼻のこぶがふくらむ

口先は細く、細かい歯がならぶ

水かきは、前・後ろあしの両方にあり、後ろあしの方が発達する

インドガビアルの分布

インドガビアル
ガビアル科 ♠全長4〜6m
♣インドとその周辺
♥魚など ★現生のワニではもっとも鼻先が細長く、水中で魚を捕まえるのに適しています。おすではその先端にこぶが発達します。流れの速い河川に生息します。

キュビエムカシカイマン　アメリカアリゲーター

♦絶滅危惧種 ♠体の大きさ ♣分布 ♥食べ物 ★特徴など

アリゲーターのなかま

◇絶滅危惧種 ♠体の大きさ
♣分布 ♥食べ物 ★特徴など

アリゲーターのなかまは、口のはばが広く短いのが特徴です。
南北アメリカと中国に生息しています。

ヨウスコウアリゲーター（ヨウスコウワニ）◇
アリゲーター科 ♠全長2m以下 ♣中国東部の山地帯を流れる揚子江流域 ♥貝、小動物など ★温帯だけに分布する唯一のワニで、冬は巣穴にこもります。小型で、鼻先が短く、前あしには水かきはありません。

↤奥歯は丸く、かたいものをかみくだく

アメリカアリゲーター（ミシシッピワニ）
アリゲーター科 ♠全長最大6m ♣アメリカ合衆国南東部 ♥哺乳類（大型〜小型）、昆虫、魚など ★おもに淡水域に分布し、寒くなる地方では冬眠します。幼体は昆虫を多く食べ、おとなは大型動物を捕食するようになりますが、特に魚をよく食べます。

パラグアイカイマン
アリゲーター科 ♠全長1.4〜3m ♣南アメリカ中西部 ♥貝、カニ、ヘビなど ★淡水域だけにすみ、陸を移動するときは、何びきもが一列にならびます。人による狩猟のため、個体数が減っています。

DVDも見よう

↤はば広い口

↤ワニのなかでは、丸みのある頭をしている

キュビエムカシカイマン（コビトカイマン）
アリゲーター科 ♠全長1.2〜1.5m ♣南アメリカの熱帯域 ♥魚など ★アリゲーター科では最小のワニです。現生ワニにはめずらしく目が突出していません。鱗板の中に皮骨が発達して防御能力を高めています。

クロカイマン
アリゲーター科 ♠全長約5m ♣南アメリカ ♥哺乳類（大型〜小型）、魚、両生類など ★淡水域だけにすみ、静水や大河のよどみなどを好みます。1m以下の幼体は昆虫や小魚、両生類を食べますが、成長すると大型哺乳類もおそうようになります。

↤両目の間に、めがねの柄のようなもり上がりがある

クチヒロカイマン
アリゲーター科 ♠全長2.5m ♣南アメリカ南東部 ♥鳥、昆虫、甲殻類、魚など ★吻（口先）がとても短く、はば広くなっています。おもに淡水で生活していますが、干潟などにも出現することがあります。

メガネカイマン（チュウベイメガネカイマン）
アリゲーター科 ♠全長2m以下 ♣中央・南アメリカ ♥魚、水生動物など ★両目の間に、めがねの柄のようなうねがあります。性質はあらくても小型のため、人をおそうことはありません。淡水性です。

🫘ちしき ヨウスコウアリゲーターは、冬になると土手などの横穴の中で、6〜7か月間冬眠します。

カメのなかま

カメのなかま（カメ目）

カメの起源は古く、2億年以上前の中生代三畳紀の地層から祖先の化石が見つかっています。甲羅は脊椎骨とろっ骨などの骨からなる骨板と、角質でできた甲板からできています。歯がなく、かたいくちばしがあります。すべての種類が発達した前あし、後ろあしを持っています。世界中の陸、淡水、海水域に約340種が分布しています。

泳ぐアオウミガメ（40ページ）

カメの体

最大の特徴は、頭、前あし、後ろあし、尾を収納できる甲羅をもっていることです。甲羅は骨板と甲板の二重構造になっていて、この骨板のつなぎ目と甲板のつなぎ目の位置をずらすことで、がんじょうになっています。しかし、スッポンは甲板がなくなり、そのかわり骨板が皮ふでおおわれています。また、オサガメは、甲板のかわりに革のような皮ふが甲羅をおおい、さらに骨板も小さく、重さも軽くなるなど、種類によってさまざまなちがいがあります。

見てみよう 草を食べるアルダブラゾウガメ

口

ガラパゴスゾウガメ。歯はありませんが、するどいくちばしのような口です。

甲羅

ミナミイシガメの甲羅。何枚もの甲板がおおっています。

甲板

皮ふがかたく変化したものです。

前あし

ニホンイシガメの前あし。指は5本。

インドホシガメの前あし。指は5本。

ウミガメや、スッポンモドキでは、あしが、ひれのように変化しています。

後ろあし

ニホンイシガメの後ろあし。指は5本。

インドホシガメの後ろあし。指は5本。

ニホンイシガメ

尾 おす・めすを見分けられます。

ニホンイシガメのおす。尾のつけねが太い。

ニホンイシガメのめす。尾のつけねが細い。

カメの骨格

かたい甲羅は、体を保護するろっ骨や腹ろっ骨などが変化したもので、骨格を見ると、背骨にそって、体中をつつんでいます。肩甲骨などの肩の部分は甲羅の内側に入っています。甲羅にそった背骨からつながってついている首は、関節がやわらかく、自由に動かすことができます。しかし、首から後ろは甲羅があるため、体を曲げたりすることはできません。

リクガメの骨格

カメの頭のおさめ方

頭のおさめ方のちがいによって、大きく二つのグループに分けることができます。潜頸類と呼ばれる、リクガメやイシガメなどのなかまは首をまっすぐ体の中にひっこめます。一方、曲頸類と呼ばれる、ナガクビガメやヨコクビガメのなかまは、首を横に曲げて頭をかくします。ウミガメなどは頭を引っこめられません。

潜頸類の頭のおさめ方

曲頸類の頭のおさめ方

ウミガメ類は頭をおさめられない

31

カメのなかま（カメ目）

本当の大きさです
アオウミガメ

引っこめられない首、ひれのようなあしなど、アオウミガメの特徴を「本当の大きさ」でじっくり観察してみよう！

首もあしも引っこめられない

ウミガメのなかまは、どの種類も首やあしを甲羅の中に引っこめることができません。これは海中では、泳いでにげた方が身を守りやすいため、より速く泳げるようにあしが大きなオールのような形になったため、甲羅の中に引っこめられなくなったと考えられています。

アオウミガメはどこが青い？

アオウミガメの体の色は、名前ほど青くは見えません。実は「アオウミガメ」の名前は、体の色が青いからつけられたわけではなく、体内の脂肪の色が緑色っぽく見えることからつけられたといわれています。

このページの写真は下の部分です

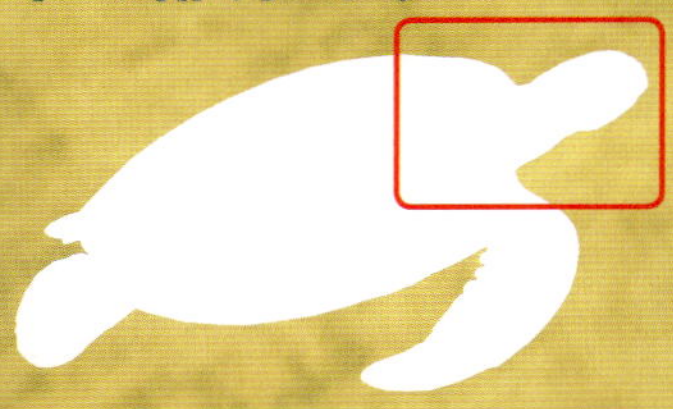

食べもので変わる口の形

ウミガメのなかまは種類によって食べるものがちがい、それによって口の形が変わってきます。アオウミガメはおもに海そうを食べるので口が小さく、かみ切りやすいようギザギザになっていますが、アカウミガメは貝やカニなどのかたいものをかみくだいて食べるので、口が大きくなっています。

ひれのような大きなあし

ウミガメのなかまはほとんど海中を泳いでくらしているため、あしは大きく、ひれのような形になっています。おもに前あしを動かして進み、後ろあしは方向を変えるときに使う「かじ」の役目をしています。

アオウミガメの前あし

アオウミガメの口

ヨコクビガメのなかま

◆絶滅危惧種 ♠体の大きさ ♣分布 ♥食べ物 ★特徴など

ヨコクビガメのなかまは、全種が水生で、南アメリカ、アフリカ、マダガスカルに分布しています。首はあまり長くありませんが、甲羅に引っこめることができず、横に曲げて頭をかくします。

甲羅ははば広く、平べったい

オオヨコクビガメ
ヨコクビガメ科 ♠甲長43～55cm（おす）64～71cm（めす）
♣南アメリカ ♥葉、果実など ★南アメリカの淡水域にすむカメ類のなかで最大です。おす・めすで大きさがことなり、めすの方が大きくなります。水深のある川や池にすんでいますが、雨季には湿地にも移動してきます。

モンキヨコクビガメ ◆
ヨコクビガメ科 ♠甲長35cm、最大46.5cm ♣南アメリカ
♥水生植物、果実など ★河川や湖沼、雨季の増水で水没した林床などに生息します。小さいうちは雑食性ですが、成長すると草食性となり水草や水中に落下した果実を食べるほか、水面にういた微生物を食べることもあります。

頭部には黄色いもようがある

甲羅は黒から暗い灰色

のどに2本の突起がある

ヌマヨコクビガメ
ヨコクビガメ科 ♠甲長32cm
♣アフリカ、マダガスカル、アラビア半島の南端 ♥雑食性 ★比較的開けた平野の湖沼や河川に生息します。一時的な水たまりにも生息し、乾季は土中にもぐって休眠します。

ムツコブヨコクビガメ ◆
ヨコクビガメ科 ♠甲長34cm ♣ブラジル、コロンビア、ペルー ♥水生植物、魚など
★若いときに、腹側の甲板に6個のこぶ状のふくらみがあるので、「ムツコブ」と呼ばれます。アマゾン川やその流域河川に生息します。

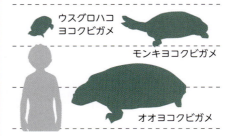

ウスグロハコヨコクビガメ
モンキヨコクビガメ
オオヨコクビガメ

のどに2本の突起がある

サバンナヨコクビガメ
ヨコクビガメ科 ♠甲長最大36cm ♣コロンビア、ベネズエラ
♥水草、果実など ★サバンナに流れる川や湿地などの水辺に生息します。水中生活をしますが、日光浴のために上陸することもあります。幼体では肉食の強い雑食性で、成長とともに植物食が強くなります。

のどに2本の突起がある　腹甲にちょうつがいがある

ウスグロハコヨコクビガメ
ヨコクビガメ科 ♠甲長13～20cm ♣アフリカ大陸の南東部、マダガスカル島、セイシェル諸島 ♥カエル、無脊椎動物、水草など
★池や一時的な水たまりに生息し、乾燥すると地中で休眠します。

クロハコヨコクビガメ
ヨコクビガメ科 ♠甲長26cm、最大34.7cm ♣ベナン、カメルーン、コンゴ、赤道ギニア、ガボン、ナイジェリア ♥魚、甲殻類、貝、水草など
★腹甲にはちょうつがいがあり、閉じることによって、頭と前あしを守ります。赤道付近のサバンナや林をゆるやかに流れる川や湖沼にすみます。雨季にはサバンナの湿地でも見られます。

ノコヘリハコヨコクビガメ
ヨコクビガメ科 ♠甲長30～45cm ♣アフリカ南東部
♥両生類、魚、甲殻類、貝、ミミズなど ★背甲の後縁はギザギザしています。腹甲にはちょうつがいがあり、横に曲げた頭部をかくします。大きな湖沼や河川に生息します。肉食性です。

ヨコクビガメの防御

　ヨコクビガメのなかまは、首を甲羅に引っこめることができないので、首を横に曲げて、甲羅の中にしまって、防御体勢をとります。
　さらに、ハコヨコクビガメのなかまは、腹甲にあるちょうつがいによって、2つに分かれている腹甲で、頭と前あしを甲羅の中に入れ、ふたをするようにして防御します。

ヌマヨコクビガメの防御体勢。首を少しだけ引っこめて、首を横に曲げて甲羅の下にかくします。

ウスグロハコヨコクビガメの防御体勢。首を横に曲げて甲羅にかくし、さらにちょうつがいによって動く腹甲でふたをします。

豆ちしき　大型のヨコクビガメは、生息地では食用や油をとるために乱獲されています。

ヘビクビガメのなかま

⬢絶滅危惧種 ♠体の大きさ ♣分布 ♥食べ物 ★特徴など

ヘビクビガメのなかまは、南アメリカ、オーストラリア、ニューギニアに分布しています。中型で、首が長い種が多く、水生傾向が強い種がほとんどです。

見てみよう　オーストラリアナガクビガメの泳ぎ

甲羅にしわが多い
長い首
長い首

オーストラリアナガクビガメ
ヘビクビガメ科 ♠甲長20〜25cm ♣オーストラリア東部 ♥カエル、オタマジャクシ、魚、甲殻類など ★とても長い首をもっていて、体の横に曲げることができます。水流のゆるやかな河川や池沼に生息しますが、陸上を歩いて移動することもあります。肉食性でさまざまな動物を食べます。

チリメンナガクビガメ
ヘビクビガメ科 ♠甲長25cm、最大36cm ♣インドネシア、オーストラリア ♥魚、昆虫など ★湿地を好み、乾季に水が干上がるとどろの中でかくれることもあります。泳ぐのがとくいで、魚や昆虫などを食べる肉食性です。めすは水深のあさいどろの中に卵を産みます。卵は乾季の間に発生が進み、雨季になると子ガメが産まれてきます。

オーストラリアナガクビガメの分布

大きな頭部

長い首を水中からのばして、呼吸しながらまわりのようすをうかがうオーストラリアナガクビガメ。

甲羅の各甲板がもり上がる

ギザミネヘビクビガメ
ヘビクビガメ科 ♠甲長30cm ♣南アメリカ ♥魚、甲殻類、貝、昆虫など ★通常、カメ類の項甲板は背甲の前部にありますが、このグループは後方に位置しているため、椎甲板が6枚あるように見えます。長い首を使って泳いでいる魚にかみつきます。

ヒラタヘビクビガメ
ヘビクビガメ科 ♠甲長18cm ♣南アメリカ ♥オタマジャクシ、ナメクジなど ★水中で泳ぐのがへたで、森林内の浅い水たまりや池沼などに生息し、陸上で活動することもあります。1回の産卵で大きな卵を1つ産みます。

オーストラリアナガクビガメ
マタマタ

のどに2本の突起がある

ジェフロアカエルガメ
ヘビクビガメ科 ♠甲長39cm ♣南アメリカ ♥両生類、魚、甲殻類、昆虫、ミミズなど ★このグループは、顔がヒキガエルに似ているために、カエルガメと呼ばれています。白いのどの部分に、黒いすじ状のもようが入ります。2亜種がふくまれると考えられています。

ヒラリーカエルガメ
ヘビクビガメ科 ♠甲長40cm ♣南アメリカ ♥両生類、魚、甲殻類、昆虫、ミミズなど ★カエルガメのなかで最大です。頭はとても大きくはば広くなっています。あごに2本の長いひげがあります。湿地や湖沼に生息し、魚などを食べる肉食性です。

大きな頭部は、甲羅に引っこめることができない

甲羅にギザギザのもり上がりがある

頭部にはひだ状の皮ふがある

シュノーケルのようにのびた鼻

マタマタ
ヘビクビガメ科 ♠甲長30〜45cm ♣南アメリカ ♥魚など ★止水や流れの弱いところにすんでいて、とがった鼻先を水面に出して呼吸をします。じっと動かずにいて、近づいた魚を水といっしょに吸いこむため、大きな口と発達したのどの筋肉をもっています。

マタマタの呼吸と擬態

マタマタは、めすが産卵するとき以外に陸に上がることはありません。水中の落ち葉の中や石の間などで、近づく魚をじっと待ちぶせしています。しかし、呼吸をしなくてはならないので、そんなときは、長い首をのばして、シュノーケルのような鼻先だけを水面から出して呼吸します。呼吸が終わると、また首をもどして、じっと動かずに魚を待ちます。

水中の落ち葉の中にまぎれる幼体のマタマタ。小さなときは敵の目をごまかしながら、えものの魚を待ちぶせします。

呼吸は鼻先だけを水面から出して行います。長くのびた鼻はシュノーケルのようになっています。

豆ちしき マタマタの名前は、南アメリカの現地の先住民の言葉で「皮ふ」を意味しています。

スッポンモドキ・スッポンのなかま

スッポンモドキは1属1種で、前あしがひれのようになっています。スッポンのなかまは、甲羅が退化して、やわらかい皮ふでおおわれています。どちらも水生傾向が強く、水かきは発達しています。

ひれ状の前あし
鼻先がやや突き出る
水かきが発達する

スッポンモドキの鼻

前あしの先にはつめがあります

スッポンモドキ 🔴
スッポンモドキ科 ♠甲長70cm ♣ニューギニア、オーストラリア北部 ♥小動物、果実、水生植物など ★前あしはウミガメのようにひれ状になっていて、とてもじょうずに泳ぎます。淡水から河口の汽水域まで生息します。水中に落下した果実や、水生植物を食べるほか、小動物も食べます。

インドコガシラスッポン 🔴
スッポン科 ♠甲長110cm以上 ♣インド、ネパール、パキスタン、バングラデシュ ♥魚など ★とても大きなスッポンのなかまです。体にくらべて頭が小さいことが名前の由来です。比較的大きな河川の水のすんだ砂底に生息し、産卵のときだけ上陸します。

頭部は暗色で、黄色いはん点がある
甲羅はかっ色
鼻先が突き出る

インドシナオオスッポン 🔴
スッポン科 ♠甲長75cm ♣東南アジア ♥カエル、魚、巻貝、昆虫、甲殻類など ★高地から低地までのさまざまな水域に生息します。昼間は休んでいて、夕方から夜間に活動します。

絶滅が心配されるスッポンのなかま

スッポンのなかまは、世界で約30種いますが、その多くの種は、近い将来絶滅が心配されている絶滅危惧種に指定されています。その原因のひとつは、開発によって生息している川の水質が悪化することにあります。水中生活に特化したスッポンのなかまは、甲羅のつくりも陸上の乾燥した場所での生活に適さないため、移動場所の少ない川が汚染されてしまうと、絶滅の危険性が高くなってしまうのです。

IUCN（国際保護自然連盟）で絶滅寸前（CR）に指定されているインドコガシラスッポン。

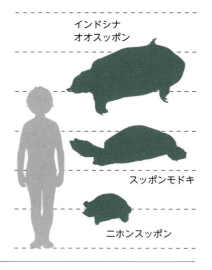

インドシナオオスッポン
スッポンモドキ
ニホンスッポン

❤絶滅危惧種 ♠体の大きさ ♣分布 ♥食べ物 ★特徴など

フロリダスッポン
スッポン科 ♠甲長30〜60cm ♣北アメリカ南東部 ♥無脊椎動物など
★川や池などの淡水域に生息し、岸辺から水深1mまでのあさく、底が砂地やどろになっている場所を好みます。雑食性ですが、無脊椎動物を多く食べます。

トゲスッポン
スッポン科 ♠甲長21〜54cm ♣北アメリカ ♥魚、ザリガニ、水生昆虫など
★背甲は円形で、前方のふちにとげのような突起があります。おもに河川にすみ、水生昆虫や魚、ザリガニなどを食べますが、植物を食べることもあります。

インドハコスッポン
スッポン科 ♠甲長20〜30cm、最大甲長37cm
♣インド周辺からミャンマー ♥魚など
★スッポンのなかまではめずらしく、甲羅に高さがあり、ドーム状になります。腹甲と、左右の後ろあし側にあるフラップと呼ばれるひだを動かして、ハコガメのように頭と前、後ろあしをかくします。

イボクビスッポン 🛟
スッポン科 ♠甲長20〜40cm ♣中国南部、ベトナム（ハワイ島などに移入）♥魚、貝類など ★首の基部には左右に大きないぼのかたまりがあります。山地の川に生息し、肉食性で貝類や魚などを食べます。

甲羅に小さな突起があるが、成長とともに消える

甲羅に目玉もようがある

小さいころは黄色のはん点がある

クジャクスッポン 🛟
スッポン科 ♠甲長最大60cm ♣インド、バングラデシュ
♥魚、貝、甲殻類など ★幼体の背甲には黒いあみ目もようや、4個ほどの大きな目玉もようがありますが、成長につれ消えていきます。

甲羅は灰色から暗灰色

鼻先が突き出る

見てみよう ニホンスッポンの呼吸

ガンジススッポン 🛟
スッポン科 ♠甲長70cm、最大甲長94cm ♣インドとその周辺 ♥小動物、鳥類、植物など
★頭部は緑色で、黒い線のもようがあります。河川や湖、池などに生息し、植物、小動物や水鳥、死がいも食べます。性質があらく、すばやくかみつきます。

ニホンスッポン（スッポン）🛟
スッポン科 ♠甲長15〜35cm ♣日本（本州、四国、九州）、アジア東部 ♥魚など ★食用の養殖のため、ハワイなど各地に移入されています。さまざまな河川や湖沼に生息します。ほぼ純粋な肉食性で魚などを食べます。

🫘**ちしき** ニホンスッポンはかむ力が強く、特に陸上でつかまえようとすると、すばやくかみついてくることがあります。

39

カメのなかま（カメ目）

ウミガメ・オサガメのなかま

◇絶滅危惧種 ♠体の大きさ ♣分布 ♥食べ物 ★特徴など

ウミガメ、オサガメのなかまは、世界中の熱帯から温帯の海に分布しています。長い期間回遊しますが、生まれた海岸にもどって産卵します。産卵以外ではほとんど上陸することはなく、海中生活に適応して大型になります。

見てみよう ウミガメのくらし

アオウミガメ ◇
ウミガメ科 ♠甲長80〜100cm ♣太平洋西部、大西洋、インド洋の熱帯から温帯海域 ♥海藻、海草、クラゲなど ★湿沿岸域の比較的あさい海域で多く見られます。日本で産卵が見られるのは屋久島以南です。

大きな頭部

かたいものをくだく大きな口

ひれ状になった前あし

アカウミガメ ◇
ウミガメ科 ♠甲長70〜100cm ♣太平洋、大西洋、インド洋の熱帯から温帯海域 ♥貝、カニなど ★かたい生き物を食べます。そのため、頭が頑丈となり、大きくなったと考えられています。日本でも、本州の鹿島灘と能登半島以南で産卵が見られます。子ガメは太平洋を泳いで、アメリカ合衆国西部の海域で成長し、その後産卵するために日本沿岸にもどってきます。

アカウミガメの産卵

海でくらすウミガメのなかまも、産卵だけは陸上で行わなければなりません。卵がふ化するには空気が必要なので、生まれた砂浜に上陸して産卵します。日本沿岸で産卵を行うアカウミガメは、生まれてから13年以上を回遊しながら成長し、自分が繁殖期になると、生まれた砂浜にもどって産卵します。卵からかえった子ガメは、しばらく砂の中でほかの兄弟たちが生まれてくるのを待ちます。その後兄弟たちが一緒になって砂からはい出し、海をめざして歩き出します。

敵におそわれにくい安全な夜に上陸し、後ろあしで穴をほります。

穴をほり終わると、30〜60個の卵を数時間かけて産み落とし、産卵が終わると砂をかけます。

産卵後約50〜75日で子ガメがふ化し、いっせいに海をめざして砂浜を歩き出します。

豆ちしき 日本では砂浜の減少とともに、アカウミガメの産卵地も失われています。

ドロガメ・カワガメのなかま

🟥 絶滅危惧種　♠ 体の大きさ
♣ 分布　❤ 食べ物　★ 特徴など

ドロガメのなかまは、においを出す臭腺がある種類もいます。カワガメのなかまは、化石種はアフリカ、アジア、北アメリカ、ヨーロッパから発見されましたが、現在は、中央アメリカに生息する1属1種のみです。

ミスジドロガメ
- ドロガメ科　♠ 甲長10cm　♣ 北アメリカ東南部
- ❤ 雑食性　★ ドロガメのなかまの腹甲には前後に2か所、ちょうつがいがあります。流れのゆるやかな、さまざまな淡水や汽水の環境に生息します。

背甲に黄色い3本のもようがある

ハラガケガメ
- ドロガメ科　♠ 甲長16cm　♣ 中央アメリカ（ベリーズ、グアテマラ、メキシコ）
- ❤ カエル、魚、無脊椎動物など
- ★ 上あごのくちばしには一対の突起があります。腹甲は小さくなっていて、「腹掛け」に見えることが名前の由来です。沼地や流れの弱い河川で、浅瀬で生活します。

大きな頭
腹甲が小さい

キイロドロガメ
- ドロガメ科　♠ 甲長16.8cm（おす）12.8cm（めす）
- ♣ アメリカ合衆国南部　❤ 魚、貝類、甲殻類、昆虫など
- ★ 流れのゆるやかな河川や湖沼などにすみ、底が泥や砂地になっている場所を好みます。甲長が、おすでは8〜9cm、めすでは8〜12.5cmになると性成熟します。

体にくらべて大きめの頭部
背甲の中央が高くもり上がる

スジオオニオイガメ
- ドロガメ科　♠ 甲長最大38cm
- ♣ グアテマラ、ホンジュラス、メキシコ
- ❤ 両生類、爬虫類、魚、貝類、甲殻類、昆虫、果実など
- ★ 背甲に3本のもり上がった線（キール）があります。かむ力が強く、ほかのカメをおそって食べることもあります。

カブトニオイガメ
- ドロガメ科　♠ 甲長12〜15cm、最大20cm　♣ アメリカ合衆国南部
- ❤ 両生類、魚、貝類、甲殻類、昆虫など
- ★ 大きな河川や沼地などに生息し、よく上陸して日光浴します。川の底を歩くように泳ぎます。

頭部に2本の白い線

ミシシッピニオイガメ
- ドロガメ科　♠ 甲長5〜11cm　♣ 北アメリカ東部
- ❤ 魚、貝類、甲殻類、昆虫、果実、水草など
- ★ 下あごののどに突起があります。流れのゆるやかな河川や湖沼にすみ、比較的あさいところで生活します。危険がせまるとくさいにおいを出します。

平らな甲羅で、上から見ると丸い形

メキシコカワガメ 🟥
- カワガメ科　♠ 甲長65cm　♣ メキシコ、ベリーズ、グアテマラ
- ❤ 果実、水生植物など　★ ほとんど水中で生活し、とがった鼻先だけを水面に突き出して呼吸します。草食性で、水草が生えているあらゆる淡水の環境に生息します。

豆ちしき　メキシコカワガメは、生息地では食用に乱獲され、数が減って絶滅が心配されています。

カミツキガメ・オオアタマガメのなかま

カミツキガメのなかまは、最近の研究で、カミツキガメは3種1亜種に分かれました。ワニガメをふくめ、すべてが南北アメリカ大陸に分布しています。オオアタマガメは中国南部からインドシナ半島に分布し、1属1種です。

カミツキガメ（ホクベイカミツキガメ）
カミツキガメ科 ♠甲長最大49cm ♣カナダ南部、アメリカ合衆国（中部から東部） ♥哺乳類、鳥類、両生類、爬虫類、魚、甲殻類、昆虫、植物など ★大きな水生のカメで、内陸の湖沼から海岸近くまで生息します。日本ではペットとして飼われていた個体がにげたり、捨てられたりして問題となっています。

アメリカ合衆国フロリダ半島に分布する亜種のフロリダカミツキガメ。首にとがった突起があります。

チュウベイカミツキガメ
カミツキガメ科 ♠甲長最大39cm ♣グアテマラ、ホンジュラス中西部、ベリーズ西部、メキシコ（ベラクルス州中部からユカタン半島基部にかけて） ♥哺乳類、鳥類、両生類、爬虫類、魚、甲殻類、昆虫、植物など ★首にとがった突起があります。

首にとがった突起がある

ナンベイカミツキガメ
カミツキガメ科 ♠甲長30cm、最大41cm ♣エクアドル、コスタリカ、コロンビア、ニカラグア、ホンジュラス南東部 ♥哺乳類、鳥類、両生類、爬虫類、魚、甲殻類、昆虫、植物など ★首の突起はあまり発達していません。

首の突起は目立たない

オオアタマガメ
オオアタマガメ科 ♠甲長14〜20cm ♣中国南部からインドシナ半島 ♥両生類、魚、貝類、甲殻類、昆虫など ★すずしい山岳地帯の、岩の多い渓流に生息します。頭がとても大きいため甲羅に入りません。

大きな頭部

ワニガメ
カミツキガメ科 ♠甲長40〜80cm ♣北アメリカ南部 ♥哺乳類、鳥類、両生類、爬虫類、魚、貝類、甲殻類、昆虫、果実など ★大型の水生のカメで、くちばしがとがり、甲羅には突起が発達します。昔のカメの特徴である上縁甲板をもっています。水底で口を開き、ミミズのような舌先を動かして魚をおびき寄せて捕食します。

大きな頭部
甲羅に発達した突起
ミミズのような舌先

ミスジドロガメ　メキシコカワガメ　ワニガメ

豆ちしき ワニガメは、最近の研究で3種に分けるべきという報告があります。

43

ヌマガメのなかま

🔴 絶滅危惧種　♠ 体の大きさ
♣ 分布　❤ 食べ物　★ 特徴など

ヌマガメのなかまは、南北アメリカ大陸、アフリカ大陸北部、ヨーロッパに分布する中型種がほとんどです。甲羅にちょうつがいをもつ種類があります。水生種と陸生種がいます。

キボシイシガメ 🔴
ヌマガメ科 ♠甲長12〜14cm ♣アメリカ合衆国、カナダ ❤両生類、魚、貝類、甲殻類、昆虫、藻類、葉、果実など ★低地の湿地や河川にすみます。

→ 頭部や甲羅に黄色いはん点もようがある

ヨーロッパヌマガメ
ヌマガメ科 ♠甲長20cm ♣北アフリカ、ヨーロッパ、西アジア ❤両生類、魚、甲殻類、昆虫、藻類、花、果実など ★地域ごとに変異があり、8〜10ほどの亜種に分かれています。最近の研究でイタリアのシシリー島（シチリア島）のものは別種（シシリーヌマガメ）であると発表されました。植物がしげった池や沼などに生息します。

→ 頭部やあし、尾にしまもようがある

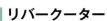

リバークーター
ヌマガメ科 ♠甲長30cm、最大39.7cm ♣アメリカ合衆国南東部（ただしフロリダ半島をのぞく） ❤両生類、魚、貝類、甲殻類、水草、藻類など ★流れのある、水草の多い河川を好みます。雑食性ですが、成体は植物を好んで食べます。

← 複雑なしまもようがある

← 甲羅に黄色いすじもようがある
↓ 甲羅中央に突起がある

バーバーチズガメ 🔴
ヌマガメ科 ♠甲長14〜33cm ♣アメリカ合衆国 ❤魚、貝類、甲殻類、昆虫など ★おすの方がだいぶ小さく、めすは2倍以上の大きさになります。幼体の背甲中央の突起やもようが成体にも残ります。渓流や河川に生息します。めすは貝類を好み、あごでからをくだくため、頭がとても大きくなります。

→ 甲羅に突起がならぶ
→ 甲羅に細かいもようがある
← 頭部やあしにしまもようがある

クロコブチズガメ
ヌマガメ科 ♠甲長10〜15cm ♣アメリカ合衆国（アラバマ州） ❤魚、昆虫、藻類など ★背甲のもようが地図のように見えるため、チズガメと呼ばれています。特に第2、3椎甲板が黒く後ろにとがっています。

ダイヤモンドガメ 🔴
ヌマガメ科 ♠甲長10〜23cm ♣アメリカ合衆国 ❤魚、甲殻類など ★おすの方がだいぶ小さく、甲板には年輪のような彫刻もようがあります。海岸近くの河口域汽水の沼地に生息します。

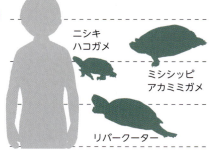

ニシキハコガメ
ミシシッピアカミミガメ
リバークーター

44

キバラガメ
ヌマガメ科 ♠甲長20cm、最大28cm ♣アメリカ合衆国東部
♥鳥類、両生類、爬虫類、魚、貝類、甲殻類、葉、花、果実、水草、藻類など
★腹甲は黄色くなっていて、名前の由来となっています。河川や湖沼など淡水域に生息します。幼時は肉食傾向が強く、成長すると植物も食べます。

メキシコクジャクガメ
ヌマガメ科 ♠甲長25cm、最大38cm ♣メキシコ ♥鳥類、両生類、爬虫類、魚、貝類、甲殻類、葉、花、果実、水草、藻類など ★クジャクのようなはでな色やもようをもつことが名前の由来です。メキシコの太平洋側の低地の河川に生息しています。キバラガメの亜種とされていましたが、最近では独立した種としてあつかわれています。

頭の側面に赤いもよう

ミシシッピアカミミガメの子ども。ミドリガメの名前で、ペットショップなどで売られています。

ミシシッピアカミミガメ
ヌマガメ科 ♠甲長20cm、最大28cm
♣アメリカ合衆国（ミシシッピ川など）（世界中に移入）
♥鳥類、両生類、爬虫類、魚、貝類、甲殻類、葉、花、果実、水草、藻類など
★ペットショップで売られている「ミドリガメ」は、ミシシッピアカミミガメの子どもです。成長とともに灰かっ色に色が変わり、どう猛になります。頭の側面に赤いもようがあるため、アカミミガメと呼ばれています。おすの成体は色が黒くなります。

目は赤かっ色
甲羅はドーム状
甲羅に放射状に黄色い線がある
腹甲にちょうつがいがある

ニシキハコガメ
ヌマガメ科 ♠甲長10〜12cm ♣アメリカ合衆国、メキシコ北部 ♥両生類、小型爬虫類、昆虫、節足動物など ★腹甲のちょうつがいは前よりに1か所で、ぴったりと閉じることができます。開けた草地に生息し、主に昆虫を食べ、植物も少し食べます。

甲羅はドーム状
頭や前あしに黄色から赤のはん点
後ろあしのつめは3本

ミツユビハコガメ
ヌマガメ科 ♠甲長16.5cm
♣アメリカ合衆国（イリノイ州、ミズーリ州、アラバマ州、テキサス州）
♥小型哺乳類、両生類、小型爬虫類、魚類、貝類、甲殻類、昆虫、節足動物、果実、キノコなど
★カロリナハコガメの亜種のひとつです。後ろあしのつめの数が3本であることが名前の由来です。多くの個体の頭や前あしに、黄色から赤いはん点が入ります。

豆ちしき　ミシシッピアカミミガメは、ペットとして飼われていたものがにげたり、捨てられたりしたものが野生化して、問題になっています。

イシガメのなかま ❶

◈ 絶滅危惧種　♠ 体の大きさ
♣ 分布　♥ 食べ物　★ 特徴など

イシガメのなかまは、ほとんどが日本をふくめたアジアを中心に分布しています。小型種から大型種までいます。水生と陸生のものがいます。19属69種が知られています。

甲羅のふちがギザギザになる

ニホンイシガメ（イシガメ）
♣ イシガメ科　♠ 甲長11〜21cm
♣ 日本（本州、四国、九州）　♥ 両生類、魚、貝類、甲殻類、昆虫、葉、花、果実、藻類など
★ めすの方がだいぶ大きくなります。川の上流や山の池沼などの淡水域に生息し、水田にも見られます。

イシガメの子ども。江戸時代の銭の形に似ていることから「ゼニガメ」と呼ばれていました。

頭部に不規則なしまもようがある

成長したおすは黒くなる

クサガメ ◈
♣ イシガメ科　♠ 甲長20〜30cm
♣ 日本（本州、四国、九州）、中国、朝鮮半島、台湾
♥ 両生類、魚、貝類、甲殻類、昆虫、果実など
★ 背甲には3列の線（キール）があります。おすは成長すると全身が真っ黒になります。くさいにおいを出します。平地の河川や池・沼、水田などに生息します。

クサガメの子ども　イシガメが少なくなったため、クサガメの子どもがゼニガメとして売られていることもあります。

基亜種のミナミイシガメよりも甲羅が平たい

ヤエヤマイシガメ
♣ イシガメ科　♠ 甲長18cm　♣ 日本（西表島、石垣島、与那国島）
♥ 両生類、魚、甲殻類、昆虫、葉、果実、藻類など
★ ミナミイシガメの亜種です。人の手によって沖縄島などの本来の生息地以外の場所にもちこまれて問題になっています。

目から首にかけて黄色い線がある

甲羅のふちや形はなめらか

ミナミイシガメ ◈
♣ イシガメ科　♠ 甲長18cm　♣ 日本（近畿地方）、中国南部、台湾、ベトナム　♥ 両生類、魚、甲殻類、昆虫、葉、果実、藻類など
★ なめらかな背甲をもっています。河川や池沼、水田などに生息し、夜間に動き回ることが多いです。八重山諸島のものはヤエヤマイシガメという別亜種で、本州のものは移入種と考えられます。

頭部にしまもようがある

ギリシャイシガメ
♣ イシガメ科　♠ 甲長24cm　♣ 地中海東部沿岸　♥ 植物の種、葉、藻類、昆虫、貝、魚など
★ 流れのゆるやかな河川や湿地、湖などにすみ、淡水域から汽水域までのさまざまな水辺で見られます。子どものころはあさい池などにすんでいますが、おとなになると透明で水深のある場所へ移動します。

アンナンガメ ◈
♣ イシガメ科
♠ 甲長17cm　♣ ベトナム中部
♥ 魚、無脊椎動物、果実など
★ 頭部は暗かっ色で、明るい黄色の線があります。低地の池や湖沼地帯、流れのゆるやかな小川などにすみます。最近は個体数がとても減っており、絶滅が心配されています。

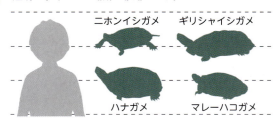

ニホンイシガメ　ギリシャイシガメ

ハナガメ　マレーハコガメ

🫘豆ちしき　日本に生息するクサガメは、韓国や中国からもちこまれたものが野生化したものと考えられています。

頭部、あしにしまもようがある

ハナガメ
イシガメ科 ♠甲長24cm ♣台湾、中国南部からインドシナ北部 ♥植物食 ★開けた低地の止水や流れのゆるやかな河川にすんでいます。

頭部に黄色いしまもよう

腹甲にちょうつがいがある

マレーハコガメ
イシガメ科 ♠甲長20cm ♣東南アジア ♥魚、貝類、甲殻類、昆虫、節足動物、葉、花、果実、藻類など ★平地ないし低山帯の止水やゆるやかな流れに生息しますが、陸上で活動することもあります。4つの亜種に分けられます。

目の周辺に黒いもよう

甲羅に3本の黒いすじがある

ミスジハコガメ
イシガメ科 ♠甲長20cm ♣中国南部、東南アジア北部 ♥両生類、魚、貝類、甲殻類、昆虫、果実、水生植物など ★沼や湿地から山地の渓流まで生息し、半水生で陸上でも活動します。中国では薬効があると信じられているため、高い値段で取引されています。

ドーム状の甲羅

腹甲にちょうつがいがある

モエギハコガメ
イシガメ科 ♠甲長20cm ♣ベトナム北部、中国(海南島) ♥昆虫、節足動物、無脊椎動物など ★山地の森林に生息する陸生のカメで、湿った場所を好みます。ペット用や食用に乱獲されていて、絶滅が心配されています。

ドーム状の甲羅

腹甲にちょうつがいがある

セマルハコガメ
イシガメ科 ♠甲長20cm ♣八重山列島、中国南部、台湾 ♥貝類、ミミズ、昆虫、節足動物、果実など ★腹甲にはちょうつがいがあり、完全に閉じることができます。森林やその周辺の湿ったところで、昼間に活動します。八重山列島のものはヤエヤマセマルハコガメという亜種に分類されます。

ハコガメのちょうつがい

ふつう、カメは危険を感じると、甲羅の中に頭やあし、尾を引っこめて身を守りますが、ハコガメのなかまは、胸甲板と腹甲板の間にあるちょうつがいで、頭、あし、尾が出ている部分を完全に閉じて身を守ります。種によっては、ほとんどすき間なく、ぴったりと閉じることができます。

見てみよう
セマルハコガメの起き上がり

セマルハコガメは、腹甲のちょうつがいを動かして、甲羅をぴったりと閉じて身を守る。

基亜種セマルハコガメよりも、背甲が平たく細長い

ヤエヤマセマルハコガメ
イシガメ科 ♠甲長14〜17cm ♣日本(石垣島、西表島) ♥貝類、ミミズ、昆虫、節足動物、果実など ★セマルハコガメの亜種です。天然記念物として保護されています。

豆ちしき　ハナガメは、日本でペットとして飼われていたものが野生化し、さらにニホンイシガメと交雑を起こし、問題となっています。

イシガメのなかま❷

カメのなかま（カメ目）

◇絶滅危惧種 ♠体の大きさ
♣分布 ♥食べ物 ★特徴など

甲羅に3列のもり上がりがある

頭部が赤っぽくなる

甲羅の後ろのふちがギザギザになる

リュウキュウヤマガメ ◇
イシガメ科 ♠甲長13cm ♣沖縄島、渡嘉敷島、久米島 ♥貝類、昆虫、木の葉、芽、果実など ★背甲は後ろのギザギザがはっきりしています。山地森林の渓流の周辺で、おもに陸上で活動し、雑食性で植物の実や昆虫などの小動物を食べます。国の天然記念物として保護されています。

くちばしがとがる

スペングラーヤマガメ ◇
イシガメ科 ♠甲長11cm ♣中国、ベトナム ♥貝類、昆虫、節足動物、果実など ★おすは太くて長い尾をもちます。森や林の中にすむ陸生のカメです。背甲は、落ち葉のような形をしていて、敵から見つかりづらくなっています。

トゲヤマガメの幼体

なめらかにもり上がる甲羅

トゲヤマガメ ◇
イシガメ科 ♠甲長22cm ♣マレー半島、カリマンタン（ボルネオ）島、スマトラ島、フィリピン ♥果実など ★若い個体では背甲のふちがのこぎりの歯のようになっていますが、成熟すると丸みをおびてきます。森林内の渓流付近などに見られ、おもに植物を食べます。

甲羅がドーム状だが、あまりもり上がらない

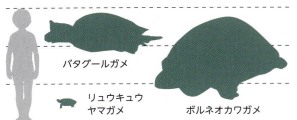

ヒジリガメ ◇
イシガメ科 ♠甲長45cm ♣インドシナ半島 ♥葉、くき、果実など ★種名には、お寺の池で多く見られたことから、聖なるカメという意味があります。背甲は幼体は丸くて、成体では細長く、あまり高くもり上がりません。草食性で、河川や池沼の、流れがゆるい水域にすみます。

バタグールガメ
リュウキュウヤマガメ
ボルネオカワガメ

腹甲はうすい黄色

オオヤマガメ ◇
イシガメ科 ♠甲長45cm ♣東南アジア ♥魚、無脊椎動物、葉、果実など ★川や沼などで生活しますが、陸にもよく上がります。何でも食べる雑食性ですが、成長すると植物を好んで食べるようになります。

豆ちしき タイでは、オオヤマガメもヒジリガメとともに、お寺や公園の池でよく見られます。

ハミルトンガメ
イシガメ科 ♠甲長30cm、最大39cm ♣インド北部、パキスタン北部、バングラデシュ ♥両生類、魚、貝類、甲殻類など ★幼体の頃は、黒い体に白い水玉もようが入ります。あさい河川や池にすんでいます。肉食性ですが、植物も食べることがあります。

ノコヘリマルガメ
イシガメ科 ♠甲長26cm ♣東南アジア ♥昆虫、果実など ★腹甲には、甲板にかくれたちょうつがいがあります。森林地帯の河川などにすみ、陸にもよく上がります。雑食ですが、植物食傾向が強く果物を好みます。

小型の頭部で、口先はとがる

上から見た甲羅は卵形

繁殖期のおすの頭部

水かきが発達する

ボルネオカワガメ
イシガメ科 ♠甲長80cm、最大120cm ♣マレー半島、カリマンタン(ボルネオ)島、スマトラ島 ♥雑食性 ★イシガメ科最大の淡水生ガメで、大きな河川や湖沼に生息します。生息地では環境の悪化や食用として乱獲され、絶滅が心配されています。

がんじょうなあしで水かきもある

カラグールガメ
イシガメ科 ♠甲長60cm、最大76cm ♣マレー半島、スマトラ島、カリマンタン(ボルネオ)島 ♥貝類、甲殻類、葉、くき、果実など ★おすの頭部は、繁殖期に白くなり、額には太い赤い帯が現れます。汽水性で、大きな川の下流や河口のマングローブ林にすんでいます。産卵は海岸で行われます。

なめらかな甲羅

水かきが発達する

バタグールガメ
イシガメ科 ♠甲長60cm ♣インド東部、バングラデシュ、ミャンマー ♥葉、くき、果実など ★おすの頭部は、繁殖期に色が黒く変わります。大きな河川の河口にあるマングローブ林に生息します。河口付近の海岸で産卵します。

前あしのつめは4本

豆ちしき バタグールガメは、前あしのつめが4本のため、ヨツユビカワガメとも呼ばれます。

イシガメのなかま❸

◇ 絶滅危惧種　▲ 体の大きさ
♣ 分布　♥ 食べ物　★ 特徴など

スミスセタカガメ
イシガメ科 ▲甲長15～23cm ♣インド、パキスタン、バングラデシュ ♥雑食性 ★このグループは第3椎甲板の後ろのはじが後ろにとがっているのでセタカガメと呼ばれています。しかし、スミスセタカガメの背甲はあまりとがっていません。河川や湖沼にすんでいます。動物食ですが、成長しためすは植物をよく食べます。

テントセタカガメ
イシガメ科 ▲甲長23cm
♣インド、バングラデシュ ♥魚、貝類、甲殻類、昆虫、葉、くき、果実、水草、藻類など ★第3椎甲板はもり上がり、とがっています。大小の河川に生息し、雑食性で、子どもの頃は肉食傾向が強く、成長すると植物質が多くなり、めすは植物食です。3亜種があります。

甲羅中央の列の椎甲板にとげ状突起がある

頭の上に黄色いもようがある　　平らな甲羅

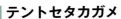

ミツウネヤマガメ ◇
イシガメ科 ▲甲長17cm
♣バングラデシュ、ブータン、インド、ネパール ♥昆虫、無脊椎動物、果実など ★背甲は黒く、3本のすじにそって黄色い線状のもようが入ります。陸生で、湿った森林に生息しています。

甲羅に3本のすじがある

カンムリヤマガメ
イシガメ科 ▲甲長25cm ♣コロンビア、ベネズエラ ♥昆虫、無脊椎動物、くき、葉など ★頭の黄色いもようがかんむりをかぶったように見えることが名前の由来です。川や池沼に生息しますが、陸にもよく上がって活動します。雑食性で植物や虫や貝も食べます。

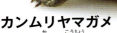

カンムリヤマガメの頭部のもよう。かんむりのように見えます。

顔に赤いすじのもようがある

ヨツメイシガメ ◇
イシガメ科 ▲甲長13cm ♣中国南部、ベトナム、ラオス ♥昆虫、無脊椎動物、水生植物など ★後頭部に2対の目玉もようがあります。目玉もようは、おすの方が大きくはっきりしています。山地森林の河川に生息し、おもに動物食を食べます。

アカスジヤマガメ
イシガメ科 ▲甲長20cm、最大21.4cm
♣メキシコからコスタリカ ♥昆虫、無脊椎動物、果実など ★イシガメ科のなかで、北アメリカ大陸だけに分布するグループの1種で、4亜種があります。陸生で、湿った林や水辺にすんでいます。雑食性です。

ヨツメイシガメの首の目玉もよう。

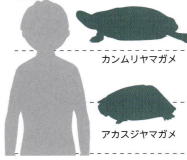

カンムリヤマガメ

アカスジヤマガメ

豆ちしき ミツウネヤマガメは、どのような生活をしているのか謎が多く、さらに個体数がとても少ないため、絶滅が心配されています。

ケララヤマガメ
イシガメ科 ♠甲長13cm ♣インド南西部 ♣昆虫、無脊椎動物、果実など ★おすの顔はめすにくらべてはでな色合いになり、目のまわりが赤くなります。陸生のカメで、森林の中の湿った場所にすんでいると考えられています。

フィリピンヤマガメ（レイテヤマガメ）
イシガメ科 ♠甲長20cm ♣フィリピン（パラワン島とその周辺の島）♥果実など ★フィリピンの淡水のカメで最大種です。ヤマガメという名前がついていますが、おもに水の中で活動します。

カメの甲羅

爬虫類のなかでも特殊なすがたのカメは、甲羅が最大の特徴です。背甲はろっ骨が広がって変化したもので、衝撃にもたえられるように、体内にある骨板と、外側に見えている角質でできた甲板でおおわれています。そして、甲羅はこれらの骨板と甲板が組み合わさることでさらにがんじょうなものになっています。スッポンなどは、甲板を失っていますが、これは体を軽くするためだと考えられています。

現在のカメのようなすがたになったのは、約2億1000万年前の中生代三畳紀の頃で、現代まで甲羅をもつという特徴は変わっていませんが、陸生のカメでは、甲羅は大きくもり上がる種が多く、水生のカメでは、水のていこうを受けにくい平らな形に進化してきました。

●背甲　　●腹甲

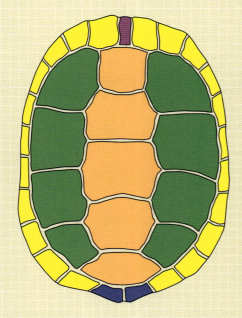
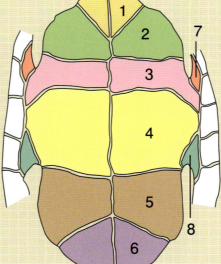

項甲板（紫）：甲羅の頭のすぐ後ろにある甲板
椎甲板（オレンジ）：ふつうの種では5枚ならぶ
肋甲板（緑）：椎甲板の両側にならぶ
縁甲板（黄）：甲羅の外側にある甲板
臀甲板（青）：甲羅の尾側にある甲板
（ひとつにつながった種類もあります）

1：喉甲板　　5：股甲板
2：肩甲板　　6：肛甲板
3：胸甲板　　7：腋下甲板
4：腹甲板　　8：鼠蹊甲板

ホウシャガメの大きくもり上がった甲羅。成長すれば敵も歯が立ちません。

セマルハコガメの腹側。胸甲板と腹甲板の間にちょうつがいがあります。

甲板のないスッポンの甲羅。やわらかい甲羅にろっ骨のすじが見えています。

豆ちしき フィリピンヤマガメは、当初、レイテ島（フィリピン）にすんでいると思われていましたが、2004年にパラワン島で再発見されました。

リクガメのなかま①

■絶滅危惧種 ♠体の大きさ
♣分布 ♥食べ物 ★特徴など

リクガメのなかまは、オーストラリアと南極をのぞく、すべての大陸に分布しています。陸上生活に適応していて、おもに植物を食べます。大型のカメも見られ、特に大きなものが、外敵のいない島に残っています。

見てみよう ガラパゴスゾウガメのいかく

ガラパゴスゾウガメ ■
リクガメ科 ♠甲長90cm 最大135cm ♣ガラパゴス諸島
♥葉、花、果実など ★それぞれの島ごとに甲羅の形が変わっていて、大きく「くら型」「ドーム型」「中間型」の3種類に分けられます。航海者の食料として乱獲され、数が減ってしまい、現在は保護されています。

甲羅がドーム型のガラパゴスゾウガメ

くら型

甲羅がくら型のガラパゴスゾウガメ。高い場所のサボテンの果実などを食べるため、甲羅の首の部分が大きくえぐれて、首をのばしやすくなっています。

頭部は平ら / ドーム型の甲羅

アルダブラゾウガメ ■
リクガメ科 ♠甲長120cm ♣アルダブラ諸島（セイシェル領）
♥草、木の葉、若い枝など ★かつてはインド洋西部の島々に、ゾウガメが広く分布していましたが、航海者の食料として乱獲され絶滅してしまいました。アルダブラ諸島では野生個体が生き残っています。現在はセイシェル諸島などに人為的にもちこまれ、定着しています。

甲羅に星状のもよう / 甲羅の頂点がもり上がる

インドホシガメ ■
リクガメ科 ♠甲長30〜38cm ♣インドとその周辺 ♥草、木の葉、果実など
★砂丘、かん木林など乾燥したところに生息しますが、農地など人間の生活圏近くにも現れます。雨季に活発に活動し、おもに植物を食べます。きれいなもようのためペットとして人気がありますが、そのために野生個体の数が減少しています。

豆ちしき　ガラパゴスゾウガメは1つの種と考えられてきましたが、最近の研究によって10種以上に分けられました。そのなかにはすでに絶滅してしまった種もいます。

ヒョウモンガメ
リクガメ科 ♠甲長72cm ♣アフリカ東部、南部 ♥草、木の葉、花、果実、キノコなど ★アフリカ大陸産の比較的大きなリクガメで、草原やかん木地、サバンナなど乾燥地帯に広く生息します。草食性で草や果実を食べます。

ケヅメリクガメ
リクガメ科 ♠甲長76cm、最大83cm ♣アフリカ中部 ♥草、木の葉、花、果実など ★尾の左右にけづめ状の大きなうろこがあり、名前の由来になっています。砂ばくの周辺やサバンナなどの開けた乾燥地にすみ、夜明けや日没時に活動します。草食性で多肉植物や草を好んで食べます。

→ 後ろあしと尾のつけねに、けづめのようなうろこがある

→ 前あしに赤いうろこ

アカアシガメ
リクガメ科 ♠甲長50cm ♣南アメリカ ♥草、木の葉、花、果実、キノコ、昆虫など ★前あしのうろこの先は赤色です。多湿なサバンナや森林に生息します。草や多肉植物、果実のほか、動物の死がいも食べます。

→ 前あしに黄色いうろこ

キアシガメ
リクガメ科 ♠甲長82cm ♣南アメリカ ♥草、木の葉、花、果実、キノコ、昆虫など ★アカアシガメに似ていますが、前あしのうろこの先は黄色です。熱帯の常緑あるいは落葉降雨林に生息し、食性や繁殖生態などはアカアシガメと似た生活を送っています。

→ 放射状のもよう

ホウシャガメ
リクガメ科 ♠甲長40cm ♣マダガスカル ♥草、木の葉、花、果実、キノコなど ★島の南部の乾燥した森林に生息し、さまざまな植物の葉を食べます。食用に乱獲され、現在は保護されています。世界一美しいリクガメとも呼ばれています。

→ 甲羅の背がもり上がる

→ 喉甲板が前方につき出る

ヘサキリクガメ
リクガメ科 ♠甲長40cm ♣マダガスカル北西部 ♥木の葉、草など ★背甲はドーム型にもり上がります。喉甲板が前に出っ張り、これが舳先(船の前方のとがった部分)に似ていることが名前の由来です。サバンナなどの乾いた草原でくらしていて、草食性です。個体数がとても減少していて、絶滅が心配されています。

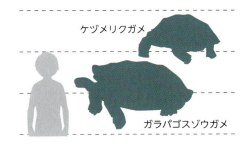

ケヅメリクガメ
ガラパゴスゾウガメ

豆ちしき ホウシャガメは、モーリシャス島などに人間によってもちこまれ、ふえています。

リクガメのなかま❷

カメのなかま（カメ目）

◆絶滅危惧種 ♠体の大きさ ♣分布 ♥食べ物 ★特徴など

ギリシャリクガメ ◆
リクガメ科 ♠甲長25～30cm ♣北アフリカ、ヨーロッパ南西部から西アジア ♥草、木の葉、花、果実など ★後ろあしの後方に大きな円すい状のうろこがあります。乾燥したあれ地に生息し、植物のほか、ミミズやカタツムリなども食べます。

甲羅のもようが「ギリシア織」に似ていることからこの名前がついた

甲羅はもり上がる

ヘルマンリクガメ
リクガメ科 ♠甲長16cm、最大35cm ♣ヨーロッパの地中海沿岸地域 ♥草、木の葉、花、果実、昆虫など ★海辺から標高500メートル程度の海岸砂丘や農地、林などさまざまな環境にすんでいますが、日あたりがよく石の多い草原を好みます。草食性で、さまざまな植物を食べます。

前あしにとげ状のうろこ

甲羅の頂点は平ら

前あしのつめは、4本

セマルムツアシガメ（エミスムツアシガメ） ◆
リクガメ科 ♠甲長60cm ♣インドから東南アジア ♥果実、タケノコ、水生植物、キノコ、昆虫など ★尾と左右の後ろあしのつけねの間に、けづめ状の大きなうろこがあるため、「六つあしガメ」と呼ばれます。熱帯の多湿林に生息します。

ヨツユビリクガメ ◆
（ロシアリクガメ、ホルスフィールドリクガメ）
リクガメ科 ♠甲長22cm ♣中央アジアからパキスタン、中国北西部 ♥葉、花、果実など ★前あしのつめは4本です。草食性で、砂ばくやステップなどの乾燥地に生息し、寒い地域では冬眠を行います。穴をほるのがとくいです。

ギリシャリクガメ

セマルムツアシガメ

豆ちしき　ギリシャリクガメやヘルマンリクガメは、童話「うさぎとかめ」のモデルとなったといわれています。

甲羅を上から見ると細長い

エロンガータリクガメ
リクガメ科 ♠甲長29〜33cm ♣インドから東南アジア、中国南東部
♥葉、花、根、くき、果実、タケノコ、キノコ、ナメクジなど
★甲羅は縦長になっています。山地や丘陵地の森に生息し、すずしく湿った環境を好みます。

アナホリゴファーガメ
リクガメ科 ♠甲長15〜24cm ♣アメリカ合衆国南東部 ♥草、果実など
★水はけのよい砂地に生息し、平たいシャベル状になった前あしを使って深い穴をほり、その中にひそみます。この穴はほかの多くの動物にとっても重要なかくれ家となっています。

甲羅のふちのそりかえりが成長とともになくなる

インプレッサムツアシガメ
リクガメ科 ♠甲長35cm ♣タイ、マレーシア、ベトナム、ミャンマー南部、ラオス ♥キノコ
★甲羅のもようがべっ甲に見えることから、ベッコウムツアシガメとも呼ばれています。標高の高い地域にすんでいて、キノコを好んで食べます。

ドーム型の甲羅

前にのびた喉甲板

ソリガメ
リクガメ科 ♠甲長20cm ♣アフリカ南部 ♥くさ、カタツムリなど
★おすは喉甲板が前にのびます。これが氷の上をすべる「橇」に見えることが和名の由来となっています。海岸の砂ばく地帯に生息しています。草食性です。

甲羅は平たい　　放射状のもよう

パンケーキガメ
リクガメ科 ♠甲長18cm ♣アフリカ東部 ♥草、多肉植物など
★甲羅はとても平たく、せまい岩の間にはまりこむとかんたんに引き出せません。サバンナや乾燥したやぶの岩場に生息し、植物を食べます。

甲羅は極めてうすい

豆ちしき　パンケーキガメは、岩などのすき間に入って、息をすって甲羅をふくらまし、あしを突っ張ることで、引き出されにくくなります。

55

カメのなかま（カメ目）

リクガメのなかま❸

◇絶滅危惧種　♠体の大きさ
♣分布　♥食べ物　★特徴など

はん点もようがある

甲羅のふちがギザギザ

シモフリヒラセリクガメ ◇
リクガメ科 ♠甲長6～10cm ♣南アフリカ共和国
♥草、葉、昆虫など ★世界でもっとも小さなリクガメです。岩場にすんでいます。植物の葉や花を食べる草食性ですが、ときおり昆虫を食べることもあります。

オウムヒラセリクガメ
リクガメ科 ♠甲長10～13cm ♣南アフリカ共和国南部
♥草、葉など ★鳥のオウムのように曲がったくちばしをもっています。繁殖期のおすの背甲ははでな色になり、鼻のうろこが赤くなります。おす同士はよくけんかをし、相手の甲羅にかみつきます。

ちょうつがいがある　甲羅はもり上がる

急角度に曲がる

ベルセオレガメ
リクガメ科 ♠甲長20cm ♣アフリカ大陸、マダガスカル ♥草、果実、キノコ、昆虫、節足動物など ★背甲の後部にちょうつがいがあり、閉じることで後ろあしと尾を守ります。草地やサバンナ、森などの湿った場所を好んで生息します。

モリセオレガメ（エローサセオリガメ）
リクガメ科 ♠甲長40cm ♣アフリカ中西部 ♥昆虫、クモ、ミミズ、果実、キノコなど ★セオレガメのなかまのなかで一番大きい種です。湿度の高い森林にすみ、湿地の水の中で見つかることもあります。

急角度に曲がる

甲羅全体にクモの巣のようなもよう

ホームセオレリクガメ ◇
リクガメ科 ♠甲長20cm ♣アフリカ中西部 ♥昆虫、クモ、ミミズ、果実、キノコなど ★背甲の後部のちょうつがいがよく発達していて、第5椎甲板から急角度で曲がります。低地の湿度の高い常緑林にすみます。

クモノスガメ ◇
リクガメ科 ♠甲長12cm ♣マダガスカル ♥葉、果実、キノコなど ★乾燥したやぶや草原に生息し、雨がふった後に活動します。草食性で、草や若葉のほか家ちくのふんを食べることもあります。

豆ちしき　セオレガメのなかまは、生息地では食用や薬用にされることもあります。

ムカシトカゲのなかま

原始的な爬虫類のなかまで、トカゲに似ていますが、トカゲとは別の動物です。ほかの爬虫類とちがい、交接器をもちません。ニュージーランドに1種が生息しています。

ムカシトカゲ

ムカシトカゲ目ムカシトカゲ科　🔺全長45〜61cm
🍀ニュージーランド　❤鳥類、爬虫類、昆虫など　⭐低地のやぶや、林にすんでいます。夜行性で、おもに昆虫を食べていますが、ときにはトカゲや、海鳥の卵やひなを食べることもあります。

ムカシトカゲの頭頂部には、第3の目と呼ばれる器官があります。ふ化直後には外から確認できますが、成長とともに皮ふにかくれてしまいます。実際の眼と同じ構造をしていますが、物が見えるわけではなく、光を感じる程度と考えられています。

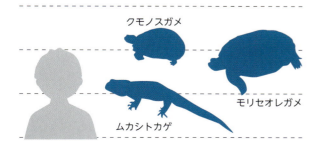

原始的な特徴を残す生きている化石

ムカシトカゲのなかまは、中生代には世界中に分布していたと考えられる原始的な爬虫類で、「生きている化石」といわれています。すがたはトカゲに似ていますが、精子の形態がワニと似ていたり、外耳孔や交接器をもたないことが特徴です。皮下の頭頂眼には、光を感じる構造があり、第3の目ともいわれます。

卵は、ふ化するまでに約15か月もかかります。ふ化した子どもは、すぐに自分で食物を食べます。成長はゆっくりで、約50歳まで成長を続け、寿命は約120年とも200年とも考えられています。

約2億年前に始まったジュラ紀の化石「*Homeosaurus*」。ムカシトカゲに似た特徴があります。

ニュージーランド南島の博物館で飼われている「ヘンリー」は110歳をこえていると考えられています。

豆ちしき　ムカシトカゲのなかまには、ニュージーランドの南島と北島の間のクック海峡のブラザー諸島のみに分布する亜種のギュンタームカシトカゲもいます。

爬虫類・両生類の名前と

爬虫類は約9800種、両生類は約7100種がいるといわれています。このような多くの生物はどのように分類され、どのような基準で名前をつけられているのでしょう。ニホンイシガメを例に説明します。

「属」と「種」で生き物に名前をつける

ニホンイシガメは、英語では Japanese Pond Turtle（ジャパニーズ・ポンド・タートル）、中国では日本石龜、オランダ語では Japanse Waterschildpad（ジャパンズ・ウォータースヒルドパッド）など、国によってさまざまな名前で呼ばれています。そこで、万国共通の学名というものが考えられました。考えたのはカール・フォン・リンネ（1707年～1778年）というスウェーデンの学者です。二名法といい、人間の姓と名のように「属」と「種」でその生き物に名前をつけ、世界共通になるよう、ラテン語のイタリック体（斜体）で表します。

学名でわかる動物のなかま

この「属」と「種」で表されたものが学名で、ニホンイシガメは「*Mauremys japonica*（マウレミス・ヤポニカ）」という学名になります。「属」が同じものは、人間でいえば姓が同じということですから、クサガメ *Mauremys reevesii*（マウレミス・リーベシー）、ミナミイシガメ *Mauremys mutica*（マウレミス・ムティカ）などは、みんな *Mauremys*（イシガメ属）なので親せきのようなものということが学名からわかります。また、同じカメのなかまでも、セマルハコガメは *Cuora flavomarginata*（クオラ・フラボマルギナータ）と属（*Cuora*＝ハコガメ属）がちがうので、イシガメ属とは遠い関係であるとわかります。

哺乳綱

チーター

鳥綱

オニオオハシ

両生綱

ニホンアマガエル

動物界 — **脊索動物門** — **爬虫綱**

植物界 など

ヒマワリ

サクラ

節足動物門 など

カブトムシ

アメリカザリガニ

硬骨魚綱

ミノカサゴ

軟骨魚綱

ジンベイザメ

なかま分け

種をまとめて属、属をまとめて科、科をまとめて目

こうした親せきどうしをまとめた「科」というグループがあります。つまり、ニホンイシガメ、クサガメ、ミナミイシガメ、セマルハコガメはすべて「イシガメ科」ということになります。リンネはさらに「科」をまとめて「目」というグループをつくりました。イシガメ科のほか、ウミガメ科、リクガメ科、カミツキガメ科、スッポン科などが集まって、「カメ目」というグループになります。

目をまとめて綱、綱をまとめて門、門をまとめて界

そうしてできたカメ目、有鱗目、ムカシトカゲ目、ワニ目などが集まって「爬虫綱」というグループになります。ニホンイシガメ、コモドオオトカゲ、シマヘビ、ナイルワニはすべて爬虫綱の動物（爬虫類）というわけです。さらに綱をまとめたものを「門」、門をまとめたものを「界」というように、リンネはすべての生物を段階別にグループ分けしたのです。

世界中で使われる便利な分類方法

この方式によれば、ニホンイシガメは動物界・脊索動物門・爬虫綱・カメ目・イシガメ科・イシガメ属の動物ということになります。この分類方法は便利なので、現在でも世界中で使われているのです。

有鱗目トカゲ亜目
コモドオオトカゲ

有鱗目ヘビ亜目
シマヘビ

※有鱗目トカゲ亜目、ヘビ亜目の「亜目」は、目と科の間に位置するグループで、同じグループでありながら、トカゲとヘビですがたがちがっていて、さらにトカゲでは約6000種、ヘビでは約3400種と大きなグループになっていることから、目に分けるまでではありませんが、科に分けるには大きいグループということです。

カメ目

ウミガメ科
アオウミガメ

ニホンイシガメ　動物界・脊索動物門・爬虫綱・
Mauremys japonica　カメ目・イシガメ科・イシガメ属

イシガメ科

ムカシトカゲ目
ムカシトカゲ

リクガメ科
ガラパゴスゾウガメ

クサガメ　Mauremys reevesii

爬虫綱・カメ目・イシガメ科・イシガメ属なので、ニホンイシガメととても近いなかまです。

ワニ目
ナイルワニ

スッポン科
ニホンスッポン

セマルハコガメ　Cuora flavomarginata

爬虫綱・カメ目・イシガメ科・ハコガメ属なので、同じイシガメ科でも、ニホンイシガメやクサガメとは少しはなれたなかまになります。

トカゲのなかま

トカゲのなかま（有鱗目トカゲ亜目）

6000種をこえる、爬虫類最大のグループです。さまざまな環境に適応し、ヘビのように前あし、後ろあしの両方、あるいはそのどちらかがないものもいます。多くの種はまぶたが動き、舌の先端はふたまたに分かれていません。卵を産む卵生が基本ですが、子どもを産む胎生種もめずらしくありません。

グリーンイグアナ（102ページ）

トカゲの体

かたく、かわいたうろこでおおわれた体は、時間がたつと脱皮して、新しいうろこになります。目にはまぶたがあり、休んでいるときには目を閉じています。左右別々に動かせる目や長い舌をもつカメレオン、ヘビのような体のミミズトカゲなど、さまざまな進化をとげています。

目
- 開いているところ
- 目には、うすいまくのまぶたがあり、下から開閉します。

耳
ほおの部分に開いた穴が耳です。

皮ふ
乾燥に強い、かたいうろこです。

尾
トカゲのなかまの多くは、尾を自切します。

ニホンカナヘビ

前あし
指は5本。

後ろあし
指は5本。

総排出口
おす／めす

後ろあしのつけねに、総排出口があります。おすとめすでは、総排出口の先からの尾の太さがちがいます。おすの方が太いことで区別できます。

トカゲの骨格

大きな頭骨と、大きなあご、尾まで続く長い背骨をもちます。ろっ骨があり、肺や内蔵を保護しています。哺乳類の首にあたる骨もあり、首を左右にふることができます。

カメレオンは、のびる舌の根元に骨があり、その骨を筋肉でおし出すことによって、舌の縮んでいた筋肉がのびて舌をのばします。

ニホントカゲの骨格

三番目の目

トカゲのなかまの多くは、ふ化したばかりのときに、頭頂部に頭頂眼と呼ばれる第3の目があります。ふつうは成長とともにうろこにおおわれてしまいますが、マダガスカルイグアナでははっきりとその目が残ります。この頭頂眼は、視力はないものの、ふつうの目と同じ構造をしていて、光を感じるくらいの能力があると考えられています。

マダガスカルイグアナの頭頂眼

エボシカメレオンの骨格

トカゲのなかま〔有鱗目トカゲ亜目〕

本当の大きさです
エリマキトカゲ

大きく広がるえり、2本あしで走るすがたなど、エリマキトカゲの特徴を「本当の大きさ」でじっくり観察してみよう！

えりを広げるのは何のため？

エリマキトカゲは、てきにおそわれたときなど、相手をいかくするときにえりを広げます。こうすることで、体を大きく見せています。このほか、おす同士のけんかのときにもえりを広げます。

3Dで見てみよう　エリマキトカゲ

62

口を開けないと えりが広がらない

エリマキトカゲのえりは、舌骨という舌をささえる骨とつながっていて、口を大きく開けると連動してえりが広がるしくみになっています。だから口を開けないと、えりを広げることはできません。

えりを広げてもだめなら…

えりを広げていかくしても効果がないときは、後ろあしだけで立ち上がり、走ってにげます。ふだん木の上にすむエリマキトカゲにとって、地上を2本あしで走ることは、生き残るための最後の手段です。

ヤモリのなかま①

◇絶滅危惧種 ♠体の大きさ
♣分布 ♥食べ物 ★特徴など

ヤモリのなかま（有鱗目トカゲ亜目）

ヤモリのなかまは、大きく分けて樹上生種と地上生種がいます。トカゲモドキなど一部の種をのぞいて、指の下に指下板と呼ばれるパッドがあり、壁や窓ガラスなどの垂直な面にも登ることができます。

灰色からかっ色の細かいうろこ

ミナミヤモリ
ヤモリ科 ♠全長10〜13cm ♣九州南部から南西諸島、中国東部、台湾 ♥昆虫など ★人家よりも、開けた林の木や石垣などで見られます。おすは小さな声で「チッチッチッ」と鳴きます。移入により、日本国内での分布が広がっています。

緑色の目

するどく大きなつめ

スミスヤモリ
ヤモリ科 ♠全長25〜35cm ♣東南アジア ♥昆虫などの節足動物 ★平地の森や丘陵に生息します。夜行性で、犬のような声で「オー、ウォッ、ウォッ」と大きく鳴きます。直径2cmくらいの卵を2個産みます。

するどく大きなつめ

尾に帯もよう

シカンマクヤモリ
ヤモリ科 ♠全長10〜14cm ♣中国南部 ♥昆虫など ★山地に生息し、人家の壁や近くの林でよく見られます。指の間に小さなまくがあります。6〜7月に2個の卵を産みます。

背中に白いすじがある

ヤシヤモリ
ヤモリ科 ♠全長20〜30cm ♣インドネシアからソロモン諸島 ♥小型ヤモリ、昆虫など ★分布が広く、体色には変異があります。林や人家にすんでいて、樹上生で、動きはすばやいです。

金色の目

尾に帯もよう

見てみよう
ニホンヤモリのいかく

ニホンヤモリ
ヤモリ科 ♠全長10〜14cm ♣日本（本州、四国、九州、対馬）、中国東部、朝鮮半島南部 ♥昆虫など ★民家の内外でよく見られます。夜行性で、街灯など明かりに集まる虫を食べますが、昼間に日光浴も行います。屋内や縁の下などで冬眠します。

ニホンヤモリの前あし
指は5本で、指先に指下板があります。

ニホンヤモリの目
たて長のひとみです。まぶたはなく、透明なうろこでおおわれています。

豆ちしき ヤモリのあしの裏の指下板には、細かい毛が生えていて、ファンデルワールス吸着という物理的作用によって、壁や天井を移動できます。

尾に帯もよう

タワヤモリ
ヤモリ科 ♠全長10〜14cm 🍀日本（四国と瀬戸内海の周辺）♥昆虫など ★山地や海岸の岩場に多いですが、民家にも生息します。夜行性ですが、集団の日光浴も目撃されています。岩の裏側のすき間などで冬眠します。

オキナワヤモリ
ヤモリ科 ♠全長10〜13cm 🍀日本（久米島、伊平屋島、沖縄島北部など）♥昆虫など ★おもに森林に生息します。ミナミヤモリと似ていますが、遺伝的にことなる種であると考えられています。学名はまだついていません。

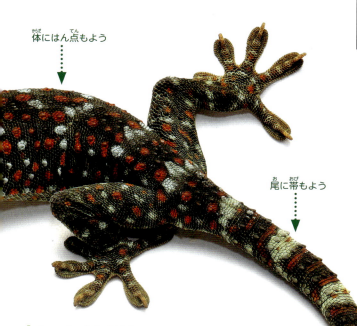

体にはん点もよう

尾に帯もよう

トッケイヤモリ
ヤモリ科 ♠全長25〜35cm 🍀中国南部から東南アジア、インド ♥ネズミ、小型爬虫類、昆虫など ★人家周辺に多く、鳴き声が「トッケイ」と聞こえます。おどされると噴気音を出していかくします。樹上で生活しています。

腹側が黄色っぽい

ニシヤモリ
ヤモリ科 ♠全長10〜14cm 🍀日本（九州西部、五島列島）♥昆虫、カタツムリなど ★海岸の岩場に生息します。胴体の大型のうろこが目立ちます。腹面は黄色みが強いです。学名はまだついていません。

背中に2本の点線のようなすじ

アマミヤモリ
ヤモリ科 ♠全長10〜14cm 🍀日本（トカラ列島の小宝島、奄美大島、徳之島など）♥昆虫など ★原生林にも人家近くの二次林にも生息します。おすは小さな声で「チッチッチッ」と鳴きます。

ヤクヤモリ
ヤモリ科 ♠全長13〜15cm 🍀日本（屋久島、種子島、九州南部）♥昆虫など ★日本産ヤモリ属のなかでは最大です。森林や岩場に生息し、民家では見られません。6〜9月、岩のすき間などに産卵します。

口が黄色っぽい

タカラヤモリ 🇨🇭
ヤモリ科 ♠全長12〜13cm 🍀日本（トカラ列島の宝島、小島）♥昆虫など ★民家の周辺や岩場に生息します。トカラ列島の2つの小さな島にのみ分布します。下くちびるが黄色です。

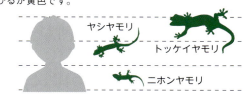

豆ちしき トッケイヤモリの鳴き声を7回連続で聞くと、幸せになれるという言い伝えがある地域があります。

ヤモリのなかま❷

トカゲのなかま（有鱗目トカゲ亜目）

❌絶滅危惧種 ♠体の大きさ ♣分布 ♥食べ物 ★特徴など

うすい皮ふ　　　尾は横に平らではば広い

オンナダケヤモリ
ヤモリ科 ♠全長8〜12cm ♣日本（南西諸島）、世界各地の熱帯・亜熱帯の沿岸部や島々 ♥昆虫など ★尾は横に平らで、はば広くなっています。皮ふがうすく、つかむとむけることがあります。

クールトビヤモリ（パラシュートヤモリ）
ヤモリ科 ♠全長18〜20cm ♣東南アジア ♥昆虫、クモなど ★樹上生で、森林に生息します。全身にわたって飛まくがあり、木からジャンプし、そのまま滑空してにげることができます。夜行性です。

あしの水かきが大きい
樹皮のようなもよう
体の横、尾にひだ状のまくがある

鼻から目、体側を通るすじがある

オガサワラヤモリ
ヤモリ科 ♠全長7〜9cm ♣日本（小笠原諸島、沖縄県）、インド洋と太平洋の温暖な沿岸部と島々 ♥アリ、シロアリなど ★日本産のヤモリではもっとも小型で、動作はおそい方です。よく鳴きます。単為生殖を行います。

ピーターホソユビヤモリ
ヤモリ科 ♠全長22〜28cm ♣タイ、マレーシア、シンガポール、インドネシア ♥昆虫など ★熱帯雨林に生息し、大きな木の上や石灰岩の洞くつでよく見られます。指先にはするどいかぎづめがあります。

ピーターホソユビヤモリの幼体

オマキホソユビヤモリ
ヤモリ科 ♠全長13〜15cm ♣マレー半島 ♥不明 ★低地の森に生息します。夜行性です。樹上生で、低木の上によく見られます。尾を横向きにコイル状にまきます。

体にしまもよう

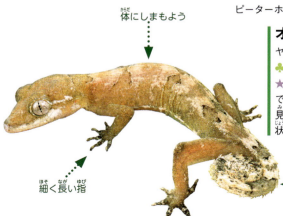

細く長い指　　　尾をまく

キノボリヤモリ
ヤモリ科 ♠全長6〜8cm ♣日本（西表島、宮古島）、太平洋の島々や沿岸部 ♥昆虫など ★分布域が広く、人為分布と思われます。胴長であしが短いのが特徴です。建物の壁や樹上にすみ、単為生殖を行うと考えられています。

豆ちしき　オンナダケヤモリは、分布域が極めて広く、ほとんどは荷物にまぎれて移動した人為的な分布と考えられています。

タシロヤモリ
ヤモリ科 ♠全長9～12cm ♣日本(南西諸島)から東南アジア、中国南部 ♥昆虫など ★ホオグロヤモリとよく似ていますが、尾に特徴的なとげ状の突起が見られないことで区別できます。人家の周辺にすみ、小さい声で鳴きます。

尾にとげはない

体にしまもようがある

ミナミトリシマヤモリ
ヤモリ科 ♠全長12～19cm ♣日本(南硫黄島と南鳥島)、太平洋の温暖な島々 ♥昆虫など ★国内のヤモリ科では最大です。海岸の岩場に多いことが分かっていますが、国外では樹上でも見られます。

マツカサヤモリ
ヤモリ科 ♠全長8～10cm ♣パキスタンとインド・アッサム地方 ♥昆虫など ★乾燥した岩場の低木の生えているような場所にすんでいます。尾は短く、平らで、大きなうろこがマツカサのように重なって生えています。

大きなうろこがある太い尾

尾にとげがならぶ

ホオグロヤモリ
ヤモリ科 ♠全長9～13cm ♣日本(南西諸島と小笠原諸島、八丈島)、世界の温暖な地域の沿岸部や島々 ♥昆虫など ★分布域が極めて広く、人為分布によると考えられています。人家とその付近に生息しますが、八重山諸島ではサトウキビ畑などでも見られます。「キャッ、キャッ、キャッ、キャキャキャ……」と続けて鳴きます。

ソメワケササクレヤモリ
ヤモリ科 ♠全長12～15cm ♣マダガスカル南部から西部 ♥昆虫など ★乾燥地にすみ、地上生です。指下板は指先のみにあり、二つに分かれていて、かぎづめがあります。

大きな頭部　太い尾

バジンバササクレヤモリ
ヤモリ科 ♠全長7～9cm ♣マダガスカル北西部 ♥昆虫など ★熱帯落葉乾燥林に生息します。夜行性で、細い木の低い場所で、地面を向いてとまっていることがよくあります。地表でもよく活動します。

体側の皮ふが横にのびる　尾が平らで、まくが発達する

ヒラオヤモリ
ヤモリ科 ♠全長10～12cm ♣南アジア、東南アジア ♥ガ、ハエ、クモなど ★胴体とあし、尾の側面にひだがあり、ジャンプがとくいで、短い滑空もできます。林や人家で多く見られます。

クールトビヤモリ
ヒラオヤモリ
ソメワケササクレヤモリ

豆ちしき　ソメワケササクレヤモリは、尾をサソリのように胴体の上にもち上げて曲げる行動をします。

67

ヤモリのなかま❸

🟥絶滅危惧種 ♠体の大きさ
♣分布 ♥食べ物 ★特徴など

はば広い尾

樹皮のようなもよう

ギュンターヘラオヤモリ 🟥
ヤモリ科 ♠全長10〜14cm ♣マダガスカル北部、西部 ♥昆虫など
★熱帯落葉乾燥林に生息します。夜行性で、雨季によく見かけます。胴体や尾は樹皮に似たもようをしています。落ち葉の下に卵を産みます。

樹皮のようなもよう

はば広い尾

体側や指などにひだがある

スベヒタイヘラオヤモリ 🟥
ヤモリ科 ♠全長22〜25cm ♣マダガスカル北部、北西部 ♥昆虫など ★森林や竹林に生息し、樹上で生活します。夜行性で、昼間は細い木の幹などに、頭部を下にして、とまっています。

マダガスカルヘラオヤモリ
ヤモリ科 ♠全長25〜30cm ♣マダガスカル東部 ♥ヤモリ、昆虫など ★怒ると大きな口を開け、真っ赤な舌を出します。湿った原生林にすみ、樹上生で、夜に活動します。

はば広い尾

エダハヘラオヤモリ
ヤモリ科 ♠全長8〜11cm ♣マダガスカル中東部 ♥昆虫など
★小型で、尾は比較的長く、木の葉のような形をしています。まぶたの上、首、あしの関節、体の側面などにとがったとげ状の突起があります。夜間に1mくらいの低い枝でよく見かけられます。

樹皮に擬態するヘラオヤモリ

ヘラオヤモリのなかまは、身をかくす能力に優れたヤモリです。樹皮そっくりに体色を変化させ、体やあし、あごの下にある皮ふのひだが、木の幹とのさかい目をぼやかすので、敵にもえものにも気づかれません。

日中、敵である鳥やほかの爬虫類から身を守るために、樹皮に擬態してカモフラージュするスベヒタイヘラオヤモリ。

豆ちしき　ヘラオヤモリのなかまには、えものに向かってジャンプしておそいかかる種もいます。

トカゲモドキのなかま

◆ 絶滅危惧種　♠ 体の大きさ
♣ 分布　♥ 食べ物　★ 特徴など

以前はヤモリ科にふくまれていましたが、ヤモリのように壁を垂直に歩くための指下板がなく、まぶたがあり、完全に地上で生活することなどから、トカゲモドキ科として独立しました。36種があります。

帯もようとはん点もようがある

ものにまきつけることができる太い尾

指が細い

テキサストカゲモドキ（チワワトカゲモドキ）
トカゲモドキ科　♠ 全長11〜13cm　♣ アメリカ合衆国南部からメキシコ北部　♥ 昆虫など　★ 夜行性で乾燥した草地やあれ地、砂ばくにすみます。卵生で、年に数回2個の卵を産みます。

オマキトカゲモドキ（ネコトカゲモドキ）
トカゲモドキ科　♠ 全長18〜21cm　♣ マレー半島、ボルネオ、スマトラ　♥ 昆虫など　★ 熱帯の雨林や湿潤林に生息します。夜行性です。低木や倒木の上でゆっくりした動作で移動します。1〜2個の卵を産みます。

帯もようがある

節がある太い尾

ニシアフリカトカゲモドキ
トカゲモドキ科　♠ 全長12〜23cm　♣ アフリカ西部　♥ 昆虫などの節足動物　★ 岩場などにすみますが、極端に乾燥した場所は好みません。体をもち上げて歩き、動きは速くありません。

黒いはん点もようが全身にある

節がある太い尾

ヒョウモントカゲモドキ
トカゲモドキ科　♠ 全長18〜28cm　♣ パキスタン、インド北西部　♥ 昆虫など　★ 尾は短く、栄養状態がよいと太くなります。地上生で、体を高くもち上げて歩き、動きはにぶいです。

ヒョウモントカゲモドキの品種

ヒョウモントカゲモドキは、ペットとして人気の高いヤモリで、人間によって改良された品種がいくつかあります。英名のレオパードゲッコーの名で親しまれています。

タンジェリン　オレンジ色が強く現れた品種

マックスノー　黒以外の色素が少ない品種

ブリザード　もようがなく、白色の品種

豆ちしき　ヒョウモントカゲモドキは、野生ではおす1ぴきが複数のめすとともにハーレムを形成して生活しています。

クロイワトカゲモドキ
トカゲモドキ科 ♠全長14〜19cm ♣日本(沖縄諸島) ♥小型無脊椎動物など ★地上生で、尾は切れやすいです。夜行性です。多孔質の石灰岩が多い森林を好みます。沖縄県の天然記念物です。

帯もようは個体によってあるものやないものがいる

胴体の帯は3〜4本
帯の間にはん点もようがある

マダラトカゲモドキ
トカゲモドキ科 ♠全長15〜18cm ♣日本(沖縄県・伊江島、渡嘉敷島、渡名喜島、阿嘉島) ♥昆虫、クモなど ★常緑広葉樹林や二次林、その周辺の石灰岩地に生息します。夜行性です。沖縄の天然記念物です。

胴体の帯は3本
帯の間にはん点もようはない

オビトカゲモドキ
トカゲモドキ科 ♠全長12〜14cm ♣日本(鹿児島県・徳之島) ♥昆虫など ★常緑広葉樹林に生息しますが、農耕地や住宅地周辺でも見かけます。卵はかたいからをもち、一度に2個の卵を産みます。鹿児島県の天然記念物です。

胴体の帯は3〜5本

クメトカゲモドキ
トカゲモドキ科 ♠全長12〜14cm ♣日本(沖縄県・久米島) ♥昆虫など ★山地の森林に生息しますが、畑の近隣でも見られます。一度に卵を2個産みます。くわしい生態はわかっていません。沖縄県の天然記念物です。

イヘヤトカゲモドキ
トカゲモドキ科 ♠全長12〜14cm ♣日本(沖縄県・伊平屋島) ♥昆虫の幼虫、クモなど ★常緑広葉樹の自然林や二次林に生息します。絶滅の危険の高いトカゲモドキで、沖縄県の天然記念物です。

ヒョウモントカゲモドキ
ニシアフリカトカゲモドキ
クロイワトカゲモドキ

帯の間にはん点もようがある
胴体の帯は4本

クロイワトカゲモドキのなかまの分布

クロイワトカゲモドキは日本固有の種で、鹿児島県や沖縄本島、慶良間諸島、久米島に5亜種が生息しています。生息地は極めて限られているので、IUCN（国際自然保護連合）で種として絶滅危惧種に指定されていて、日本の環境省レッドリストでもクロイワトカゲモドキがVU（絶滅危惧Ⅱ類）、オビトカゲモドキがEN（絶滅危惧ⅠB類）、マダラトカゲモドキ、クメトカゲモドキ、イヘヤトカゲモドキがCR（絶滅危惧ⅠA類）に指定されています。クロイワトカゲモドキの種として沖縄県の天然記念物、亜種のオビトカゲモドキが鹿児島県の天然記念物に指定されています。

クロイワトカゲモドキのなかまの分布

豆ちしき トカゲモドキは、ヤモリに近いなかまですが、ヤモリにはまぶたがないのに対して、トカゲモドキにはまぶたがあります。

そのほかのヤモリのなかま

⬧絶滅危惧種 ♠体の大きさ
♣分布 ♥食べ物 ★特徴など

ヤモリのなかでも小型のチビヤモリのなかまは、中央〜南アメリカ、ヨーロッパ、アフリカ、西アジアに約200種が分布します。イシヤモリのなかまは、オーストラリアやニュージーランド、ニューカレドニアに約130種が分布します。

DVDも見よう

ヒラバナヤモリ（ブラジリアンピグミーゲッコー）
チビヤモリ科 ♠全長3.5〜4cm ♣アマゾン中部、東部 ♥ダニ、シロアリなど ★低地の原生林の林床に生息します。鼻先は短く、大きな目をしています。昼行性ですが、日光浴はしません。一度に1個の卵を産みます。

トーレチビヤモリ ⬧
チビヤモリ科 ♠全長6〜8cm ♣キューバ ♥昆虫など ★乾燥した場所を好みます。おすの頭と尾は黄色かオレンジで胴体は灰色かあわい黄色です。めすは体にこい茶色の帯もようがあります。

トルキスタンスキンクヤモリ
チビヤモリ科 ♠全長15〜20cm ♣中央アジアから中国西部 ♥小型のトカゲ、昆虫など ★砂ばくやあれ地などにすみ、深い巣穴をほって日中はその中ですごします。夜行性です。

→はば広の頭部

セスジイシヤモリ
イシヤモリ科 ♠全長8〜9cm ♣オーストラリア東部 ♥小型の昆虫など ★地上生で岩場などにすみ、トカゲモドキのように体をもち上げて歩きます。石の下などにいることが多く、甲虫の幼虫のような、小型の昆虫を食べます。

キガシラソメワケヤモリ
チビヤモリ科 ♠全長7〜9cm ♣中央アメリカから南アメリカ北部 ♥小型の昆虫など ★人家付近や森林の周辺部にすみます。樹上生ですが、指下板はなく、つめが発達しています。年に一度だけ、2個の卵を産みます。

→平らではば広の尾
→頭から尾のつけねまですじがある

おすの頭部はオレンジ色で、ほおやのどに白色が出る

→平らな体
→体表にとげがある

ムーアカベヤモリ
オオギヤモリ科 ♠全長15〜16cm ♣アフリカ北部、ヨーロッパの地中海沿岸 ♥昆虫など ★街角でよく見られます。夜行性で、昼間は木の皮の下や建物のすき間などにかくれています。

アカジタミドリヤモリ
イシヤモリ科 ♠全長20cm ♣ニュージーランド北島北部 ♥昆虫など ★おすのもようは青色をしています。口の中はこい青で、舌は赤色です。いかくするときに口を開けてはでな色を見せます。尾を枝にまきつけることができます。

ツギオミカドヤモリ
セスジイシヤモリ
オウカンミカドヤモリ

豆ちしき チビヤモリやイシヤモリのなかまは、研究者によってはヤモリのなかまにふくむこともあります。

……小さく細い尾

皮ふは樹皮もようで、環境によって多少変化する

たるみのある皮ふ

ツギオミカドヤモリ
- イシヤモリ科 ♠全長30〜40cm
- ♣ニューカレドニア
- ♥鳥類、昆虫、果実など
- ★ヤモリのなかでは世界最大の種類で、太い体と短い尾をもっています。森林に生息し、おもに木の最上部で生活します。夜行性です。

世界最大のヤモリ、ツギオミカドヤモリ

チャホアミカドヤモリ 🔴
- イシヤモリ科 ♠全長23〜29cm ♣ニューカレドニア
- ♥大型昆虫、果実など ★森林に生息し、夜行性です。卵生で、卵殻は革状です。一度に2個の卵を産みます。

……とげ状の突起がある

目の後ろから細かいとげ状のうろこがつらなる

目の後ろに角状の突起がある

ものにまきつけることができる尾

オウカンミカドヤモリ 🔴
- イシヤモリ科 ♠全長20〜25cm
- ♣ニューカレドニア ♥節足動物、果実など
- ★湿潤林内の低木に生息します。うなじから頭のうしろにかけて、三角形のとげ状のうろこがつらなります。

ホソユビミカドヤモリ
（ツノミカドヤモリ）
- イシヤモリ科 ♠全長18〜23cm ♣ニューカレドニア本島南部
- ♥トカゲ、昆虫、花のおしべ、花粉など ★湿潤な森に生息します。夜行性ですが、昼に見られることもあります。

大きな目　　丸く太い尾

長いあし

ナメハダタマオヤモリ
- カメレオンヤモリ科 ♠全長10〜12cm ♣オーストラリア ♥昆虫など
- ★尾の先端に丸い突起があるのが特徴です。砂ばくや半砂ばくにすみます。夜行性で、昼間は砂にほった巣穴にかくれていて、入り口は敵におそわれないようにふさぎます。

オニタマオヤモリ
- カメレオンヤモリ科
- ♠全長13〜15cm ♣オーストラリア中部 ♥昆虫など
- ★あれ地の岩場に生息します。尾はとても短く、先端は球状です。オーストラリアで最大級のヤモリです。

豆ちしき　ツギオミカドヤモリは、体重もヤモリのなかでもっとも重く、212〜279gにもなります。

ヒレアシトカゲ・フタアシトカゲのなかま

トカゲのなかま（有鱗目トカゲ亜目）

ヒレアシトカゲのなかまは、前あしがなく、後ろあしは総排泄口の左右に、ひれのように痕跡的に残っていることから名前がつきました。まぶたが動かず、縦長のひとみをもつヤモリに近い爬虫類です。

フレイザーヒレアシトカゲ
ヒレアシトカゲ科 ♠全長30〜45cm ♣オーストラリア南西部 ♥昆虫、クモなど ★沿岸の砂れき地、林、半乾燥地などさまざまな環境に生息します。細長い体で、まぶたがなく、一見ヘビのように見えますが、耳の穴があるので区別できます。

バートンヒレアシトカゲ
ヒレアシトカゲ科 ♠全長60〜75cm ♣オーストラリア、ニューギニア南部 ♥トカゲなど ★森林から砂ばくまで、さまざまな環境に生息します。昼も夜も活動し、おもにスキンク類をヘビのように丸のみにして食べます。

ひとみはたて長
とがった鼻先

ムジヒレアシトカゲ
ヒレアシトカゲ科 ♠全長30〜50cm ♣オーストラリア東南部 ♥昆虫、ミミズなど ★地中生で、石や倒木の下、シロアリの巣の中からなども発見されます。卵生で、一度に2個の卵を産みます。

腹面は黄白色
ひとみは縦長

コモンヒレアシトカゲ
ヒレアシトカゲ科 ♠全長60〜80cm ♣オーストラリア南部 ♥昆虫、クモなど ★湿った海辺の林から、内陸の半乾燥地の低木林まで生息します。前あしはなく、後ろあしはひれ状です。昼行性で、低木の下などでクモや昆虫を食べます。暑い時期には夜にも活動します。

シロフタアシトカゲ
フタアシトカゲ科 ♠全長13cm ♣インドネシア、マレーシア、フィリピン ♥昆虫、ミミズなど ★熱帯雨林に生息し、半地中生です。めすにはあしがありませんが、おすは小さなひれ状の後ろあしがあります。耳の穴はありません。一度に1個の卵を産みます。

バートンヒレアシトカゲ

イシガキトカゲ

ニホントカゲ

豆ちしき　シロフタアシトカゲの目はうろこにおおわれて、視力はありません。

トカゲのなかま❶

◇絶滅危惧種 ♠体の大きさ
♣分布 ♥食べ物 ★特徴など

トカゲのなかまは、地上生や地中生に適応した種類が多く、前、後ろあしが短い種や退化してしまった種もいます。うろこが小さく、なめらかなのも特徴のひとつです。

目から脇腹にかけてこげ茶色の帯もよう

ヒガシニホントカゲ
トカゲ科 ♠全長15〜27cm
♣日本(北海道、本州東部)、ロシア東岸
♥昆虫、クモ、ミミズなど
★ニホントカゲと同種とされていましたが、2012年に新種として分けられました。すがたも生態もニホントカゲとよく似ています。

光沢のあるうろこでおおわれる

ニホントカゲのおす

目からわき腹にかけてこげ茶色の帯もよう

ニホントカゲ
トカゲ科 ♠全長20〜25cm ♣日本(本州西部、四国、九州) ♥昆虫、クモ、ミミズなど ★平地から山地まで見られ、草地や石垣などに多くいます。繁殖期のおすはほおが赤くなり、儀式的な闘争を行います。

オカダトカゲ
トカゲ科 ♠全長20〜25cm ♣日本(伊豆諸島、伊豆半島) ♥昆虫、クモ、ミミズなど ★ニホントカゲと同じようなところにすみ、平均的にニホントカゲよりも大型になります。石の下などに掘った穴の中に産卵し、めすはふ化するまで卵の世話をします。

ニホントカゲのめす。めすと子どもは尾が青色です。

オキナワトカゲ
トカゲ科 ♠全長15〜19cm ♣日本(トカラ列島の一部、沖縄諸島) ♥昆虫、クモ、ミミズなど ★地上生で、草むらや耕地、岩場などの開けた場所を好みます。バーバートカゲがいる島では、本種の方が平地にすんでいます。最近、個体数が減っていると考えられています。

尾が青い

イシガキトカゲ
トカゲ科 ♠全長15cm ♣日本(八重山諸島) ♥昆虫、クモなど
★平地にも山地にも生息しますが、同じ島にすむ大型のキシノウエトカゲが少ない山地の森林でより多く見られます。昼行性です。

黒っぽい帯が尾の先の方までのびる

オオシマトカゲ
トカゲ科 ♠全長19〜20cm
♣日本(トカラ列島の一部、奄美諸島)
♥昆虫など ★沿岸から耕地、山地まで広く生息します。オキナワトカゲの亜種とされていましたが、最近の研究で独立した種に分けられました。昼行性です。

黒っぽい帯が尾の先までのびない

クチノシマトカゲ ◇
トカゲ科 ♠全長15〜19cm ♣日本(トカラ列島の口之島)
♥昆虫、クモなど ★2014年に新種として記載されました。見かけはオキナワトカゲに似ていますが、八重山諸島に分布するイシガキトカゲにもっとも近いです。海岸近くのがれ場や、集落内でよく見られます。くわしい生態はわかっていません。

 ニホントカゲは毎年5〜6月に5〜16個の卵を産みます。

75

トカゲのなかま❷

トカゲのなかま（有鱗目トカゲ亜目）

◇絶滅危惧種 ♠体の大きさ
♣分布 ♥食べ物 ★特徴など

キシノウエトカゲ ◇
♠トカゲ科 ♠全長30〜40cm ♣日本（宮古諸島、八重山諸島）
♥トカゲ、カエル、昆虫など ★海岸近くの砂地、サトウキビ畑など開けた場所に多くいます。用心深く極めてすばやいです。日本最大のトカゲで、国の天然記念物です。

おすは頭部が大きくなる
おすの顔には赤い色がまざる

見てみよう 日本最大のトカゲ

キシノウエトカゲの子ども
太い尾

バーバートカゲ ◇
♠トカゲ科 ♠全長14〜18cm
♣日本（奄美諸島、沖縄諸島）
♥昆虫、クモなど
★比較的標高の高い山地の森林にすみ、林道のわきの草むらやがれ場で見かけます。成体でも尾の青みがぬけきらないものがいます。昼行性です。

幼体のときの青い色が、成体になっても残ることが多い

アルジェリアトカゲ
♠トカゲ科 ♠全長35〜47cm ♣アフリカ北西部
♥小型爬虫類、昆虫、サソリなど
★比較的乾燥した荒れ地などにすみ、地上生で、石や倒木の下にひそんでいることが多いようです。

ミヤコトカゲ
♠トカゲ科 ♠全長18〜25cm ♣日本（宮古諸島）、東南アジア、西太平洋の島々 ♥昆虫、フナムシなど
★海岸の岩礁で生活し、塩分への耐性が強いと考えられ、干潮時には潮間帯にもおりて採食活動を行います。海外ではマングローブ林などにも生息します。

まぶたが透明で、まぶたを閉じたまま水中でもものが見える

丸い口先
顔からわき腹にかけて、オレンジ色のはん点がならぶ

アオスジトカゲ
♠トカゲ科 ♠全長20〜25cm ♣日本（尖閣諸島）、中国南部、台湾 ♥昆虫など
★平地から山地にかけての草むらや岩場などで見られます。昆虫などを食べますが、尖閣諸島では、カツオドリがひなに与えた魚の残りを食べることもあります。

フロリダイツスジトカゲ
♠トカゲ科 ♠全長14〜21cm ♣アメリカ合衆国南東部
♥昆虫、クモなど ★湿った森や草地を好みますが、乾いたところにも生息します。5〜6月が繁殖期でその頃交尾し、10個ほどの卵を産み、めすは卵をだいて守ります。

豆ちしき キシノウエトカゲは、交通事故や人間がもちこんだ外来生物との競合で数が減っています。

アジアヨツスジトカゲ
トカゲ科 ♠全長18〜20cm ♣中国南部、タイ、カンボジア、ベトナム
♥昆虫、ミミズなど ★日本のトカゲ属とことなり、背中の白銀色のすじは4本で、中央のすじはありません。地上生で昼行性です。

シュナイダートカゲ
トカゲ科 ♠全長38〜42cm ♣中央アジア、西アジア、アフリカ北部
♥小型のトカゲ、昆虫、クモ、カタツムリなど ★湿った草原から半乾燥地まで広く生息します。おす同士ははげしくけんかをします。昼行性で動きはすばやいです。

ヘリグロヒメトカゲ
トカゲ科 ♠全長9〜12cm
♣日本(沖縄諸島・奄美諸島・トカラ列島)
♥昆虫など ★落ち葉の下や建物のかげなど、日あたりの悪い湿った環境を好んで生息します。昼も夜も活動します。

ツシマスベトカゲ
トカゲ科 ♠全長8〜10cm ♣日本(対馬)、朝鮮半島 ♥小さな昆虫など ★平地から山地にかけて対馬のほぼ全域に分布し、石の下や倒木の下、落ち葉の中などで見ることができます。昼行性です。

短い前、後ろあし　長い尾

サキシマスベトカゲ
トカゲ科 ♠全長10〜13cm ♣日本(宮古諸島と八重山諸島)
♥小さな昆虫など ★林床の落ち葉が堆積した、湿った場所にすんでいます。昼行性ですが夜間も目撃されます。落ち葉の間を歩き回って、小昆虫などを食べます。

短い前、後ろあし　長い尾

オガサワラトカゲ
トカゲ科 ♠全長12〜13cm ♣日本(小笠原諸島、鳥島、南鳥島、南硫黄島)
♥昆虫など ★ヘビのように透明なうろこが目をおおっています。林床の落ち葉の下などでよく見られ、木にも登ります。近いなかまは、太平洋の島々に広がっています。

ミドリチトカゲ
トカゲ科 ♠全長12〜15cm
♣ニューギニア、ソロモン諸島
♥昆虫など ★熱帯降雨林に生息し、樹上生。指下板も発達しています。緑色の血液をしていて、全身が青みがかっています。

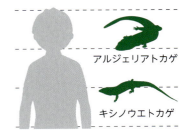
アルジェリアトカゲ
キシノウエトカゲ

豆ちしき　スベトカゲの短い前あしや後ろあしは、落ち葉の下など半地中にもぐって生活するためにじゃまにならないようになっています。

トカゲのなかま〈有鱗目トカゲ亜目〉

トカゲのなかま❸

🟥絶滅危惧種 ♠体の大きさ
♣分布 ♥食べ物 ★特徴など

タテスジマブヤトカゲ
トカゲ科 ♠全長15～28cm ♣中国南部からインドネシアまで ♥昆虫など ★地上生で、低地の草地や畑地にすみます。昼行性です。胎生で一度に4～8ひきの子どもを産みます。

シジミマブヤトカゲ
トカゲ科 ♠全長13～17cm ♣東南アジア、南アジア ♥甲虫、バッタなど ★落葉樹林から常緑樹林、人工的な二次林まで広く生息します。1～4個の卵を産みます。

がんじょうな
頭部と強いあご

長い尾

長い指先に
かぎづめがある

エレガントマブヤトカゲ（アカミミマブヤ）
トカゲ科 ♠全長15～20cm ♣マダガスカル ♥昆虫など ★乾燥地から湿潤地まで広く生息します。開けた草地や岩場を好みます。首の両側面が赤色です。昼行性です。

アカメカブトトカゲ
トカゲ科 ♠全長15～20cm ♣ニューギニア島 ♥昆虫など ★森林に生息しています。ワニのようなごつごつしたうろこをしています。眼のまわりはオレンジか赤です。1回に卵を1個だけ産みます。

目のまわりが赤色からオレンジ色

背から尾にかけて
のこぎり状のうろこがならぶ

ニューギニアカブトトカゲ
トカゲ科 ♠全長20cm ♣ニューギニア島 ♥昆虫、ミミズなど ★熱帯雨林の湿度の高い森林にすみ、地上生で動きはにぶいです。

長い尾

ブルックミズトカゲ
トカゲ科 ♠全長18～20cm ♣ボルネオ島（カリマンタン島） ♥昆虫など ★低地の森林内に流れる渓流に生息します。昼行性で、危険を感じると、水に飛びこんでにげます。1～5ひきの子どもを産みます。

豆ちしき　オマキトカゲは完全樹上生で、トカゲのなかま（トカゲ科）のなかではめずらしい種です。

78

ミドリツヤトカゲ
トカゲ科 ♠全長15〜25cm ♣フィリピン、インドネシア、ニューギニア、南西太平洋の島々 ♥昆虫、花、果実など ★熱帯雨林にすみ、樹上生でおもに木の幹で生活し、活発に動き回ります。

オマキトカゲ
トカゲ科 ♠全長70〜80cm ♣ソロモン諸島、パプアニューギニアの一部 ♥植物など ★トカゲ科では最大です。あしは短いですがよく発達し、指もつめも長く、尾を枝などにまきつけて樹上で生活します。夜行性で、植物をおもに食べます。

ボルネオトカゲ
トカゲ科 ♠全長15〜20cm ♣ボルネオ島（カリマンタン島） ♥昆虫など ★低地の熱帯雨林から公園や庭の開けた林まで生息します。樹上生で、アリをよく食べます。昼行性です。2〜4個の卵を産みます。

ものにまきつけることができる尾

円筒形の体 ← 短い尾

スナトカゲ
トカゲ科 ♠全長12〜22cm ♣アフリカ北部、中近東 ♥小型の昆虫など ★砂ばくにすみ、細かい砂の中にもぐって生活しています。昼行性ですが、暑い日中は砂にもぐっています。

円筒形の体

ミツユビカラカネトカゲ
トカゲ科 ♠全長35〜40cm ♣ヨーロッパ南部、アフリカ北部 ♥昆虫、ミミズなど ★胴体が長くヘビ型で、あしは痕跡的です。草原にすみ、地上生で昼間活動します。

短い前、後ろあし

円筒形の体 短い前、後ろあし

シロテンカラカネトカゲ（オオアシカラカネトカゲ）
トカゲ科 ♠全長15〜30cm ♣ヨーロッパ南部、アフリカ北部、中東 ♥小型のトカゲ、昆虫など ★砂地や岩場の湿った低木地に生息します。昼行性ですが、暑い夏には夜にも活動します。4〜6ぴきの子どもを産みます。

テンセンナガスキンク
トカゲ科 ♠全長20〜25cm ♣オーストラリア東部 ♥アリなど ★かん木林やサバンナなど比較的乾燥した場所にすみます。胴体は長くヘビ状で、あしは痕跡的に存在します。ほぼ地中生です。

アカメカブトトカゲ　オマキトカゲ

豆ちしき　スナトカゲは英名を「サンドフィッシュ」といい、砂にもぐる動作が魚が泳いでいるように見えることに由来しています。

79

トカゲのなかま④

🆘絶滅危惧種 ♠体の大きさ
♣分布 ♥食べ物 ★特徴など

目の後ろの黒いすじがはっきりしている

亜種のヒガシアオジタトカゲ

アオジタトカゲ（ハスオビアオジタトカゲ）
トカゲ科 ♠全長45〜60cm
♣オーストラリア北部から東部
♥小動物、昆虫、カタツムリ、果実など
★比較的乾燥した草原から湿度の高い森林まで生息します。昼行性で動きはゆっくりです。小動物や果物などの植物質、死がいなどを食べます。

目の後ろの黒いすじがうすいか、ない

亜種のキタアオジタトカゲ

帯もようの間にピンクが入る

アオジタトカゲのいかく。口を開けて、噴気音を出しながら、青い舌を見せます。

ほかのアオジタトカゲよりも細めの体型

青い舌

帯もようが多い

オオアオジタトカゲ
トカゲ科 ♠全長50〜60cm ♣ニューギニア島、インドネシア
♥昆虫、カタツムリ、果実など ★森林やサバンナに生息します。アオジタトカゲにくらべ、帯の数が多く、はっきりしません。体の側面から尾にかけて、黒っぽくなります。胎生です。

ピンクの舌をもつ

モモジタトカゲ
トカゲ科 ♠全長38〜45cm ♣オーストラリア東部沿岸域 ♥昆虫などの節足動物
★舌はピンクです。湿った森林などにすみ、日中はあまり活動せず、朝夕に昆虫や小動物、植物質を食べます。木にも登り、尾を木の枝にまきつけることができます。

豆ちしき　アオジタトカゲの寿命は10〜15年と考えられています。

ヨルトカゲなどのなかま

◆絶滅危惧種 ♠体の大きさ
♣分布 ♥食べ物 ★特徴など

トカゲのなかま（有鱗目トカゲ亜目）

ヨルトカゲのなかまは、ヤモリのように夜に活動します。ヨロイトカゲのなかまは、かたいうろこにおおわれています。カタトカゲのなかまは、以前はヨロイトカゲのなかまでしたが、独立しています。

黒色の体色に黄色いはん点がある

全身のうろこが粒状にもり上がる

イボヨルトカゲ
ヨルトカゲ科 ♠全長20〜24cm ♣中央アメリカ ♥昆虫、クモ、ムカデなど ★湿潤な森に生息します。おもに夜行性ですが、昼に活動することもあります。4〜5ひきの子どもを産みます。

サバクヨルトカゲ
ヨルトカゲ科 ♠全長9.5〜12.5cm ♣アメリカ南部からメキシコ北部 ♥昆虫など ★砂漠や半砂漠にすみ、昼間は石や倒木の下にかくれ、夜に活動します。地上生で、アリや甲虫などを食べます。

目の後方から尾のつけねまで、左右に白いすじがある

イワヤマプレートトカゲ
カタトカゲ科 ♠全長最大75cm ♣アフリカ南部 ♥昆虫、クモ、サソリ、果実など ★花崗岩でできた丘陵に生息します。かくれ家の岩場からはあまりはなれません。

スベセヒラタトカゲ
ヨロイトカゲ科 ♠全長13〜16cm ♣南アフリカ北東部 ♥昆虫など ★ヨロイトカゲのなかでは小型の種類です。おすは頭部から尾のつけねまでがメタリックな緑や青色、尾はオレンジ色になります。サバンナや砂ばくの岩場にすみます。

後頭部にとげ状突起
全身に針状突起のうろこがならぶ

アルマジロトカゲ
ヨロイトカゲ科 ♠全長16〜21cm ♣南アフリカ南西部 ♥小型のトカゲ、昆虫、カタツムリ、花、果実など ★敵に会うと、自分で尾をかんで丸くなります。尾のうろこはキールが大きく、尾をとりまくようにならんでいます。乾燥した岩場に集団ですんでいます。

尾をかんで丸くなるアルマジロトカゲ

豆ちしき　ヨロイトカゲのなかまは、尾にとげ状の突起がならんでいるのが特徴です。この尾で、敵を追いはらうこともあります。

マダガスカルオビトカゲ
カタトカゲ科 ♠全長25〜30cm ♣マダガスカル ♥昆虫など ★さまざまな環境に生息しますが、うっそうとした森の中にはいません。マダガスカルでもっともよく見られるカタトカゲです。横腹にひだがあります。

ハラルドマイヤーオビトカゲ
カタトカゲ科 ♠全長30cm ♣マダガスカル北部 ♥昆虫など ★森林の切り開かれたところや、耕作地などに生息します。昼行性で、飼育下では冬に交尾が見られました。一度に4〜6個の卵を産みます。

頭部は黄かっ色

首の後ろから尾のつけねまで、左右に黄かっ色のすじがある

ヒラオオオカタトカゲ（ヒラオオビトカゲ）
カタトカゲ科 ♠全長30〜50cm ♣マダガスカル西部、南部 ♥昆虫、カタツムリ、果実など ★落葉乾燥林や二次林の開けた場所に生息します。おもに昆虫を食べますが、カタツムリや果実、動物の死がいなども食べます。横腹にひだがあります。

耳の穴が大きく開いている

オニプレートトカゲ
カタトカゲ科 ♠全長30〜48cm ♣アフリカ中部、東部、南部 ♥小型爬虫類、昆虫、花など ★岩のすき間や古いアリづかをすみかとしています。動きはにぶいです。

全身が板状のうろこでおおわれる

全身が板状のうろこでおおわれる

イワヤマプレートトカゲ

オオヨロイトカゲ

後頭部にとげ状突起

オオヨロイトカゲ 🔶
ヨロイトカゲ科 ♠全長38〜40cm ♣南アフリカ共和国北東部 ♥小型のネズミ、トカゲ、節足動物 ★草原に生息し、地表生です。昼行性で、頭と胴前部を地面から高くもち上げて日光浴をします。1〜4ひきの子どもを産みます。

尾にとげ状突起がならぶ

豆ちしき オオヨロイトカゲは、日光浴をしているとき、よく太陽を見つめるようなしせいをとります。

カナヘビのなかま

◇絶滅危惧種 ♠体の大きさ
♣分布 ♥食べ物 ★特徴など

カナヘビのなかまは、アジアからアフリカの広い範囲に分布しています。尾が長く、一般に細い体型です。体表はざらざらとしていて、背面のうろこは小さく、腹面のうろこは大きくなっています。まぶたは動きます。

ニホンカナヘビ（カナヘビ）
カナヘビ科 ♠全長17〜25cm ♣日本（北海道、本州、四国、九州と周辺の島々） ♥昆虫、クモなど ★庭先から、林内の開けたやぶまで、さまざまな環境に生息します。繁殖期にはおすがめすの胴体をくわえているのがよく見られます。

→光沢のないうろこ
→腹側がうすい黄色

ミヤコカナヘビ ◇
カナヘビ科 ♠全長16〜22cm ♣日本（宮古諸島） ♥昆虫、クモなど ★かつてはアオカナヘビと同種にされていました。本種は体側に白い線が見られません。さまざまな草地に生息します。

アオカナヘビ
カナヘビ科 ♠全長20〜25cm ♣日本（トカラ列島から奄美諸島、沖縄諸島） ♥昆虫など ★おすは体側に白い線が入ります。昼行性で、庭先から林縁までの草地に生息し、草によく登ります。

見てみよう
アオカナヘビ

サキシマカナヘビ ◇
カナヘビ科 ♠全長25〜32cm ♣日本（八重山諸島の西表島・石垣島・黒島など） ♥昆虫など ★日本では最大のカナヘビです。樹上を好み、割合高い木の上でも見られます。多少開けた林に多く、動きはすばやいです。

ミナミカナヘビ
カナヘビ科 ♠全長25〜35cm ♣中国南部から東南アジア ♥昆虫など ★尾が体の3〜5倍もの長さになります。草むらがあれば、人家の周辺にも生息します。動きはすばやく、小型の昆虫を食べます。

→太めの胴体
→カナヘビとしては短めの尾

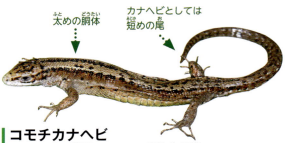

コモチカナヘビ
カナヘビ科 ♠全長14〜18cm ♣日本（北海道）、ヨーロッパからサハリン ♥昆虫、クモなど ★地上生であまり木には登らず、湿ったところを好みます。南ヨーロッパの一部の個体群をのぞいて胎生で、年に1回だけ数ひきの子どもを産みます。

アムールカナヘビ
カナヘビ科 ♠全長18〜25cm ♣日本（対馬）、ロシアの沿海州から朝鮮半島 ♥昆虫、ミミズなど ★対馬では山地の森林周辺にすみますが、朝鮮半島では人家近くにも生息します。

豆ちしき　ニホンカナヘビの寿命は10年くらいと考えられていますが、はっきりしたことはわかっていません。

ニワカナヘビ
カナヘビ科 ♠全長15〜25cm ♣ヨーロッパ、アフリカ北部から中央アジア
♥昆虫など ★乾燥地を好み、動きはすばやい。昼行性ですが、高温になる日中は砂にもぐってすごし、朝夕に活動して、アリや甲虫などを食べます。

口先は丸い
繁殖期のおすの体側面は、あざやかな緑色になる

ホウセキカナヘビ
カナヘビ科 ♠全長60〜75cm
♣イベリア半島、フランス南部
♥小型爬虫類、昆虫など
★カナヘビのなかでは最大級の種類です。背に、こい緑色のふちどりのある黄かっ色のはんもんがならびます。地上生ですが、木にも登ります。成長すると丸いはんもんは消えます。

口先は丸い
こい緑色のふちどりに囲まれた黄かっ色のはんもんがある

背面に細かい黒いはん点がある
頭部は青色

シュライベルカナヘビ
カナヘビ科 ♠全長24〜36cm ♣スペイン、ポルトガル
♥小型爬虫類、昆虫、クモ、ナメクジなど ★湿潤な山地に生息します。渓流のそばでよく見られ、水に飛びこんでにげます。卵生です。

繁殖期のおすの頭部は、あざやかな青色になる

ミドリカナヘビ
カナヘビ科 ♠全長30〜40cm
♣ヨーロッパから中近東
♥昆虫などの節足動物
★地上生ですが、木にすばやくよじ登ったり、尾を木の枝などにまきつけることができます。

イタリアカベカナヘビ
カナヘビ科
♠全長20〜25cm
♣地中海の北岸域
♥昆虫、植物など
★低地から山地までの草地に生息します。おもに地上でえものをさがしますが、草や壁にも登ります。

ニシカナリアカナヘビ
カナヘビ科 ♠全長20〜35cm ♣カナリー諸島 ♥昆虫など ★地上生で動きはすばやいです。昆虫などの小動物をおもに食べますが、飼育下では、果物なども食べています。

ニホンカナヘビ　ホウセキカナヘビ

豆ちしき　ホウセキカナヘビのめすや若い個体は、くすんだ体色をしていて、きれいな色が出るのは成体のおすだけです。

ミミズトカゲのなかま

◇絶滅危惧種 ♠体の大きさ
♣分布 ♥食べ物 ★特徴など

南北アメリカやアフリカ大陸の熱帯から亜熱帯域、西アジア、イベリア半島に約190種が分布します。地中生で、ほとんどの種は前あし、後ろあしがありません。頭部はくさび型で、目は皮ふにうずもれています。

トカゲのなかま（有鱗目トカゲ亜目）

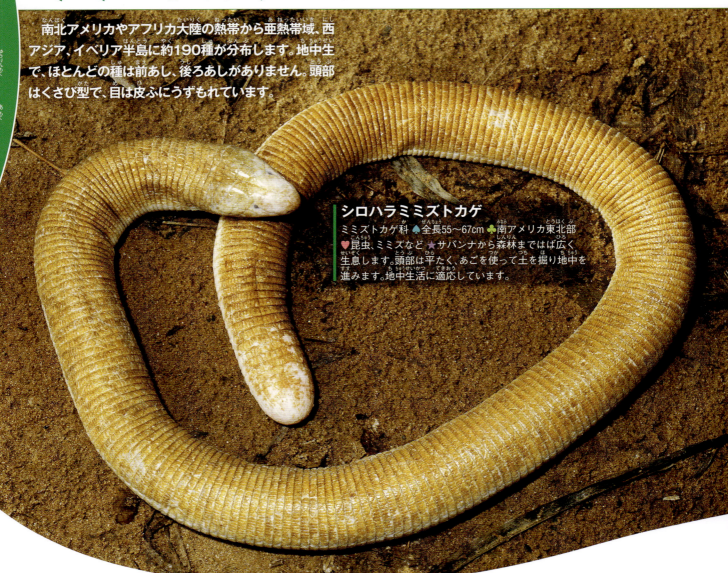

シロハラミミズトカゲ
ミミズトカゲ科 ♠全長55〜67cm ♣南アメリカ東北部 ♥昆虫、ミミズなど ★サバンナから森林まではば広く生息します。頭部は平たく、あごを使って土を掘り地中を進みます。地中生活に適応しています。

頭部は1枚の大きなうろこにおおわれる……→

ダンダラミミズトカゲ
ミミズトカゲ科 ♠全長30〜45cm ♣南アメリカ ♥昆虫など ★中型のミミズトカゲで、熱帯降雨林に生息します。地中生で、夜間活動します。卵はアリの巣の中に産みつけられます。

不規則な黒いもようがある
↓

ケープスキハナミミズトカゲ
ミミズトカゲ科 ♠全長25〜30cm ♣アフリカ南部 ♥アリや甲虫の幼虫など ★乾燥地帯の砂の中にすみます。頭部は1枚の大きな鱗板になっていて、これを使って砂をほります。

ちしき　ミミズトカゲのなかまは、体節をのばしたり縮めたりして前進・後進を行います。

86

頭部の先はかたく、穴を ほり進むのに適している

フロリダミミズトカゲ
フロリダミミズトカゲ科 ♠全長18〜40cm
♣フロリダ半島 ♥地中生の昆虫、ミミズなど
★完全に地中生で、大雨の後などに地上に現れます。夏に1〜3個の卵を産みます。

けずった土を、頭でトンネルの壁におし固めながらほり進みます。フロリダミミズトカゲの頭部。

前あしには5本の指がある

フタアシミミズトカゲの前あし

フタアシミミズトカゲ
フタアシミミズトカゲ科 ♠全長17〜24cm
♣メキシコ西部バハカリフォルニア ♥ミミズなど
★ミミズトカゲ類のなかでは、本属のみ前あしがあります。ほぼ完全な地中生活で、夜間などまれにしか地上には出ません。

コモチミミズトカゲ
フトミミズトカゲ科 ♠全長20〜25cm
♣アフリカ北西部 ♥アリ、シロアリなど
★乾燥した砂の中にトンネルをほってくらしています。秋に2〜3びきの子どもを産みます。

口先はややとがる

尾の先はとがる

イベリアミミズトカゲ
セイヨウミミズトカゲ科 ♠全長15〜30cm
♣ポルトガル、スペイン南部、中央部 ♥アリ、小さな昆虫など
★砂地の乾燥地から湿った森まで、さまざまな環境に生息します。地中生で、1〜2個の卵を産みます。

全身に細かいまだらもようがある

キューバブチミミズトカゲ
ブチミミズトカゲ科 ♠全長約25cm ♣キューバ ♥昆虫など
★岩や落ち葉の下の湿った土の中にすんでいます。2個の卵を産み、めすはしばらくのあいだ卵のそばに寄り添います。

フタアシミミズトカゲ

コモチミミズトカゲ

シロハラミミズトカゲ

 豆ちしき フトミミズトカゲ科以外のミミズトカゲの尾は自切しますが、トカゲとちがって再生しません。

87

ライブ LIVE 情報

トカゲは何を聞いている？

トカゲのなかまの多くの種には、はっきりとした耳の穴があります。また、耳の穴だけでなく、しっかりと物音を聞くことができることもわかっています。それなのに、カエルのように鳴くトカゲはわずかです。実は、トカゲは身を守るために、まわりの音を聞いていることがわかってきました。

ニホンヤモリの耳。耳の穴があります。

エリマキトカゲの耳。こまくが直接見えています。

カメレオンの耳はうろこにおおわれて見えません。

なかまの声を聞く

トカゲのなかまのなかには、鳴き声を出す種もいます。鼻息のような音ではなく、大きな鳴き声を出すトッケイヤモリやホオグロヤモリ、すぐ近くまで行かなければ人間には聞こえない小さな声のニホンヤモリなどです。鳴き声は、なかま同士のコミュニケーションをとることなどに使われます。なわばりを主張したり、めすに求愛するために鳴きます。また、危険を知るために、鳥などのほかの動物たちの警戒の声を聞いて、にげ出すこともあります。

ホオグロヤモリの求愛行動。鳴き声で求愛したあと、近寄ってきためすをおさえこみます。

見てみよう 体色をかえる コーチヒルヤモリ

鳥の警戒する声を聞いて、体色を目立たないように暗くするコーチヒルヤモリ。

鳥の警戒する声を聞いて、警戒姿勢をとるキュビエブキオトカゲ。

鳥の警戒する声を聞いて、上空を警戒するウミイグアナ。

鳥の警戒する声を聞いて、食事をやめてあたりをうかがうヒラオオオカタトカゲ。

LIVE情報 トカゲ・ヘビの尾の役割

トカゲやヘビは、尾を木の上でバランスをとったり、枝にまきつけて移動の補助に使います。地上生のトカゲでは、尾を切りはなしておとりにしてにげ出したり、ヘビでは身を守るために使います。求愛に尾を使う種もいます。

行動を助ける尾

樹上生のオマキトカゲは、枝から枝へ移動するときに、枝に尾の先端をまきつけて落下を防いでいます。地上生のカメレオンは、尾を地面につけて、第5のあしとして体をささえて慎重に行動します。トビトカゲのように滑空や落下するトカゲでは、尾を舵にして、空中で向きを変えることができます。

枝に尾をまきつけるオマキトカゲ。

地面を移動中、尾もささえにするヒメカメレオン。

空中で尾を振って方向を変えるトビトカゲ。

ヒラオヤモリは、危険を感じると樹上から飛びおりるときに、尾を使って、体の向きを変えます。

身を守る尾

尾は身を守るためにも重要な役割をします。ニホントカゲのなかまは、敵におそわれると尾を自切します。切りはなされた尾は、しばらく動くので、敵がそちらに気をとられているうちににげ出します。ガラガラヘビでは、尾の先に残った脱皮がらをこまかく振って、音を出して敵をいかくします。

見てみよう トカゲの切れた尾

ヒガシニホントカゲの尾はかんたんに切れ、切れた尾がしばらく動き回ります。

シンリンガラガラヘビは、尾をはげしく振って音を出すことで、敵を追いはらいます。

ヒガシニホントカゲの尾の胴体側の断面（左）は、自切すると筋肉が縮まって、出血を少なくします。しばらくすると尾は再生します。切りはなした尾の断面（右）。トカゲの尾には脱離節という節があり、そこから切りはなせるようになっています。

求愛する尾

ヤモリでは、おすがめすに求愛するときに尾を使います。高くもち上げて、左右に振って、めすにアピールします。

ムーアカベヤモリの求愛行動。

尾をもち上げて求愛のポーズをとるニホンヤモリ。

89

テグートカゲなどのなかま

◇絶滅危惧種 ♠体の大きさ
♣分布 ♥食べ物 ★特徴など

トカゲのなかま（有鱗目トカゲ亜目）

テグートカゲのなかまは、北アメリカから南アメリカにかけて約150種が分布します。おもに地上生ですが、樹上生、半水生の種もいます。

背面のとちゅうから緑色

カノコテユー
テグートカゲ科 ♠全長50cm ♣チリ ♥小型のトカゲ、昆虫など ★山地の岩場やなだらかな斜面に生息します。地上生で、動きはすばやいです。怒るとのどをふくらませます。

長い尾

ジャングルランナー（アマゾンアミーバトカゲ、コモンアミーバ）
テグートカゲ科 ♠全長40〜57cm ♣中央アメリカから南アメリカ北東部 ♥昆虫など ★熱帯雨林の林縁部のやや開けたところにすんでいます。あしが速く、鳥などを見かけると、すぐに林ににげこみます。地上生です。

むちのような長い尾

繁殖期のおすは、青、緑、黄色があざやかになる

リボンハシリトカゲ（ニジイロハシリトカゲ）
テグートカゲ科 ♠全長17〜33cm ♣中央・南アメリカ北西部 ♥昆虫など ★低地の熱帯林の林縁部や切り開かれたところに生息します。地上生で、日中に活動します。フロリダ半島に移入しています。

大きな頭部で、おすはオレンジ色

胴体は緑色

たてに平らな尾

アンダーウッドメガネトカゲ
ピグミーテグー科 ♠全長10〜13cm ♣南アメリカ北東部 ♥昆虫など ★開けた森林やサバンナの、落ち葉のたまった場所に生息します。めすだけで単為生殖します。

まぶたが透明

ガイアナカイマントカゲ（ギアナカイマントカゲ）
テグートカゲ科 ♠全長80〜100cm ♣南アメリカ北東部 ♥巻貝など ★沼地などに生息します。巻貝のかたいからは、発達した大きいあごでかみくだきます。水中にいることが多いですが、水辺の木の上などでも見られます。

ゴールデンテグー
テグートカゲ科 ♠全長80〜100cm ♣南アメリカ ♥小型の脊椎動物、昆虫など ★すがたや習性はオオトカゲ類に似ています。比較的乾燥したあれ地から、森林、人家周辺までは幅広い環境に生息します。地上生で、動物質のものを食べます。

クロコダイルテグー
テグートカゲ科 ♠全長50〜60cm ♣南アメリカ（アマゾン盆地、ギアナ高地）♥節足動物、小型の脊椎動物など ★アマゾンの森の川や湖の近くに生息します。水中によくもぐります。

豆ちしき　ピグミーテグーのなかまは、まぶたが透明で、まぶたを閉じた状態でものを見ることができます。

アガマのなかま❶

◇絶滅危惧種　♠体の大きさ
♣分布　♥食べ物　★特徴など

樹上生、地上生、大型、小型とさまざまな環境に適応しています。とさか状のうろこやあざやかな色彩をもつ種類も多く、多くの種類で、おすがなわばりをもちます。

イロカエカロテス
アガマ科 ♠全長35〜45cm
♣東南アジア、南アジア ♥昆虫など
★体調やほかのおすとの関係で、すばやく体色を変化させます。樹上生で、昆虫、おもにアリを食べています。

……体色を変化させられる

細長い尾……

オキナワキノボリトカゲ
アガマ科 ♠全長18〜20cm ♣日本（奄美諸島、沖縄諸島） ♥昆虫など
★おすはなわばりをつくり、侵入者をいかくします。体色はあざやかな緑色で、状況によってかっ色に変化します。昆虫、特にアリを好みます。

ヨナグニキノボリトカゲ
アガマ科 ♠全長18〜20cm ♣日本（沖縄県・与那国島）
♥昆虫、クモなど ★おもに二次林にすみます。アリを中心にチョウやガ、甲虫なども食べます。近年、個体数の減少が心配されています。

エンマカロテストカゲ
アガマ科 ♠全長30〜35cm ♣中国南部、東南アジア、南アジア
♥昆虫など ★開けた森に生息します。樹上生です。おすはのど袋を広げてディスプレイをします。4〜12個の卵を産みます。

サキシマキノボリトカゲ
アガマ科 ♠全長17〜20cm
♣日本（沖縄県・宮古列島、八重山列島） ♥昆虫、クモなど ★樹上生で、おすは腕立てふせのような行動をして、ほかのおすをいかくします。

スウィンホーキノボリトカゲ
アガマ科 ♠全長20〜30cm ♣台湾
♥昆虫、クモなど ★森林生ですが、公園や果樹園の木にもいます。めすは地上におりてきて、土の中に4〜6個の卵を産みます。日本の静岡県にも移入されて、定着しています。

リボンハシリトカゲ

イロカエカロテス

豆ちしき 日本のキノボリトカゲは、亜種をまとめてリュウキュウキノボリトカゲとも呼ばれます。

フィリピンホカケトカゲ
アガマ科 ♠全長80〜100cm ♣フィリピン
♥昆虫、花、果実など ★おもに森林内の
川辺にすんでいますが、マングローブでも
見られます。樹上生ですが、おどろくと
川に飛びこんで、水中にもぐります。

コブハナトカゲ
アガマ科 ♠全長30cm ♣スリランカ
♥昆虫、植物など ★鼻先に丸いこぶが
あります。体色は緑色で、かっ色に
変化させることもできます。口の
中が赤く、おどかされると口を
大きく開けていかくします。半樹上
生で地上でも活動し、雑食性です。

鼻先に丸い こぶがある

後頭部に 帆状の 大きな うろこが ある

バタフライアガマ
アガマ科 ♠全長35cm
♣中国から東南アジア ♥昆虫、植物など
★砂地に巣穴をほってすみ、おどろくと巣穴に
かけこみます。はっきりしたなわばりをもちません。

ハルマヘラホカケトカゲ
アガマ科 ♠全長90〜100cm ♣インドネシア東部 ♥植物など ★分布域が
せまく、生息数は少ないです。泳ぎがたくみで、敵に追われると、木から川に
飛びこみ、水中に潜水してにげることが多いです。川岸の地中に産卵します。

長い尾

わき腹に黒色とオレンジ色 のもようがある

後頭部に大きなとげ状の うろこがある

尾の上部にとげ状の うろこがならぶ

インドシナウォータードラゴン
アガマ科 ♠全長60〜90cm ♣中国南部、東南アジア ♥小型の脊椎動物など
★体色はあざやかな緑色で、体調によって変色します。水辺の森林などに
生息し、泳ぎもじょうずです。地上では2本あしで走ることができます。

モロクトカゲ
アガマ科 ♠全長15cm
♣オーストラリア西部
♥アリなど
★砂ばくにくらすため、
体についたわずかな
朝露が、うろこのすき間を
伝って口に入るように
なっています。おもに
アリを食べています。

砂ばくの植物に擬態するモロクトカゲ

豆ちしき　モロクトカゲのとげ状のうろこは、砂ばくの植物に似せて擬態して、敵から身を守るのに役立っています。

アガマのなかま❸

◇ 絶滅危惧種 ♠ 体の大きさ
♣ 分布 ♥ 食べ物 ★ 特徴など

ヒガシアゴヒゲトカゲ
アガマ科 ♠全長40〜50cm ♣オーストラリア ♥昆虫、果実など
★あごの周囲は、とがったうろこでおおわれていて、おすはディスプレイのときなどにのどをふくらませて、あごひげを立てます。地上生です。

後頭部にとげ状突起がならぶ
のどに細かいとげ状突起がある

後頭部にとげ状突起がならぶ
体側にもとげ状突起がある

フトアゴヒゲトカゲ
アガマ科 ♠全長40〜50cm ♣オーストラリア ♥昆虫など
★ヒガシアゴヒゲトカゲにくらべ、体が太く、体の側面のとげが規則的にならんでいます。半樹上生です。

トゲオアガマ（サバクトゲオアガマ）
アガマ科 ♠全長40cm ♣北アフリカ ♥昆虫、植物など ★砂ばくの低木林にすみ、岩のすき間の穴の中でくらしています。おす同士はとっくみあってけんかをします。

尾にとげ状のうろこがならぶ

エジプトトゲオアガマ
アガマ科 ♠全長35〜40cm ♣アフリカ北東部 ♥昆虫、植物など ★小さい頃は昆虫をよく食べますが、成長するにつれ植物が主食になっていきます。長い巣穴をほり、夜間や日差しの強い時間には、巣の中ですごします。

尾にとげ状のうろこがならぶ
ふさ状の皮ふのひだ
平らな尾で、丸めることができる

オオクチガマトカゲ
アガマ科 ♠全長24cm ♣中近東北東部 ♥昆虫など
★砂ばくにくらし、穴の中で生活します。口の両わきにふさ状の皮ふのひだがあります。体をもち上げ、口を大きく開けていかくします。

オオクチガマトカゲのいかく

アラビアガマトカゲ
アガマ科 ♠全長13cm ♣中近東 ♥昆虫など
★このなかまは、口先が短く、つぶれたようになっています。乾燥地帯に生息し、目は小さく、こまくもかたいうろこにおおわれています。興奮すると尾をまき上げます。

フトアゴヒゲトカゲ
ミニマヒメカメレオン
トゲオアガマ
ロゼッタカメレオン

豆ちしき　トゲオアガマのとげ状のうろこがならぶ尾は、敵におそわれると、ふりまわして相手をこうげきすることがあります。

カメレオンのなかま❶

🛡絶滅危惧種 ♠体の大きさ
♣分布 ♥食べ物 ★特徴など

　長くのばせる舌をもち、ふだんは口腔内にしまわれています。左右の目はそれぞれ上下、前後に別々に動かせ、独立して物を見ることができます。尾は物にまきつけることができ、前あし、後ろあしは発達し、ものをつかむことができます。多くが樹上生ですが、地上生の種類もいます。

デンタータヒメカメレオン 🛡
カメレオン科 ♠全長2.5～3.5cm ♣マダガスカル北西部 ♥不明
★落葉乾燥林に生息します。昼は地表で活動します。野外での生態はほとんどわかっていません。

ミニマヒメカメレオン 🛡
カメレオン科 ♠全長2.6～3.4cm ♣マダガスカル北部 ♥不明
★地上生で、森林の落ち葉の間でくらしています。おどかされると、あしをたたみこんで、横に転がり、かれ葉のようになります。

大きな頭部／体側にとげ状突起がある／短い尾／大きな頭部／短い尾

ミクロヒメカメレオン
カメレオン科 ♠全長2.2～2.9cm ♣マダガスカル北部の離島 ♥不明 ★2012年に発見された世界最小の爬虫類の1種です。昼は林床の上で活動し、夜は高さ5～10cmの草の上で休みます。

シュトゥンプフヒメカメレオン
カメレオン科 ♠全長8～9.3cm ♣マダガスカル北部、西部 ♥昆虫など
★原生林や二次林に生息し、昼間は地表で、昆虫などのえさをとります。夜は樹上で休みます。

大きな頭部／背面から尾にかけて、とがったうろこが発達する／短い尾

ロゼッタカメレオン 🛡
カメレオン科 ♠全長11cm
♣マダガスカル西部 ♥不明 ★石灰岩からできたカルスト地形にある落葉乾燥林に生息します。分布域が限られているため、ペットとしての輸出は厳しく制限されています。

カメレオンの体

　カメレオンは樹上や地上で昆虫などをとらえるために、特殊化したトカゲのなかまです。目は左右別々に動かすことができます。また前あし・後ろあしは木の枝をしっかりとつかむことができ、尾は木の枝にまきつかせることができます。えものをとらえるときは舌をさっと出し、舌先の粘液にえものをくっつけて、すばやく舌を引っこめ、えものを口の中に入れます。動きはゆっくりで、体をゆらすように木を登ったり、歩いたりもします。

種によって鼻先や両目の上から角がのびる／種類によって、後頭部にあるかんむりのような後頭葉が発達する／背中中央にとげ状のうろこがならぶ／前あしは内側3本、外側2本、後ろあしは内側2本、外側3本に指が分かれている。／両目を別々に動かして、広い範囲のえものや敵をさがす。／ものにまきつけることができる尾。地上生のカメレオンではあまり尾は使わない。

見てみよう　カメレオンの歩き方

豆ちしき　シュトゥンプフヒメカメレオンは、体をたてに平たくして大きく見せて、ふるわせたり、さまざまな防御行動をします。

カメレオンのなかま❷

♦絶滅危惧種 ♠体の大きさ
♣分布 ♥食べ物 ★特徴など

トカゲのなかま（有鱗目トカゲ亜目）

ケープヒメカメレオン
カメレオン科 ♠全長13〜16cm ♣南アフリカ ♥昆虫など ★庭園ややぶなどでふつうに見られ、しばしば何個体かが集まっています。冬季には地中の穴で冬眠します。胎生で樹上で子どもを産みます。

ハナダカカメレオン
カメレオン科 ♠全長10〜11cm ♣マダガスカル東部 ♥昆虫など ★湿潤な原生林や二次林に生息します。高さが1〜3mの低い木にとまっています。鼻先の突起はおすめすもあります。

ブランジェカレハカメレオン（コノハカメレオン）
カメレオン科 ♠全長8cm ♣アフリカ中部 ♥昆虫など ★地表近くにいることが多く、尾はまきつけることができません。胴体を横から見るとかれ葉のように見えます。標高2400mまでの山地の森林に生息します。

目の上に角状突起がある

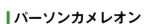

後頭葉がかぶとのように発達する

鼻先に角状突起がある

パーソンカメレオン
カメレオン科 ♠全長49〜69.5cm ♣マダガスカル北部、東部 ♥小鳥、トカゲ、昆虫など ★世界最大級のカメレオンです。熱帯降雨林に生息し、樹上で活動します。体色はあまり変えません。

あごの下にひげのような皮ふのひだ

ヒゲカレハカメレオン（ヒゲコノハカメレオン）
カメレオン科 ♠全長5〜8cm ♣アフリカ中東部 ♥昆虫など ★海岸の雑木林から標高1300mの常緑林まで生息します。尾は短く、全長の15〜30%です。地表で活動し、卵生です。

背中中央にのこぎり状のうろこがならぶ

後頭葉がかぶとのように発達する

後頭葉は小さい

平行に伸びる2本の角

ハラオビカメレオン
腹面は白色
カメレオン科 ♠全長12〜14cm ♣マダガスカル東部 ♥昆虫など ★原生林にすみ、比較的低い枝の上で活動します。背中の中心を前後に走るギザギザの突起は、おすでよく発達します。

フィッシャーカメレオン
カメレオン科 ♠全長20〜40cm ♣ケニア、タンザニア ♥昆虫など ★おすがめすより少し大きく、鼻先の角も長いです。おすはこれを戦いに使います。山地の森林に生息します。

豆ちしき 角のあるカメレオンのおすは、めすをめぐる戦いや、なわばり争いのときのディスプレイに角を使います。

カメレオンのなかま❸

🔶絶滅危惧種 ♠体の大きさ ♣分布 ❤食べ物 ★特徴など

トカゲのなかま（有鱗目トカゲ亜目）

後頭葉は小さい

おすの鼻先、両目の上から角が3本のびる

ジョンストンカメレオン
カメレオン科 ♠全長15～30cm ♣アフリカ中部 ❤カタツムリ、昆虫など
★めすには角がありません。温度が10度近くに下がる標高900～2500mの多湿な山地の、開けた林に生息し、地表近くから高さ10mくらいまでの樹上で生活します。卵生です。

デレマカメレオン（ジャイアントミツヅノカメレオン）
カメレオン科 ♠全長20～35cm ♣タンザニア ❤昆虫など
★1200～2000mの山地に生息します。背面には帆のようなひだがあります。生息地が限られており、現在タンザニア政府が保護しています。

おすの鼻先、両目の上から角が3本のびる

後頭葉は小さい

ジャクソンカメレオン
カメレオン科 ♠全長25～35cm ♣ケニア、タンザニア ❤昆虫など ★鼻先の3本の角はおすにだけあり、めすでは個体によって1本の短い角をもちます。高地の林で樹上生活を行い、胎生で1回に10～40びきの子どもを産みます。

後頭葉がかぶとのように発達する

ラボードカメレオン 🔶
カメレオン科 ♠全長15～31cm ♣マダガスカル西部 ❤昆虫など
★落葉乾燥林に生息します。おすは鼻先に大きな突起があり、頭の後ろの後頭葉も発達しています。10個前後の卵を産みます。

おすの鼻先には大きな突起がある

背中中央に帆状にひだが発達する

鼻先、両目の上から角がのびる

ヨツヅノカメレオン 🔶
カメレオン科 ♠全長25～35cm ♣カメルーン、ナイジェリア ❤昆虫など ★鼻先の4本の角は、亜種によっては3本しかありません。めすには角はありません。標高1000～2000mの湿った山地に生息しています。

後頭部の後頭葉が後方にのびる

背中中央に波形にうろこがならぶ

鼻先に短い角がある

メラーカメレオン
カメレオン科 ♠全長30～55cm ♣タンザニア、マラウイ、ケニア ❤小鳥、昆虫など ★アフリカの大陸部に生息するカメレオンのなかでは最大です。サバンナの比較的大きな木に生息しています。

豆ちしき　ラボードカメレオンは、寿命が4～5か月しかありません。そのため、卵からふ化して約2か月という速さで繁殖します。

98

背中中央と腹面中央にのこぎり状のうろこがならぶ

後頭葉は小さい

パンサーカメレオン
カメレオン科 ♠全長37〜52cm
♣マダガスカル北部、モーリシャス、レユニオン ♥昆虫など ★もともと体色の変異が大きいうえに、体色を大きく変化させます。原生林よりも多少開発された林に生息します。

背中中央にのこぎり状のうろこがならぶ

おすの鼻先には1本の角が発達する

後頭葉がかぶとのように発達する

背中中央にのこぎり状のうろこがならぶ

あごの下にのこぎり状のうろこがならぶ

ヘルメットカメレオン（ヘーネルカメレオン）
カメレオン科 ♠全長10〜14cm
♣ウガンダ、ケニアなど ♥昆虫など ★ウガンダとケニアにまたがる低温の森林地帯に生息します。のどから腹の前部にかけて、一列のとげ状のうろこがならんでいます。

ハナツノカメレオン
カメレオン科 ♠全長12〜27cm
♣マダガスカル北西部 ♥昆虫など ★落葉乾燥林に生息します。おすはめすの2倍くらいの大きさになります。鼻先の突起はおすでよく発達します。

背中中央にのこぎり状のうろこがならぶ

後頭葉がかぶとのように発達する

ウスタレカメレオン
カメレオン科 ♠全長40〜68cm
♣マダガスカル ♥昆虫など ★熱帯雨林から乾燥した地域まで、やや開発の進んだ地域に生息します。卵生で最高61個の卵を産んだ記録があります。

ボタンカメレオン
カメレオン科 ♠全長最大21〜56cm ♣マダガスカル南部から西部 ♥昆虫など ★おもに乾燥地に生息しますが、熱帯雨林でも見られます。おすはめすよりも2.5倍くらい大きく、背中には40本以上のとげがならびます。

ウスタレカメレオン

ヘルメットカメレオン

カメレオンの体色変化
カメレオンの体色は周りの色や光で変化します。また、気分によっても変わり、なわばり争いに負けた個体などは暗いくすんだ色になってしまいます。一般に体色変化は温度の高いときほど速くなります。

鏡の中の自分にいかくして変色するパンサーカメレオン

豆ちしき　カメレオンは、目かくしをして光をあてても、体の色が変化します。皮ふで光を直接感じて変色するのです。

本当の大きさです カメレオン

トカゲのなかま（有鱗目トカゲ亜目）

すばやくのびる舌、自由に動かせる目など、カメレオンの特徴を「本当の大きさ」でじっくり観察してみよう！

左右別々に動かせる目

カメレオンの目は、左右別々に動かせ、それぞれを前後上下に向けることができます。だから首を動かさなくても、あらゆるところのものが見えるのです。

ばねのようにのびる舌

カメレオンの舌は、ふだん舌骨という骨のまわりに押しこまれていて、口を開いたときにまるでばねのように、数分の1秒という速さでえものにとどきます。舌の先は粘液によってベタベタしているので、えものをくっつけたまま口までもってくることができます。

木の枝を つかみやすいあし

カメレオンのあしは、前あし、後ろあしとも指が内側と外側に分かれていて、両側から木の枝をつかみやすくなっています。

ジャクソンカメレオン

温度や光で色が変わる

カメレオンは、まわりの温度や、光の強さによって体の色が変わります。また、感情や体調によっても色が変わり、こうふんしているときにはでな色になったり、体調が悪いときにくすんだ色になったりします。また、繁殖期に色が変わる種もいます。

→カメレオンの体に紙を置くと、光のあたらない部分がもようのようになります。

指の上に乗るカメレオン

カメレオンのなかまには、ミニマヒメカメレオン（→95ページ）のように、成長しても体長3cmほどしかないものもいます。右の写真のように、人差し指の上に乗る大きさです。（写真は本当の大きさです）

イグアナなどのなかま①

◇絶滅危惧種 ♠体の大きさ ♣分布 ♥食べ物 ★特徴など

体色があざやかで、とさかやたてがみ状のうろこがある種類も多く、特に大型種にはでな種類がいます。トカゲのなかまではめずらしく、海を生活の場とする種類がいるほか、樹上、地上ともに生活の場を広げています。

トカゲのなかま（有鱗目トカゲ亜目）

海岸で休むウミイグアナ

ウミイグアナ ◇

イグアナ科 ♠全長120〜150cm ♣ガラパゴス諸島 ♥海草など ★海での生活に完全に適応した唯一のトカゲです。尾を左右に振って泳ぎ、海辺や海中の岩に付着した海草を食べます。体が冷えると日光浴をして体温を上げます。

頭部から尾にかけてたてがみ状のうろこがならぶ

ひれ状の長い尾

見てみよう 海にもぐるウミイグアナ

ガラパゴスオカイグアナ
（リクイグアナ、ガラパゴスリクイグアナ）◇

イグアナ科 ♠全長80〜110cm ♣ガラパゴス諸島 ♥サボテンなど ★内陸部だけでなく、海岸近くにもすみます。頭部はごつごつとして、おす同士の闘争時の頭突きに使われます。

グリーンイグアナ

イグアナ科 ♠全長100〜180cm ♣中央アメリカから南アメリカ中部、石垣島に移入 ♥昆虫、植物など ★水辺や森林に多く、樹上生です。おす、めすともにたてがみ状のうろこの列が発達します。おもに植物を食べますが、幼体のうちは昆虫などをよく食べます。

頭部から尾にかけてたてがみ状のうろこがならぶ

のどの皮ふがたれ下がる

豆ちしき　ウミイグアナは、海中に20分くらいもぐることができます。

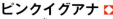

おすには
エメラルドグリーンの
しまもようがある

フィジーイグアナ
（ヒロオビ
フィジーイグアナ）
イグアナ科 ♠全長50〜70cm
♣フィジー諸島、トンガ諸島、バヌアツ
♥植物、昆虫など ★ほとんどのめすには
もようがありません。たてがみ状の
突起はありません。樹上生で、森林に
すんでいます。

ピンクイグアナ
イグアナ科
♠全長110cm
♣ガラパゴス諸島
♥サボテンなど
★2009年に新種として
記載されました。
頭がピンクで、
胴体とあしはピンクと
黒のしまもように
なっています。
イサベラ島の
北部にのみ生息します。

全身のうろこが
逆立ち、
針のようになる

クラークハリトカゲ
ツノトカゲ科 ♠全長20〜30cm
♣アメリカ合衆国南部からメキシコ
♥昆虫、植物など ★半乾燥地帯に
生息し、地上でも見られますが、
木の上によく登っています。昼行性です。

鼻先と目の間のうろこが
角状の突起になる

サイイグアナ
イグアナ科 ♠全長100〜120cm ♣ハイチ、ドミニカ
♥昆虫、植物など ★鼻の上の角や後頭部のこぶは、
おすでよく発達します。おもに植物を食べますが、
幼体は昆虫類もよく食べます。森にも岩場にも
生息し、地上生です。

頭部から尾にかけて
たてがみ状のうろこがならぶ

はば広い胴体

キタチャクワラ
イグアナ科 ♠全長27〜42cm
♣アメリカ合衆国南部から
メキシコ北部 ♥植物など
★乾燥して開けた岩場に
生息し、昼行性です。
体温は、最高で40℃近くにも
なります。

頭部に短い角状のうろこ　　平らではば広の体

DVDも
見よう

サバクツノトカゲ
ツノトカゲ科 ♠全長6〜13cm ♣アメリカ合衆国南西部からメキシコ北部
♥アリなど ★乾燥した砂地のほか岩場にもすみます。敵に会うとうずく
まることが多いですが、草やぶがそばにあるとその中ににげこみます。

ワキモンユタ
ツノトカゲ科
♠全長10〜16cm
♣アメリカ合衆国西部
♥昆虫、クモ、サソリなど
★乾燥地や半乾燥地で
ふつうに見られます。
胸の両わきに黒いはんもんが
ありますが、めすでは
目立ちません。

グリーンイグアナ

ウミイグアナ

豆ちしき　サバクツノトカゲは、危険を感じると相手の顔に向けて、目から血を噴射します。

イグアナなどのなかま❷

◆絶滅危惧種 ♠体の大きさ ♣分布 ♥食べ物 ★特徴など

クビワトカゲ
クビワトカゲ科
- ♠全長30～35cm
- ♣北アメリカ西部
- ♥昆虫など
- ★体調で体色が変化し、ディスプレイや日光浴をしているときのおすは、全身があざやかな色になります。半地上生で動きはすばやいです。

マスクゼンマイトカゲ
ゼンマイトカゲ科 ♠全長20～25cm
- ♣西インド諸島のイスパニオラ島 ♥昆虫、果実など
- ★林縁部や海岸など開けた場所に多く、地上生ですが、穴をほってかくれます。にげるときなどに、尾を背中の方へまき上げます。

オレンジから赤色の体に、細かい白いもようが全身にある

ノギハラハガクレトカゲ
ハガクレトカゲ科 ♠全長35～40cm ♣南アメリカ北部 ♥昆虫など
- ★熱帯雨林や降雨林に生息します。樹上生で、植物がおいしげる樹冠の中にいるため、見つけるのが難しいです。昼行性で、昆虫を食べます。

ナイトアノール
アノールトカゲ科 ♠全長40～50cm
- ♣キューバ ♥小型のトカゲ、昆虫など
- ★樹上生で昼間活動しますが、日かげを好みます。敵に対しては口を開けていかくし、かみつきます。

頭部が大きい

グリーンアノール
アノールトカゲ科 ♠全長13～20cm ♣北アメリカ南東部、小笠原諸島の父島、母島と沖縄本島南部に帰化
- ♥昆虫など ★体色は緑色から茶色まで変化します。おすは赤い咽喉垂を広げてなわばりを主張します。樹上生で指下板をもちますが、地上でも活動し、昼行性です。

おすののどに発達する、咽喉垂と呼ばれる赤いのどの皮ふを広げたり、ちぢめたりします。

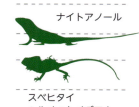

ナイトアノール

スベヒタイヘルメットイグアナ

豆ちしき ナイトアノールは頭部ががっしりしていて、騎士がかぶるかぶとのように見えることから、騎士の「ナイト」が種名に入っています。

グリーンバシリスク

バシリスク科 ♠全長60〜70cm ♣中央アメリカ
♥小動物、果実、昆虫など ★頭頂部のとさかは2つ
ありますが、めすや幼体では発達しません。樹上生で、
水辺付近の比較的日かげになったところを好みます。にげる
ときには二足走行や水上走行もでき、泳ぎもとくいです。

おすは、頭部にはとさか、背と尾には帆のようなうろこが発達する

長い尾

ギザギザバシリスク

バシリスク科 ♠全長約60cm ♣パナマ、エクアドル、
コロンビア ♥小動物、果実、昆虫など ★頭のとさかは
ひとつで、背中のひれもありません。土の中に5個くらいの
卵を産みます。

おすは、頭部にはとさか、背と尾には
帆のようなうろこが発達する

長い尾

腹面のうろこはとげ状のもり上がりがある

DVDも見よう

ノギハラバシリスク

バシリスク科 ♠全長60〜70cm ♣中央アメリカ ♥昆虫、果実、植物の種など
★ほかのバシリスクよりも地上生傾向が強いですが、二足で水上歩行もします。
昼行性で、2〜18個の卵を産みます。

後頭部の出っ張りがかんむりのように見える

頭部にとさかのようなうろこがある

長い尾

カンムリトカゲ

バシリスク科 ♠全長60〜70cm ♣中央アメリカ
♥小動物、昆虫など ★体色はあざやかな緑色で、
体調により体色を変えます。体が細く、あしも長いです。
熱帯雨林にすみ、ほぼ完全な樹上生です。

長い尾

スベヒタイヘルメットイグアナ

バシリスク科 ♠全長30〜35cm ♣中央アメリカから南アメリカ北部
♥昆虫など ★敵に対してはとさかを広げ、口を開けていかくします。
樹上生で、動きはすばやく、たまに地上におりるときには二足走行を
することもあります。

短い尾にとげ状突起

モリイグアナ

モリイグアナ科 ♠全長13〜15cm ♣ブラジル、ボリビア ♥節足動物など
★おもにサバンナにすみます。地上生ですが、たいてい地面にほった
穴の中ですごしています。敵におそわれると体をふくらませて、
穴から引っ張りだされないようにします。

タテガミヨウガントカゲ

ヨウガントカゲ科
♠全長約30cm ♣ブラジル、ボリビア、パラグアイ、アルゼンチン
♥昆虫など ★乾燥林に生息します。半樹上生で、昼行性で卵生です。

豆ちしき スベヒタイヘルメットイグアナは、気分などによって、多少、体色を変化させることができます。

105

イグアナなどのなかま❸

◆絶滅危惧種 ♠体の大きさ
♣分布 ♥食べ物 ★特徴など

トカゲのなかま（有鱗目トカゲ亜目）

グラベンホーストスベイグアナ
スベイグアナ科 ♠全長15〜18cm ♣南アメリカのアンデス地方 ♥昆虫など
★山岳地帯に生息します。雑食性です。スベイグアナのなかまは多様な生態をもち、280種以上が知られています。

グリルツリートカゲ
ミナミアノールトカゲ科 ♠全長8〜10cm ♣ブラジル、アルゼンチン、ウルグアイ ♥昆虫など ★熱帯雨林から草原まで生息します。樹上生です。後ろあしの中指と薬指が長くなっています。卵生で昆虫などを食べると思われますが、くわしい生態はわかっていません。

頭頂部に光を感じる「第3の目」がある
長い尾

マダガスカルイグアナ
（ハユルミトカゲ、マダガスカルセイルフィンリザード）
ブキオトカゲ科 ♠全長20〜22cm ♣マダガスカル南部 ♥昆虫など
★とげのある植物が生える林の砂地に生息します。おすは背中に目立ったひれがあります。砂の中に卵を2個産みます。

キュビエブキオトカゲ
ブキオトカゲ科 ♠全長30〜40cm ♣マダガスカル北部、西部、中央高地、グランドコモロ島 ♥昆虫、植物など ★熱帯の乾燥林に生息します。樹上生で、おすはなわばりをもち、かみつき合ってけんかをします。雨季の始めに、地面に穴をほって卵を産みます。

ハグルマブキオトカゲ
ブキオトカゲ科 ♠全長15〜25cm ♣マダガスカル ♥昆虫など
★乾燥した林や岩場などにすみ、よく木に登ります。尾に大きくとがったうろこがつらなっています。昼行性です。

マダガスカルイグアナ
ハートヘビガタトカゲ
バルカンヘビガタトカゲ

豆ちしき　ブキオトカゲのなかまは、マダガスカルに生息する樹上生トカゲのグループです。

アシナシトカゲのなかま

🛑絶滅危惧種 ♠体の大きさ ♣分布 ♥食べ物 ★特徴など

アシナシトカゲのなかまは、北アメリカから中央アメリカ、ヨーロッパ、東南アジア、西アジアに分布します。アシナシトカゲと名がついていますが、実際に前あし、後ろあしがないのは、一部の種だけです。

ハートヘビガタトカゲ（チュウゴクアシナシトカゲ）
アシナシトカゲ科 ♠全長35〜55cm ♣中国南部、台湾、ベトナム、ラオス ♥昆虫など ★森の落葉層の下や地中でくらします。あしはまったくありません。体側にみぞがあります。5〜6個の卵を産みます。

→ヘビとはちがい、目にはまぶたがあり、耳の穴もある

コテハナアシナシトカゲ
アシナシトカゲ科 ♠全長20〜30cm ♣カリフォルニア、メキシコのバハ・カリフォルニア ♥小動物など ★頭部をシャベルのように使って穴をほります。おもに海岸近くの砂地にすみ、雨のあとには地表にも現れます。

→ヘビとはちがい、目にはまぶたがあり、耳の穴もある

ヒメアシナシトカゲ（スローワーム）
アシナシトカゲ科 ♠全長35〜50cm ♣ヨーロッパ、北西アフリカ ♥小動物など ★あしは完全になく、動きはにぶいです。尾は長く全長の半分以上あって、自切もします。草むらや腐葉土などにすんでいます。胎生です。

アオキノボリアリゲータートカゲ 🛑
アシナシトカゲ科 ♠全長25cm ♣メキシコ南部 ♥昆虫など ★樹上生で、枝に尾をまきつけることができます。おすはめすよりも大きい頭をしています。4ひきくらいの子どもを産みます。

←長い尾はものにまきつけることができる

ミナミアリゲータートカゲ
アシナシトカゲ科 ♠全長25〜40cm ♣北アメリカ西部からメキシコ北西部 ♥小動物など ★体側には前後にみぞが走っています。やや湿った林を好み、地上生ですが、尾をまきつけて木にも登ります。

←自切する尾

←ヘビとはちがい、目にはまぶたがあり、耳の穴もある

バルカンヘビガタトカゲ（バルカンアシナシトカゲ、ヨーロッパアシナシトカゲ）
アシナシトカゲ科 ♠全長80〜140cm ♣ヨーロッパ南東部、西アジア ♥ネズミ、鳥の卵、小型のトカゲ、昆虫など ★あしのないトカゲのなかでは最大です。乾燥した草地や耕作地などに生息し、動きはすばやいです。

豆ちしき　バルカンヘビガタトカゲは、ヘビよりも体がかたく、とぐろをまくことはできません。

オオトカゲなどのなかま❶

◇ 絶滅危惧種 ♠ 体の大きさ
♣ 分布 ♥ 食べ物 ★ 特徴など

アフリカ、アジア熱帯域、オーストラリアに70種以上が分布しています。多くは昼間に活動する昼行性で、前あし、後ろあしは発達し、尾も長い種類が多く、おもに地上生ですが、樹上生種や、よく水に入る種類もいます。

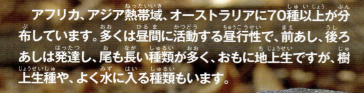

ナイルオオトカゲ
オオトカゲ科 ♠全長150〜180cm ♣アフリカ ♥甲殻類、貝類など
★河川や湖沼など、水場に近い環境に生息し、人家の周辺でも見られます。水にもよく入り、あらゆる動物やその卵を食べますが、成長すると甲殻類や貝類を多く食べます。

全身に白から黄色の小さなはん点がある

尾がたてに平らで、水をかくのに適している

ミズオオトカゲ
オオトカゲ科 ♠全長150〜250cm ♣インド周辺から東南アジア、中国南部まで ♥さまざまな小動物 ★水田や河川の付近、マングローブなど水辺に多く、泳ぎもうまいです。

グレイオオトカゲ ◇
オオトカゲ科 ♠全長175cm ♣フィリピン ♥果実など
★森林地帯に生息します。樹上にかくれていて、地表におりて採食します。幼体はカニやカタツムリを食べ、大きくなると果実がおもな食べ物になります。

マングローブオオトカゲ
オオトカゲ科 ♠全長120cm ♣オーストラリア北部、ニューギニア周辺から南太平洋の島々 ♥爬虫類、鳥、魚、昆虫、甲殻類など
★マングローブや海岸付近の降雨林や草原など、水辺近くに生息します。カニをはじめさまざまな動物を食べます。

尾がたてに平らで、水をかくのに適している

黒っぽい体色に白い細かいはん点がある

するどいつめがある

サバクオオトカゲ
オオトカゲ科 ♠全長120cm
♣アフリカから中央アジア、インドまで
♥小型哺乳類、鳥、爬虫類の卵など ★砂ばくや砂丘、乾燥したあれ地などに生息し、さまざまな動物を食べます。中央アジアでは数が減り、保護対策が進められています。

豆ちしき　ミズオオトカゲは、人家付近にも現れ、人が捨てたゴミをあさることもあります。

オオトカゲのなかま❷

🔶絶滅危惧種 ♠体の大きさ ♣分布 ♥食べ物 ★特徴など

トゲオオトカゲ
オオトカゲ科 ♠全長63cm ♣オーストラリア北西部 ♥トカゲ、昆虫など
★砂ばくや乾燥した岩場に生息します。岩のすき間やシロアリの古い巣などにかくれてくらしてします。

チビオオトカゲ
オオトカゲ科 ♠全長23cm ♣オーストラリア中部から西部 ♥トカゲとその卵、節足動物など ★最小のオオトカゲで、体重は20gにも達しません。砂ばく地帯にすんでいます。

のど、脇腹、前・後ろあし、尾などに黄色の帯もようがある

レースオオトカゲ
オオトカゲ科 ♠全長200cm ♣オーストラリア東部 ♥哺乳類、鳥やその卵など ★都市部をふくめ、木立があるいろいろな環境に生息します。地上生ですが、危険を感じると木に登ります。

舌の先はふたつに分かれる

コモドオオトカゲ 🔶
オオトカゲ科 ♠全長200〜300cm ♣インドネシア(小スンダ列島の一部) ♥大型哺乳類など ★トカゲのなかまでは最大です。比較的乾燥した環境に生息し、海に入ることもあります。幼時は樹上で昆虫やトカゲなどを食べ、成長すると地上で大型哺乳類やその死がいを食べます。

コモドオオトカゲの分布

閉じることができる鼻の穴

ベンガルオオトカゲ
オオトカゲ科 ♠全長180cm ♣西アジアから南アジア、中国南部、東南アジア北部 ♥昆虫など ★砂ばくの周辺から降雨林まで多様な環境にすみ、人家の周辺でも見られます。木登りもじょうずですが、よく穴をほって主食の昆虫をさがしています。

豆ちしき コモドオオトカゲは、えものの血液が固まるのを防ぎ、失血死させることができる毒をもっていることがわかっています。

ペレンティーオオトカゲ

オオトカゲ科 ♠全長190cm ♣オーストラリア中部、西部 ♥哺乳類など ★首が長く、尾も長くたてに平たくなっています。岩礁地帯にすみ、大型の動物を食べます。

全身に列になったはん点がある

長い首

長く細い尾

鼻の周辺がもり上がる

ノドジロオオトカゲ

オオトカゲ科 ♠全長150cm ♣アフリカ南部、東部 ♥爬虫類、昆虫、カタツムリなど ★サバンナなどに生息します。地上生ですが、木登りもじょうずです。カタツムリや甲虫をおもに食べていますが、見つければ爬虫類などさまざまな動物を食べます。

ノドジロオオトカゲのもり上がった鼻

ハナブトオオトカゲ

オオトカゲ科 ♠全長200～250cm ♣ニューギニア島南部 ♥哺乳類、鳥とその卵、昆虫など ★尾は特に長く、樹上で枝にまきつけて体をささえたり、バランスをとるのに役立ちます。

尾がたてに平らで、水をかくのに適している

ルリオオトカゲ

オオトカゲ科 ♠全長100cm ♣ニューギニアとその周辺 ♥水生動物など ★尾の地色は青で、先端部では青みが増し、成長とともに明るくなります。森林に生息し、地上生です。

尾があざやかな青色

全身に黄色いはん点がある

コバルトオオトカゲ ❐ （アオホソオオトカゲ）

オオトカゲ科 ♠全長110cm ♣インドネシアのラジャ・アンパット諸島（バタンタ島） ♥不明 ★2001年に新しく記載された、もっとも分布域の小さいオオトカゲです。樹上生ですが、野外での生態はよくわかっていません。

ミドリホソオオトカゲ（エメラルドオオトカゲ）

オオトカゲ科 ♠全長70～90cm ♣ニューギニアとその周辺 ♥鳥の卵、ひな、昆虫など ★体が細く、尾は枝などによくまきつき、低地で樹上生活をします。シロアリの巣に産卵します。

長い前・後ろあし

するどいかぎづめ

体長よりも長く細い尾

ペレンティーオオトカゲ　ミドリホソオオトカゲ

コモドオオトカゲ

豆ちしき オーストラリアのアボリジニーは、ペレンティーオオトカゲの肉を食用、しぼうは薬や儀式に使用していました。

111

爬虫類・両生類の擬態

擬態とは、ほかのものに似せることを意味します。動物の場合は、体の色やすがたを、木や葉、岩、砂などいろいろなものに似せるものがいます。擬態をする目的は、おもにえものに近づいたり、待ちぶせてこうげきするためと、敵の目をごまかして身を守るためです。身を守るための擬態には、強いもののすがたに似せるという擬態の方法もあります。

爬虫類の擬態

マダガスカルに生息するヘラオヤモリのなかまは、体の色を木の樹皮そっくりに変化させて、敵である鳥におそわれないようにして休みます。このとき、体色を変化させるだけでなく、体のふちにある皮ふを木に密着させて、木と体のさかい目までもわかりにくくさせます。

体の色を変化させることではカメレオンが有名ですが、カメレオンの場合は、何かに似せているのではなく、まわりの色に合わせることから、擬態ではなく保護色となります。ただし地上生のカメレオンのなかまは、体の色を落ち葉そっくりに擬態して身を守ったり、えものの昆虫に近づきます。

カメでは、南アメリカに生息するマタマタが擬態の代表種です。頭や甲羅の色や形が落ち葉のようになっていて、水中の落ち葉にまぎれて、えものである魚を動かずに待ちぶせするこうげき型の擬態です。

ヘビではアフリカに生息する毒ヘビのガボンアダーは、体色変化はしませんが、体のもようが落ち葉のようで、林の中では見分けがつきません。これは身を守るためとこうげきの両方の擬態といえます。

樹皮に擬態するスベヒタイヘラオヤモリ

落ち葉に擬態するミニマヒメカメレオン

水中の落ち葉に擬態するマタマタ

落ち葉や土に擬態するガボンアダー

両生類の擬態

両生類ではカエルが擬態の名人です。なかでもコノハガエルやチョボグチガエルなどは落ち葉の上にいるとみごとな擬態をして、なかなかそのすがたを見つけることができません。敵から身を守り、えものが気づかずに近寄ったところをとらえます。コケガエルは木の葉ではなく、その名の通り、コケに擬態します。皮ふのいぼ状突起で、コケの形まで似せています。

落ち葉に擬態するミツヅノコノハガエル

落ち葉や土に擬態するボルネオチョボグチガエル

コケに擬態するコケガエル

体の一部を擬態する

ほかにも、体の一部分を、ほかのものに似せる擬態の一種があります。ワニガメは、水中でじっとしたまま、口の中にあるミミズのような舌だけを動かして、えものである魚が近づくのを待ちぶせします。頭と尾がどちらなのかをわかりにくくしているマツカサトカゲやジムグリパイソンも擬態の一種といってもいいでしょう。

また、最近発見されたクモオツノクサリヘビは、えものをつかまえるために、尾の先をクモのように動かして、近くにやってきた鳥をつかまえます。こうげきのために、体の一部を擬態させているのです。

ワニガメのミミズのような舌

クモのような形と動きをするクモオツノクサリヘビの尾

クモオツノクサリヘビ
クサリヘビ科 ♣全長53〜84cm ♣イラン西部 ♥鳥、ヤモリなど ★2006年に新種として記載されました。尾の先には、多数の細長い突起が左右にのびています。岩場などで待ちぶせし、尾の先をクモが歩いているように動かして、鳥をおびき寄せておそいます。尾の突起は幼体にはありません。

強いものに擬態する

爬虫類や両生類で強いものに似せるというのは、猛毒をもっている種類の体色に似せる場合です。これを「ベイツ型擬態（146ページ）」といいます。自分は毒をもっていませんが、猛毒をもつ種類そっくりに擬態して、敵から身を守っています。爬虫類ではニセサンゴヘビやサンゴヘビモドキ、ミルクヘビの一部が猛毒をもつサンゴヘビに体色を似せているベイツ型擬態です。

両生類では毒をもつブチイモリの若い個体が赤い体色をしていますが、これに似せているのが、アカサンショウウオの若い個体で、レッドエフトと呼ばれ、ベイツ型擬態になります。ヤドクガエルのなかまや、マダラサラマンドラ、トラフサンショウウオなどがはでな体色をしていますが、これは自分で毒をもっているので、擬態ではなく、敵に毒をもっていることを知らせて身を守る警告色です。

猛毒のサンゴヘビに似せたニセサンゴヘビ

毒をもつことを警告するブチイモリの若い個体

毒をもっていることを警告するキオビヤドクガエル

※ベイツ擬態の「ベイツ」とは、ヘンリー・ウォルター・ベイツ（1825-1892）というイギリスの探検家によって発見されたことから名づけられました。

ヘビのなかま

ヘビのなかま（有鱗目ヘビ亜目）

およそ3400種をふくむ爬虫類で2番目に大きなグループです。しかし、爬虫類のなかでは、いちばん新しく現れたなかまです。全種が肉食性で、自分の頭よりも大きなえものをのみこむことができます。胴体は長くのび、前あし、後ろあしがありません。まぶたがなく、目は透明なうろこでおおわれています。こまくも耳の穴もありません。舌は細長く、先が2つに分かれていて、出し入れしてにおいを集めます。多くの種類で毒が発達し、えものを倒すのには、長い体をまきつけるか、毒を使います。

トウブシマリスをおそうシンリンガラガラヘビ（129ページ）

ヘビの体

ヘビの体は、前あしも後ろあしもないことが最大の特徴です。全身の筋肉と、腹にある腹板というろこを使い、水中・陸上・樹上といろいろなところを移動できます。

舌
舌の先は、2つに分かれています。この舌の先に、空気中のにおい物質をつけて、口の中にあるヤコブソン器官というにおいを感じる器官で、えもののにおいをかぎわけます。

頭
大きなうろこで守られています。

うろこ
目まできれいに脱皮します。

ヘビの体は細かいうろこにおおわれています。大きなえものをのみこむと体が大きく広がりますが、これはうろこがのびるのではなく、うろこの間の皮ふがのびます。

口
あごの関節はゆるくつながっているので、大きなえものも、口を大きく広げてのみこむことができます。

ピット器官
毒ヘビの一部は、目の前に、ピット器官と呼ばれる、熱を感じ取るセンサーがあります。

目
まぶたはありません。

腹板
腹板を動かして、移動します。

アオダイショウ

総排出口
総排出口から後ろが尾にあたります。

耳
ヘビには耳の穴やこまくはありません。ヘビの耳はうろこにおおわれているので、空気の振動で伝わる音はあまり聞こえません。

ヘビの骨格

長い体のヘビは、内蔵も独特の形をしています。しかし、基本的な臓器は、ほかの動物と同じようにあります。肺だけが変わっていて、多くのヘビでは、左肺がひじょうに小さくなっています。

アナコンダの骨格

キングコブラの頭骨。歯の形、大きさ、位置、数は、食性に対応して異なります。

ヘビのあし

ニシキヘビなど大型のヘビには、後ろあしのこんせきが見られます。

ニシキヘビのあしのこんせき

ヘビのなかま（有鱗目ヘビ亜目）

本当の大きさです
オオアナコンダ

人間のあしよりも太い体、ひんぱんに出し入れする舌など、オオアナコンダの特徴を「本当の大きさ」でじっくり観察してみよう！

ヘビのうろこは皮ふの一部

ヘビのうろこは皮ふの一部で、魚のうろこのように1枚1枚がはがれやすくはありません。これによって、体が乾燥するのを防いでいます。

人間のあしよりも太い体

オオアナコンダは、アミメニシキヘビとならんで世界最大のヘビといわれます。体の太さは直径30cmにもなり、人間のあしよりも太くなります。

このページの写真は下の部分です

116

まばたきしない目

ヘビの目にはまぶたがなく、うろこが変化した透明なまくでおおわれています。そのためまばたきはせず、目は開いたままです。また、視力はあまりよくはありません。

舌でにおいをかぐ

ヘビはよく舌を出し入れしますが、これはにおいをかぐためです。舌を出したときにくっついたにおい物質を、口の中にある「ヤコブソン器官」というところにもっていくことで、えものや敵が近くにいるかどうかがわかります。ヘビは目も耳もあまりよくないので、においでまわりのようすをさぐるのです。

メクラヘビなどのなかま

◇絶滅危惧種 ♠体の大きさ
♣分布 ♥食べ物 ★特徴など

メクラヘビやホソメクラヘビのなかまは、世界の熱帯地方に分布している、ミミズのような地中生のヘビです。目は大きなうろこの下にあります。

ブラーミニメクラヘビ
- メクラヘビ科 ♠全長16〜22cm
- ♣日本（九州南部、南西諸島、小笠原諸島）、世界各地の熱帯域
- ♥アリの幼虫、シロアリなど
- ★地中生ですが、夜間には地上に出てくることもあります。めすのみで繁殖する、単為生殖をします。

目がうろこの下にすけて見える

頭から尾まで、同じ太さの体

スナメクラヘビ
- メクラヘビ科 ♠全長15〜20cm
- ♣マダガスカル南部、西部 ♥不明
- ★半地中生で、ふだんは砂の中や落ち葉の下にいますが、地表に出てきたり、木の幹を登ることもあります。色素がなく、体色はピンクです。

頭から尾まで、同じ太さの体

目がうろこの下にすけて見える

腹側が明るい色

デコルセメクラヘビ
- メクラヘビ科 ♠全長40〜60cm ♣マダガスカル南部、西部
- ♥アリのさなぎなど ★比較的大型のメクラヘビで、小指くらいの太さになります。尾長は1cmほどしかありません。

ブラーミニメクラヘビの尾。先端がとがっている

尾の先端がとがる

目がうろこの下にすけて見える

テキサスホソメクラヘビ
- ホソメクラヘビ科 ♠全長10〜30cm
- ♣アメリカ南部、メキシコ北東部
- ♥アリの幼虫やさなぎ、シロアリなど
- ★地中生で、夜間には地表に出てくることもあります。2〜6個の卵を産みます。

テキサスホソメクラヘビの目

キモンホソメクラヘビ
- ホソメクラヘビ科 ♠全長20〜25cm ♣南アメリカ北部 ♥シロアリなど
- ★小型の地中生のヘビで、シロアリなど体のやわらかい昆虫を食べます。頭部と尾端は黄色く、尾が太短いために、どちらが頭か見分けにくくなっています。

サンゴパイプヘビ

デコルセメクラヘビ

豆ちしき　メクラヘビは敵につかまると、とがった尾でつっつきますが、それほど痛くはありません。

サンゴパイプヘビなどのなかま

🔶絶滅危惧種 ♠体の大きさ ♣分布 ♥食べ物 ★特徴など

サンゴパイプヘビのなかまは、南アフリカ北部に分布し、半地中生です。ミジカオヘビのなかまは、スリランカとインド南部に分布し、50種あまりが知られています。

マダラヒメボア
ドワーフボア科 ♠全長50〜70cm ♣イスパニオラ、ジャマイカ、キューバ ♥トカゲなど ★森林から畑まで、さまざまな環境に生息し、夜行性です。色彩を変化させることができ、黄色っぽくてもようのある状態から全体が黒くなるまで変化します。

黒い帯もようが目にもあるため、頭と尾の見分けがつかない
平らな頭部

サンゴパイプヘビ
サンゴパイプヘビ科 ♠全長70〜90cm ♣南アメリカ ♥ヘビ、トカゲ、両生類、魚類など ★熱帯林の水辺などに多く生息し、半地中生の生活をします。体のもようは、本種が無毒のため、猛毒をもつサンゴヘビへの擬態を示しています。夜行性で、胎生です。

光沢のあるうろこ
はば広い尾は、丸めて頭に似せて、敵の目をごまかす
小さな頭部

アカオパイプヘビ
ミジカオヘビ科 ♠全長60〜100cm ♣中国南部、東南アジア ♥ヘビ、ウナギなど ★尾は短く腹面が赤くて、敵に対しては尾を立てて注意を引きます。低地の水田などに生息します。胎生です。

光沢のあるうろこ
尾のつけねに黄色のリングもようがある
鼻先がとがる
体前半分に黄色の波もようがある

カサレアボア（モーリシャスボア） 🔶
ボアモドキ科 ♠全長60〜100cm ♣モーリシャス ♥トカゲなど ★現在モーリシャスのラウンド島にのみ生息しますが、絶滅寸前になっています。下あごにはちょうつがい状の関節があって、すべりやすいトカゲをしっかりくわえられるようになっています。

ブライスハナナガミジカオヘビ
ミジカオヘビ科 ♠全長32〜37cm ♣スリランカ ♥ミミズ ★山地ではふつうのヘビで、木の根元などに多くいます。地中生で、前半身を使った独特の方法でトンネルをほります。胎生です。

🫘ちしき ボアモドキのなかまは、カサレアボアのほかにもう1種がいましたが、すでに絶滅したと考えられています。

119

ヘビのなかま（有鱗目ヘビ亜目）

ボアのなかま

◇絶滅危惧種　♠体の大きさ
♣分布　♥食べ物　★特徴など

ボアのなかまは、北～南アメリカ、アフリカ、マダガスカルと南太平洋からニューギニア、アジア西部からヨーロッパ南西部に分布しています。

オオアナコンダ（アナコンダ）
ボア科　♠全長500～600cm、最大1000cm　♣南アメリカ北部　♥哺乳類、鳥類、カエル、ワニ、魚など　★南アメリカ最大のヘビです。熱帯林の水辺に生息し、半水生です。夜行性で水をのみにくる哺乳類をおそうほか、鳥類、カエル、魚やワニも食べます。

ハブモドキボア（パシフィックボア）
ボア科　♠全長60～100cm　♣インドネシア東部からソロモン諸島まで　♥トカゲなど　★樹上生の細いタイプと地上生の太いタイプがいますが、どちらも夜間地上でえものをつかまえます。

太い胴体
地上生タイプ

ボアコンストリクター
ボア科　♠全長200～300cm、最大550cm　♣中央・南アメリカ　♥小型哺乳類など　★大型ですがペットとしても飼われます。はば広い環境に生息し、おもに夜間、地上で活動します。胎生です。

マダガスカルボア
ボア科　♠全長180～250cm、最大320cm　♣マダガスカル中西部、北部　♥哺乳類など　★地上生で、おもに夜に活動しますが、大型の個体は日中でも見かけます。キツネザルをふくむ哺乳類を食べます。胎生で、全長55～70cmの大きな子どもを2～6ぴき産みます。

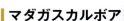

ナイルスナボア

ニジボア

ボアコンストリクター

豆ちしき　ボアコンストリクターは地域によって多くの亜種に分けられていて、体色や大きさに変異があります。

亜種のブラジルニジボア

光沢のあるうろこ

亜種によって成体に残るもよう

ニジボア
ボア科 ♠全長100〜150cm ♣南アメリカ中部と北部 ♥小型哺乳類など
★熱帯雨林からサバンナまではば広い環境に生息します。地上で活動し、夜行性です。うろこに日があたるとにじのように輝きます。

ニシサンジニアボア
ボア科 ♠全長100〜250cm ♣マダガスカル西部、南部
♥小型哺乳類など ★原生林から都市の周辺まではば広い環境に生息します。昼間は樹上や木のうろの中で休んでいて、夜間に活動します。上くちびるにはスリットがあり、赤外線を感じます。

腹側が黄色

たるんだ皮膚に光沢のあるうろこ

ラバーボア
ボア科 ♠全長35〜80cm
♣アメリカ合衆国西部、カナダ
♥小型哺乳類、トカゲ、ヘビ、サンショウウオなど ★朽ち木や岩の下にかくれていますが、木に登ったり、泳いだりするのもじょうずです。15℃程度の気温でも活動します。野生で40〜50年生きると考えられています。胎生です。

不規則なまだらもようのある体

頭部と見分けがつかない尾

ジムグリパイソン（カラバリア）
ボア科 ♠全長60〜90cm
♣西アフリカ ♥ネズミなど
★熱帯雨林の林床で、おもに地中ですごします。えもののネズミなどは、トンネル内で体をおしつけ圧迫して、殺してから食べます。卵生です。

丸い頭部

カスピスナボア（マダラスナボア）
ボア科 ♠全長50〜60cm
♣西アジアから中央アジア
♥小型哺乳類、トカゲなど
★砂ばくに生息します。目が頭部の背面に位置していて、砂にもぐったまままわりを見ることができます。夜に行動します。

尾は短い

はっきりとしたもようがならぶ

明るい緑色の体色に白いしまもようが入る

オレンジ色の体色にこげ茶色のはんもんがある

尾の先がとがる

エメラルドボア（エメラルドツリーボア）
ボア科 ♠全長100〜150cm、最大180cm
♣南アメリカ北部 ♥小型哺乳類など
★熱帯雨林の樹上にすみ、夜行性です。子ヘビは黄色や赤色で、成長と共に色彩が緑色に変わります。

ミューラスナボア
ボア科 ♠全長60〜90cm ♣アフリカ東部、北東部
♥ネズミなど ★乾燥したサバンナや半砂ばく地帯に生息します。おとなしいですが、歯は大きいので、かまれると危険です。胎生です。

豆ちしき ミューラスナボアは、砂にもぐって、地上を歩くえものの振動を感じて、近くにくると砂の中から飛び出しておそいかかります。

121

ヘビのなかま（有鱗目ヘビ亜目）

ニシキヘビなどのなかま

◇絶滅危惧種 ♠体の大きさ
♣分布 ♥食べ物 ★特徴など

ニシキヘビのなかまは、オセアニアからアジア、アフリカに分布しています。小型から大型のヘビをふくみます。

アミメニシキヘビ
ニシキヘビ科 ♠全長500〜700cm、最大1000cm
♣東南アジア ♥中・小型哺乳類、鳥類など
★アジア最大のヘビです。熱帯林を中心に人家や耕作地の周辺で、特に水辺に多くいます。夜に行動します。

……複雑なもようがある

アミメニシキヘビの分布

ビルマニシキヘビ ◇
ニシキヘビ科 ♠全長300〜500cm、最大600cm
♣東南アジア ♥中・小型哺乳類、鳥類、爬虫類など
★森林に生息し、泳ぎもじょうずです。生態はインドニシキヘビに似ています。卵生で、8〜30個の卵を産みます。

もようが黒でふちどられている

インドニシキヘビ
ニシキヘビ科 ♠全長300〜500cm、最大600cm
♣南アジア ♥中・小型哺乳類、鳥類、爬虫類など
★森林などにすみ、樹上でも地上でも活動します。夜に行動します。

同じようなもようがならぶ

アフリカニシキヘビ
ニシキヘビ科 ♠全長300〜500cm、最大900cm
♣アフリカの中部から南部 ♥中・小型哺乳類など
★アフリカでは最大のヘビです。森林を中心に生活し、水にもよく入ります。基本的には夜に行動します。

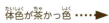
体色が茶かっ色

豆ちしき　アミメニシキヘビは分布域が広く、地域によって体色やもように変異があります。

←頭部は小さい　←太い胴体　←短い尾

マレーアカニシキヘビ
ニシキヘビ科 ♠全長90〜180cm、最大240cm ♣インドネシア、タイ、シンガポール、マレーシア ♥中・小型哺乳類、鳥類 ★低地の湿地などで待ちぶせして、哺乳類をおそいます。尾は短く、太短い体つきをしています。アカニシキヘビの亜種とされていましたが、近年、独立した種に分けられました。

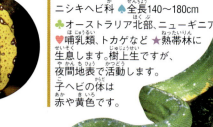

ミドリニシキヘビの子ヘビ

ミドリニシキヘビ（グリーンパイソン）
ニシキヘビ科 ♠全長140〜180cm ♣オーストラリア北部、ニューギニア ♥哺乳類、トカゲなど ★熱帯林に生息します。樹上生ですが、夜間地表で活動します。子ヘビの体は赤や黄色です。

はっきりとしたもようがならぶ　太い胴体→

体に輪のもようがある→　光沢のあるうろこ…

ボールニシキヘビ
ニシキヘビ科 ♠全長90〜120cm、最大150cm ♣アフリカ中部 ♥小型哺乳類など ★敵に対しては頭を中にして丸くなります。森林とその周辺で、樹上でも地表でも活動し、夜に行動します。

ワモンニシキヘビ
ニシキヘビ科 ♠全長90〜150cm ♣パプアニューギニア ♥小型哺乳類、トカゲなど ★森林からココナッツ林などの開けた環境まで広く分布します。夜に行動します。卵生です。

←頭部は黒色

…光沢のあるうろこ

…小さな頭部にとがった鼻先

メキシコパイソン（メキシコサンビームヘビ）
メキシコパイソン科 ♠全長70〜130cm ♣メキシコ南部からコスタリカ ♥トカゲと爬虫類の卵など ★熱帯雨林から、乾燥した熱帯林まで生息し、半地中生の生活をします。夜行性で、そった鼻先を使って爬虫類の卵やトカゲをほり返して食べます。

…光沢のあるうろこ

チルドレンニシキヘビ
ニシキヘビ科 ♠全長60〜100cm ♣オーストラリア北部 ♥小型哺乳類、鳥類、トカゲなど ★沿岸域の森から内地の乾燥地まで広く生息します。夜行性で、おもに地上で活動しますが、木にも登ります。

頭部は黒色→　頭部以外はしまもようがある→

ズグロニシキヘビ
ニシキヘビ科 ♠全長150〜170cm、最大300cm ♣オーストラリア北部 ♥トカゲ、ヘビなど ★原始的なニシキヘビです。開けた林でよく見られます。地面の穴の中ですごしていて、夜に行動します。

…光沢のあるうろこ

サンビームヘビ
サンビームヘビ科 ♠全長70〜110cm ♣中国南部から東南アジア ♥トカゲ、ヘビなど ★うろこに日があたるとにじ色に輝きます。半地中生で、森林、耕地などにすみます。夜に行動します。

ボールニシキヘビ／アフリカニシキヘビ

🫘豆ちしき　ミドリニシキヘビは、色や形はエメラルドボアと似ていて、木にとまるときの姿勢もそっくりですが、近縁ではありません。

123

ヤスリミズヘビ・タカチホヘビなどのなかま

ヤスリミズヘビのなかまは、名前の通りうろこがヤスリのようにざらざらです。東南アジアからオーストラリア北部に3種がすんでいます。タカチホヘビは日本をふくむアジア東部〜南部に約20種がいます。

アラフラヤスリヘビ
ヤスリミズヘビ科 ♠全長150〜250cm ♣オーストラリア北部、ニューギニア ♥魚など ★淡水の川や沼に生息しますが、汽水域に入ることもあります。完全に水生で、水中ではびんしょうですが、陸上ではほとんど動けません。胎生です。

光沢のあるうろこにおおわれる

ジャワヤスリミズヘビ
ヤスリミズヘビ科 ♠全長110〜200cm ♣東南アジア ♥魚など ★流れのゆるやかな川や沼などにすみます。おもに夜間活動して、ざらざらでたるんでいる皮ふで魚を囲い、つかまえて食べます。胎生です。

目が頭の上の方に位置する

皮ふがたるんでいる

うろこがざらついている

背中中央に黒いすじがある

タカチホヘビ
タカチホヘビ科 ♠全長30〜60cm ♣日本（本州、四国、九州）、中国東南部 ♥ミミズなど ★森林とその周辺に生息し、地中生です。うろこはビーズのような外見で、背中の中心には1本の黒いたてじまがあります。

アマミタカチホヘビ
タカチホヘビ科 ♠全長20〜55cm ♣日本（奄美諸島、沖縄諸島） ♥ミミズなど ★タカチホヘビにくらべ尾が長くなっています。頭部の色がうすく、体側の腹側の部分が黄色くなります。生態はタカチホヘビに似ています。

背中中央のすじがうすい

小さい目

ヤエヤマタカチホヘビ
タカチホヘビ科 ♠全長37〜45cm ♣日本（沖縄県・石垣島、西表島） ♥ミミズなど ★湿潤な林に生息します。ミミズを食べますが、くわしい生態はわかっていません。生まれたての幼体は全長25mmくらいと思われます。

🔴絶滅危惧種 ♠体の大きさ ♣分布 ♥食べ物 ★特徴など

イワサキセダカヘビ
セダカヘビ科 ♠全長50〜70cm ♣日本（八重山諸島の石垣島、西表島）
♥カタツムリ ★大きな頭部と細くてたてにはば広い胴体をもちます。
夜行性です。林とその周辺に生息し樹上生で、短いあごと長い歯で、
カタツムリをからから引き出して食べます。

キールウミワタリヘビ
ミズヘビ科 ♠全長50〜100cm ♣南アジア、東南アジア
♥魚など ★マングローブ林や汽水域の川などの沿岸域に
生息します。水生です。きばに毒があり、大きな魚は
弱らせてからのみこみます。5〜38ぴきの子どもを産みます。

うろこの1枚1枚の中央がもり上がっている

目が頭の上の方に位置する

エダセダカヘビ
セダカヘビ科 ♠全長50〜80cm ♣東南アジア ♥トカゲ、カタツムリ、
ナメクジなど ★森の中の低木や地表近くの生いしげった枝に
よくとまっています。夜に行動します。
4〜8個の卵を産みます。

あごの形はカタツムリを食べるために特化している

体色が木の枝のようになる

目が頭の上の方に位置する

カニクイミズヘビ
ミズヘビ科 ♠全長60〜90cm ♣東南アジア、ニューギニア、
オーストラリア北部 ♥甲殻類など ★マングローブ林の
水辺に生息します。甲殻類だけを食べ、カニにまきついて、
ちぎれたあしをつぎつぎにのんでいきます。2〜17ひきの
子どもを産みます。

ヒゲミズヘビ
ミズヘビ科 ♠全長40〜50cm ♣東南アジア
♥魚など ★鼻先に一対の突起があります。
流れのゆるやかな水域に生息し、体を
小枝のようにして浮いていて、
近づいてくる小魚を食べています。

太い胴体

鼻先にひげ状の突起が一対ある

目の下を通る黒い帯もよう

ヒロクチミズヘビ
ミズヘビ科 ♠全長110〜130cm ♣インドから東南アジア
♥カエル、魚など ★淡水にも汽水にもすみ、流れの
ゆっくりとした川や沼などでよく見られます。夜間泳ぎ
回って、えものをさがします。

光沢のあるうろこにおおわれる

胴体よりもややはば広の頭部

目が上向きにある

ハイイロミズヘビ（オリーブミズヘビ）
ミズヘビ科 ♠全長40〜70cm ♣東南アジア、中国南部 ♥カエル、
魚など ★水生ですが、陸にもときどき上がってきます。
すべりやすいどろの上を移動するときは、横ばい運動を使います。
2〜18ぴきの子どもを産みます。

タカチホヘビ　　キールウミワタリヘビ

豆ちしき イワサキセダカヘビは下あごの歯の数や形が左右でことなっていて、右まきのカタツムリを食べるのに役立っていると考えられています。

125

クサリヘビのなかま❶

◆絶滅危惧種 ♠体の大きさ
♣分布 ♥食べ物 ★特徴など

クサリヘビのなかまは、大きくクサリヘビ類とマムシ類に分けられます。クサリヘビ類は、アジア、ヨーロッパ、アフリカのみに分布し、マムシ類は南アジアから東南アジア、北アメリカから南アメリカにまで分布が広がります。

キノボリクサリヘビ（ラフツリーバイパー）
クサリヘビ科 ♠全長45～80cm ♣中央アフリカ西部 ♥小型哺乳類など
★熱帯雨林に生息する樹上生の毒ヘビです。尾はよく枝などにまきつきます。夜行性で、夜になるとおもなえさである小型の哺乳類を求めて木からおりてきます。

サハラツノクサリヘビ
クサリヘビ科 ♠全長50～60cm ♣北アフリカ ♥トカゲなど
★砂ばくに生息します。目の上に大きな角質の角がありますが、ないものもいます。夜行性で、ふだん砂にもぐっており、夜には移動してえもののトカゲなどをさがします。

ライノセラスアダー
クサリヘビ科 ♠全長65～75cm ♣アフリカ中部 ♥小型哺乳類など
★おもに森林に生息し、草原や湿地、耕作地などでも見られます。太短い体つきをしていますが、木にもすばやく登ります。小型の哺乳類を待ちぶせしておそいます。15～30ぴき程度の子どもを産みます。

ガボンアダー（ガブーンバイパー、ガブーンアダー、ガボンバイパー）
クサリヘビ科 ♠全長120～180cm ♣アフリカ中部 ♥小型哺乳類など ★森林の林床に生息し、複雑なはんもんは落ち葉の上でヘビを見分けにくくしています。見かけによらずおとなしいヘビですが、こうげきは非常にすばやいです。

←鼻先に角状突起がある
←三角形の頭部

ラッセルクサリヘビ
クサリヘビ科 ♠全長100～150cm ♣南アジア ♥哺乳類など
★やや乾燥した環境に生息します。ふだんの動きにくらべ、逃走や攻撃の動作は非常に速く危険です。夜行性です。20～40ぴきの子どもを産みます。

パレスチナクサリヘビ
クサリヘビ科 ♠全長130cm ♣中近東の西部 ♥小型哺乳類など
★原野ばかりでなく、耕作地とその周辺にも生息します。夜行性です。クサリヘビ類ではめずらしく卵生です。大型で毒も強く、危険な毒ヘビです。

豆ちしき　ガボンアダーは、世界最重量の毒ヘビで、毒ヘビ最長のきばをもっています。

サメハダクサリヘビ（カーペットバイパー）
クサリヘビ科 ♠全長30〜60cm ♣インド周辺から中近東 ♥哺乳類など ★比較的乾燥した地域に生息します。夜行性で、昼は石の下や穴などにかくれていますが、湿度の高い夜にはえもののネズミなどをさがして活動します。

ヨーロッパクサリヘビ
クサリヘビ科 ♠全長50〜65cm ♣ヨーロッパからアジア東部、サハリンまで ♥哺乳類など ★大きさ、体型などマムシに似ています。おす・めすで色彩がちがいます。極めてはば広い環境に生息し、地上生で昼間活動します。

背面にギザギザもようがならぶ

パフアダー
クサリヘビ科 ♠全長100cm〜150cm ♣アフリカ、アラビア半島南部 ♥小型哺乳類など ★サバンナに生息し、地上生で毒が強く、人が被害にあうことが多いです。敵に対しては、息をすって体をふくらませ、大きな噴気音を出します。

細い尾

背面は落ち葉のようなもよう

クマドリマムシ
クサリヘビ科 ♠全長80〜130cm ♣メキシコから中央アメリカ ♥ネズミ、カエルやトカゲ、ヘビなど ★やや湿った熱帯落葉林などに生息します。おもに夜行性ですが、昼に活動することもあります。8〜12ひき程度の子どもを産みます。

三角形の頭　太い胴体

ヌママムシ（ワタクチマムシ）
クサリヘビ科 ♠全長70〜180cm ♣アメリカ合衆国東部から南部 ♥ネズミ、サンショウウオ、トカゲ、カエル、魚など ★湿地やマングローブなどの水辺に生息します。1年から2年に1回、5〜8ひき程度の子どもを産みます。動物の死がいも食べます。

アメリカマムシ（カパーヘッド）
クサリヘビ科 ♠全長50〜100cm ♣アメリカ合衆国南東部、メキシコ北東部 ♥小型哺乳類など ★アジアのマムシにくらべ、色彩があざやかで体が大きいです。山地の林や、流れにそった原野などに生息し、夜行性、地上生です。

赤かっ色の頭部

ガボンアダー
アメリカマムシ　パフアダー

🫘ちしき　ヌママムシは危険を感じると、口を大きく開けていかくします。口の中は白色です。

127

クサリヘビのなかま❷

◆ 絶滅危惧種　♠ 体の大きさ　♣ 分布　♥ 食べ物　★ 特徴など

やや太めの胴体

丸い鼻先

ハネハブ
クサリヘビ科　♠ 全長45～70cm　♣ メキシコ東部　♥ 小型哺乳類など
★ 熱帯雨林など湿った森林に生息し、林床で活動します。夜行性です。英名はジャンピングバイパーで、ジャンプすると思われていますが、これは本当ではありません。

目の上にまつげのような突起がある

三角形の頭

マツゲハブの目の上の突起

マツゲハブ
クサリヘビ科　♠ 全長50～80cm
♣ 中央・南アメリカ北西部
♥ カエル、トカゲなど
★ 目の上に突起があります。樹上生で、夜行性ですが日光浴していることもあります。

体色は地域によって変異が大きい

全身に三角形のもよう

三角形の頭

アスパーハブ
クサリヘビ科　♠ 全長100～150cm　♣ メキシコ南部からコロンビアまで　♥ 哺乳類、鳥類など　★ 大型で毒が強く、こうげき的なため、恐れられている毒ヘビです。低地の湿った森林を中心に生息します。

全身に三角形のもよう

鼻先がとがる

マライマムシ（マレーマムシ）
クサリヘビ科　♠ 全長70～105cm　♣ 東南アジア　♥ 小型哺乳類、カエルなど　★ 低地の林を中心に生息します。ゴム林にも多く、多くの咬症を引き起こしています。スマトラ島など、乾季のないところには生息しません。地上で行動しています。

ガラガラと音がする脱皮がら…

見てみよう
尾を鳴らすガラガラヘビ

全身にダイヤモンド型のもよう

三角形の頭

セイブダイヤガラガラヘビ
クサリヘビ科　♠ 全長80～180cm
♣ アメリカ合衆国南西部からメキシコ北部　♥ 哺乳類など
★ 乾燥した低地に多く、さまざまな植生のところにすみます。夜行性で、おもにウサギなどの哺乳類を食べます。毒が強く、大型でこうげき的なので危険です。

セイブダイヤガラガラヘビの尾の先の脱皮がら。これを振って音を出します。

ガラガラと音がする脱皮殻

ネッタイガラガラヘビ
クサリヘビ科　♠ 全長100～120cm
♣ 南アメリカ　♥ 哺乳類など
★ 分布が広く、10くらいの亜種が認められています。やや乾いた森林に生息し、湿った森林には分布しません。こうげき的で、毒も強く、人の被害も多く出ています。

三角形の頭

セイブダイヤガラガラヘビ

ニホンマムシ

ヨコバイガラガラヘビ

豆ちしき　ガラガラヘビの尾の先の脱皮がらは、脱皮をするごとに一節ずつつながっていき、古くなると、ポロッととれてしまいます。

ほかのマムシにくらべて
なめらかな三角形の頭部

ウスリーマムシ
クサリヘビ科 ♠全長40～66cm ♣朝鮮半島、中国、ロシア沿海州
♥ネズミ、カエルなど ★日本のマムシにもっとも近い種で、体は
わずかに細くなっています。色彩やもようの変異は非常に大きいです。
習性もニホンマムシによく似ています。

背面にしま
もようがある

尾は黒色

シンリンガラガラヘビ
クサリヘビ科 ♠全長90～180cm ♣アメリカ合衆国東部から南部
♥小型哺乳類、鳥類など ★近年では開発によって数が減少しています。
北部では春や秋に昼間出てきますが、それ以外は夜に行動します。

ヒャッポダ
とがった鼻先
クサリヘビ科 ♠全長80～155cm
♣台湾、中国南部、ベトナム北部
♥ネズミ、カエルなど
★大型のマムシ類で、毒は
強い方ではありませんが
危険です。山地の森林、
川岸などに多く、地上生で、
昼も夜も活動します。

横ばい運動をする
ヨコバイガラガラ
ヘビ

ヨコバイガラガラヘビ（サイドワインダー）
クサリヘビ科 ♠全長60～80cm
♣アメリカ合衆国西部
♥小型哺乳類、トカゲなど
★砂ばくに生息します。
すべりやすい砂の上を、
横ばい運動という独特な方法で
すばやく移動します。夜に
行動します。

太い胴体

全身に
三角形のもよう

目の上に
角状突起がある

三角形の頭

見て
みよう
ニホンマムシの
いかく

太い胴体

体の丸いもようの
中に点がある

体の丸いもようの
中に点がない

舌がピンク

体のもようが
小さい

三角形の頭

舌が
黒色

目を通るはっきり
した黒いすじ

ニホンマムシ（マムシ）
クサリヘビ科 ♠全長40～65cm ♣日本（北海道、本州、四国、九州）♥ネズミ、カエルなど ★森林やその周辺の田畑に多く、夜行性ですが、夏には妊娠しためすが日にあたりによく出てきます。

ツシママムシ
クサリヘビ科 ♠全長40～60cm
♣日本（対馬）♥カエル
★ニホンマムシにくらべ、胴体の
はんもんは小さく、中心に暗色の点が
ありません。森林や水田の周辺に多く、
習性もニホンマムシに似ていますが、
より神経質でこうげき的です。

タンビマムシ
クサリヘビ科 ♠全長40～60cm
♣朝鮮半島、中国 ♥ネズミ、カエルなど
★近年は食用・薬用として中国から大量に
輸入されています。ニホンマムシにくらべ、
胴体のはんもんが小さく数が多いです。
習性はニホンマムシに似ています。

豆ちしき ヒャッポダは、かまれてから百歩歩くうちに死んでしまうといわれたことが名前の由来です。

129

クサリヘビのなかま❸

🔶 絶滅危惧種　♠ 体の大きさ
♣ 分布　❤ 食べ物　★ 特徴など

ハブ（ホンハブ）
クサリヘビ科　♠全長100～200cm
♣日本（奄美諸島、沖縄諸島）　❤小型哺乳類、鳥類、両生類、爬虫類など　★森林から人家の周囲まで生息し、人家に入ることもあります。樹上でも地上でも見られ、夜行性で、小型の哺乳類などさまざまな脊椎動物を食べます。

ヒメハブ
クサリヘビ科　♠全長30～80cm
♣日本（奄美諸島、沖縄諸島）
❤カエルなど　★山地森林から耕作地まで、川や水辺に多く生息します。さまざまな脊椎動物を食べますが、主食はカエルで、寒いときにもカエルの産卵場に現れます。卵は1～2日でふ化します。

頭が三角形
尾の先が細い

個体によって体色に変異がある

サキシマハブ
クサリヘビ科
♠全長60～120cm　♣日本（八重山諸島、沖縄本島・移入）　❤小型哺乳類、鳥類、両生類、爬虫類など　★ハブよりも小型で、体型はずんぐりしています。毒性もハブより弱く、動きがおそいほかは、ハブに似ています。

背面に黒いもようがならぶ

頭が細めの三角形

体色には明るいものと暗いものがある

頭が三角形

トカラハブ 🔶
クサリヘビ科　♠全長60～100cm
♣日本（トカラ列島・宝島、小宝島）　❤ネズミ、トカゲなど　★ハブにくらべ、より小型で毒性も弱いです。色彩には淡かっ色と暗かっ色の二型があります。はば広い環境に生息し、習性もハブに似ています。

ほっそりした体型

タイワンハブ
クサリヘビ科
♠全長80～120cm
♣台湾、中国南部、東南アジア、日本（沖縄・移入）
❤ネズミなど　★ハブにくらべ小型ですが、毒は強いので注意が必要です。山地森林から人家の周辺まで広い範囲に生息し、夜行性です。

豆ちしき　ハブの毒は出血毒と呼ばれるもので、血管組織を破壊してしまう毒です。

ブッシュマスター
クサリヘビ科 ♠全長200〜350cm ♣南アメリカ北部 ♥哺乳類など
★アメリカ大陸では最大の毒ヘビです。熱帯雨林などの森林に生息します。大型ですがおとなしい毒ヘビです。

ヨロイハブ
クサリヘビ科 ♠全長60〜90cm ♣東南アジア ♥小型哺乳類など
★森林の池や川にそったしげみなどに生息します。樹上生で、夕方から夜にかけて活動します。15〜41ぴきの子どもを産みます。

アメリカヒメガラガラヘビ
クサリヘビ科 ♠全長40〜60cm ♣アメリカ合衆国南東部 ♥ネズミ、カエル、トカゲなど ★おもに湿地や水辺近くの林に生息します。地上生です。2〜32ひきの子どもを産みます。

尾の先に、小さな脱皮がらがあり、音を出せる

シロガシラアゼミオプス
クサリヘビ科 ♠全長50〜100cm ♣中国南部、東南アジア北部 ♥ネズミなど ★山地草原から耕作地の周辺などに生息し、夜行性です。クサリヘビのなかまでは、もっとも原始的です。毒があります。

灰青色の体色にオレンジ色の帯がある

頭部は白色で黄色のもようがある

シロクチアオハブ
クサリヘビ科 ♠全長60〜100cm ♣中国南部から東南・南アジア ♥ネズミ、カエルなど ★開けた森林や耕作地から人家の周辺まで生息します。樹上生ですが、草むらなどにもいます。夜行性です。

頭は三角形で、口のまわりやのどが白や黄色

尾の先は茶色

シロガシラアゼミオプス / ハブ / タイワンハブ

毒ヘビの口

クサリヘビのなかまの毒ヘビの口は、いくつか特殊なしくみがあります。えものにかみつくためのするどいきばは、ふだん、口を閉じているときは折りたたまれています。毒液は、管状になったきばの中を通って、えものにかみついた瞬間に注入されます。毒の量は、種類によってさまざまです。ヘビの毒液は、消化液が変化したもので、自分の毒で自分が死んでしまうことはありません。

クサリヘビやニシキヘビ、ボアなどのなかまには、口のまわりにえものの熱を感じるピット器官をもつ種がいます。マムシのなかまでは、目と鼻の穴の間にあり、穴が開いているように見えます。視力があまりよくないヘビは、これで熱を感じて、えものと判断してかみつきます。

ハブのきば。口を閉じているときは、内側にたたまれています。

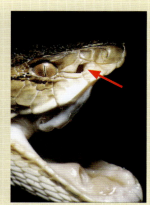

矢印の穴が、ハブが熱を感じるピット器官。左右一対あります。

豆ちしき　ブッシュマスターは、ガラガラヘビのように尾を振っていかくしますが、尾の先には何もないので、音はしません。

爬虫類・両生類の脅威と保全

近年、世界各地で爬虫類・両生類の新種が発見されていますが、同時にさまざまな原因で絶滅したり、絶滅寸前に追いこまれている種も多くいます。日本でも、大切な日本の爬虫類・両生類を絶滅させないように、保全活動が行われています。

死に追いやる病原菌

爬虫類や両生類の絶滅が心配されている病原菌があります。最近になって確認されたヘビカビ症やカエルツボカビ症です。これはカビ（真菌）の一種が感染することで、ヘビやカエルを死に至らしめるものです。

ヘビカビ症はアメリカで発見され、ミルクヘビやガラガラヘビ、ネズミヘビなどのなかまに見られ、すでにガラガラヘビでは被害が拡大しています。

カエルツボカビ症は、日本産のカエルでは症状が現れませんが、オーストラリアや中央アメリカなどのカエルでは皮ふに感染したカビのために、皮ふ呼吸ができなくなり、死亡する例が確認されています。サンショウウオでも感染が確認されています。カエルツボカビ症は、多くの両生類が絶滅した原因だと考えられています。

カエルツボカビ症が原因のひとつで絶滅したカモノハシガエル

開発による生息地の減少

爬虫類や両生類に限らず、生き物たちの生息地に道路が1本通っただけで、それらの生き物たちには脅威となります。人間には便利ですが、ヘビやトカゲ、カエルやイモリがその道路を横断するのは命がけなのです。人間の生活が向上することは、仕方のないことですが、少しでもそれらの生き物たちにも安全にすごしてほしいという考えから、日本の各地でも生き物の生活をおびやかさない道路のつくりにするなど、生き物たちの生活を保全し、共存する動きもみられます。

イボイモリの横断を注意する看板

ヒキガエルの横断を注意する看板

リュウキュウヤマガメの横断を注意する看板

沖縄県のやんばるにある側溝から上がれるスロープ

島根県にある生き物たちのためのスロープ

島根県にある道路地下のカエルトンネル

保全活動の取り組み

絶滅の危機にある爬虫類や両生類を保全しようという活動も行われています。保全活動というのは、生息環境を限りなく元にもどしたり、新たに適切な生息地をつくること、個体を飼育して繁殖を手助けして数を増やすことなどもふくまれます。時間がかかり、かんたんな活動ではありませんが、多くの人々が参加して、生き物たちを残そうと努力を続けています。

ナゴヤダルマガエルの保全

ナゴヤダルマガエルは、東海、近畿地方から広島県と四国東部に生息するカエルで、広島県では自然の生息地は開発などにより現在は2か所しかありません。1991年からダム建設に伴い生息調査が行われ、保護活動が始まりました。2003年には広島市安佐動物公園や広島大学などで保護され、繁殖が開始されました。2005年には安佐動物公園で繁殖した個体が、広島県世羅郡などの湿地に野外復帰されました。その後、2008年には世羅郡で繁殖を確認しました。さらにそのほかの地域のナゴヤダルマガエルの保全にも取り組み、現在では自然の生息地2か所に加えて、生息地も3か所できました。こうした新たな生息地では、開発からの危機は少なくなりましたが、外来種であるアライグマの被害が増え、今後の課題になっています。

安佐動物公園内のナゴヤダルマガエルの飼育施設。

園内で繁殖した個体。地域別に管理されています。

広島県世羅郡のナゴヤダルマガエルを野外復帰させた場所。

安佐動物公園内の放飼場。

野外復帰させた場所近くのビオトープ。

オオサンショウウオの保全

オオサンショウウオの生息地でもある広島県や島根県では、保全活動が行われています。広島市安佐動物公園では1979年以降、人工的な繁殖水槽で継続的に繁殖を行い（204ページ）、さまざまな年齢の繁殖個体を飼育・管理しています。

島根県の邑南町にある瑞穂ハンザケ自然館では、オオサンショウウオの保全とともに、生息調査も行い、館内では教育のための飼育展示も行っています。2013年には飼育水槽内で繁殖に成功し、それ以降も毎年繁殖に成功しています。

瑞穂ハンザケ自然館では、オオサンショウウオだけでなく、周辺地域に生息する生き物や環境についても調査し、野生のオオサンショウウオにはマイクロチップをうめこみ個体識別をし、健康状態も細かく記録しています。

繁殖に成功した展示施設。

オオサンショウウオを間近で観察でき、教育にも役立ちます。

野生での調査。マイクロチップで個体識別しています。

ナミヘビのなかま❶

◆絶滅危惧種 ♠体の大きさ
♣分布 ♥食べ物 ★特徴など

ナミヘビのなかまには、ヘビ類全体の半分以上の種類がふくまれます。ほとんどが無毒のヘビですが、毒をもつヘビも存在します。

ミヤラヒメヘビ
ナミヘビ科 ♠全長27～37cm ♣日本(与那国島)
♥ミミズなど ★尾は短かく、うろこはなめらかで、光沢があります。林内の落ち葉の下などに生息します。

尾の先がとがる
頭が小さい

ミヤコヒメヘビ ◆
ナミヘビ科 ♠全長16～20cm ♣日本(宮古諸島の宮古島と伊良部島)
♥昆虫、ミミズなど ★林床の落ち葉や石の下などにかくれています。尾の先はとがっていて、つかまえられると相手におしつけて、おどかします。

細い体
頭部が三角形で鼻先がとがる
ミドリムチヘビのひとみは横長で、顔の前方寄りに位置します

ミドリムチヘビ（オオアオムチヘビ）
ナミヘビ科 ♠全長150～180cm
♣インド、中国南部から東南アジア
♥カエル、トカゲなど ★樹上生で、細い体は木や草のつるに似ています。目は大きく、ひとみは横に長く、ヘビのなかではもっとも目がよい種類です。森林から人家の周辺まで広く生息します。

細い体
細長い頭部

セバブロンズヘビ
ナミヘビ科 ♠全長100～160cm ♣インドとその周辺
♥カエル、トカゲなど ★はば広い環境に生息し、昼行性です。樹上生で低い木の枝などによくいますが、地上でもよく見られます。

小さい頭部

チュウゴククリヘビ
ナミヘビ科 ♠全長40～80cm ♣中国南部、ベトナム北部
♥爬虫類の卵など ★さまざまな環境に生息し、人家にも入ってきます。夜行性で、爬虫類の卵を食べますが、大きなヘビの卵などはからを切りさいて、頭部をさしこみ、その中身を食べます。

頭部背面にウマのひづめのような形のもよう

バテイレーサー
ナミヘビ科 ♠全長100～185cm ♣ヨーロッパ南西部、北アフリカ
♥トカゲなど ★頭部背面のもようが、ウマのひづめの形なのでこの名があります。乾いた岩の多い場所に多く、昼行性で動きは速いです。

セバブロンズヘビ　サキシマアオヘビ　パラダイストビヘビ

豆ちしき　ミヤラヒメヘビやミヤコヒメヘビの尾の先はとがっていて、敵におそわれると、相手に尾を突き立ててこうげきすることもあります。

うすいたてじまがある

見てみよう ヘビのコンバットダンス

トビヘビのなかまには、ろっ骨をひろげることで、体を平らにして空気を受けて、滑空することができます。体をくねらせて、空中で方向を変えることもできます。

リュウキュウアオヘビ
ナミヘビ科 ♠全長60〜90cm ♣日本（トカラ列島、奄美諸島、沖縄諸島）
♥ミミズなど ★緑色の個体が多く、子ヘビはかっ色で縦じまは目立ちません。林内から耕作地まで生息し、昼も夜も活動します。

鼻先がややとがる　アオヘビの名があるが、体色はかっ色が多い　胴体が太い

サキシマアオヘビ
ナミヘビ科 ♠全長50〜85cm ♣日本（八重山諸島）
♥ミミズなど ★リュウキュウアオヘビよりも太い体で、鼻先は少しとがっています。森林や草地に生息し、昼はたおれた木の下などにかくれていることが多いです。

ろっ骨が広がる

パラダイストビヘビ
ナミヘビ科 ♠全長100〜120cm ♣東南アジア ♥トカゲなど ★樹上で生活し、はなれた枝に飛び移ったり、危険が近づいたときなどは、滑空して地面におりることができます。えものをつかまえるための毒があります。

ろっ骨が広がる

ゴールデントビヘビ
ナミヘビ科 ♠全長100〜130cm ♣インドから東南アジア ♥カエル、トカゲなど ★森林から人家の周辺まで生息し、樹上生で特に高い木を好みます。敵が近づいたときなど、滑空してにげます。

オオカサントウ
ナミヘビ科 ♠全長250〜400cm ♣中国南部から東南アジア ♥ネズミ、カエルなど ★アジアのナミヘビ科では最大のヘビで、キングコブラとまちがえられることもあります。地上生で昼間活動します。背中が隆起していて、胴体の断面は三角形に近いです。

ナンジャ（ナンダ）
ナミヘビ科 ♠全長120〜230cm
♣西アジア、南アジア、東南アジア
♥ネズミ、カエルなど ★昼行性で動きは非常に速く、地表ばかりでなく木にもよく登ります。ネズミやカエルをおさえつけて捕食します。

コンバットダンスをする、ナンジャのおす

ヘビのなかま（有鱗目ヘビ亜目）

ナミヘビのなかま❷

◆絶滅危惧種 ♠体の大きさ ♣分布 ♥食べ物 ★特徴など

ミドリツルヘビ
ナミヘビ科 ♠全長150～180cm ♣中央アメリカから南アメリカ北部 ♥鳥類、カエル、トカゲなど ★熱帯や亜熱帯の雨林、熱帯乾燥林に生息します。樹上生ですが、地上におりてくることもあります。昼行性で、とてもすばやく動きます。弱い毒があります。

アメリカツルヘビ（チャイロツルヘビ）
ナミヘビ科 ♠全長90～150cm ♣アメリカ合衆国南西部から中央・南アメリカ ♥鳥類、カエル、トカゲなど ★樹上生のヘビで、ヘビ自体が草や木のつるのように見えます。昼間に活動します。

目が大きい
丸みのある頭部
長い尾
背面は灰色からかっ色、腹面は黄色
長い尾
アメリカツルヘビの大きな口
ラフアメリカアオヘビの大きな目

ラフアメリカアオヘビ
ナミヘビ科 ♠全長55～80cm ♣アメリカ合衆国東部からメキシコ北東部 ♥昆虫など ★樹上生ですが、水に入ることも好みます。昼行性で、つるの上などをゆっくりと移動してえものの昆虫をさがします。

背面にたてじまがある
長い尾

DVDも見よう

ニシパッチノーズスネーク（セイブツケハナヘビ）
ナミヘビ科 ♠全長55～110cm ♣アメリカ合衆国南西部、メキシコ北西部 ♥小型哺乳類、トカゲ、鳥のひななど ★比較的乾燥した草原や低木林帯、半砂ばくに生息します。昼行性で動きはすばやいです。4～12個の卵を産みます。

鼻先を保護するようにあるうろこ

タイガーネズミヘビ　インディゴヘビ
ラフアメリカアオヘビ

豆ちしき　ミドリツルヘビの口はとても大きく開けることができます。

亜種によって体色はさまざま

ブラックレーサー
ナミヘビ科 ♠全長80〜150cm ♣北アメリカからグアテマラ ♥ネズミ、トカゲなど ★さまざまな環境でふつうに見られるヘビで、おもに地上で生活します。動きが速く、トカゲ、ネズミなどを追いかけて捕食します。

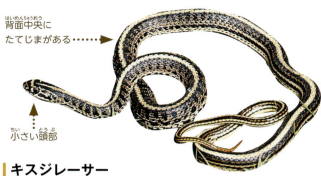

背面中央にたてじまがある
小さい頭部

キスジレーサー
ナミヘビ科 ♠全長70〜98cm ♣アジア東北部 ♥トカゲなど ★胴体背面の中央に黄白色のたてじまがありますが、色合いなど地域によるちがいがあります。水辺に多く見られ、動きは速く、日中活動します。

バシャムチヘビ
ナミヘビ科 ♠全長90〜260cm ♣アメリカ合衆国南部、メキシコ北部 ♥さまざまな脊椎動物 ★乾燥した丘陵地の岩場、草原、低木林帯に生息します。動きは非常にすばやいです。こうげき性も高く、大きな個体にかまれるときずを負います。陸上の脊椎動物ならたいてい食べ、ガラガラヘビでもおそいます。4〜20個の卵を産みます。

DVDも見よう

なめらかなうろこ

インディゴヘビ
ナミヘビ科 ♠全長150〜200cm ♣南アメリカ ♥さまざまな脊椎動物 ★地上生ですが、樹に登ることもあります。昼行性で、すばやい動きをします。毒ヘビをふくむさまざまな脊椎動物を食べます。4〜11個の卵を産みます。

黒色の体色に黄色のもようがある

タイガーネズミヘビ
ナミヘビ科 ♠全長150〜260cm ♣中央・南アメリカ ♥小型哺乳類、鳥類とその卵など ★体色には大きな変異があります。地上でも樹上でも活動し、敵に対しては、のどをたてにふくらませていかくします。

細い尾

アカオナメラ（ホソツラナメラ）
ナミヘビ科 ♠全長160〜190cm ♣東南アジア、インド東部 ♥小型哺乳類、鳥類など ★熱帯林に生息する樹上生のヘビで、マングローブにそった林や川べりに多くいます。昼行性で動きは非常に速く、飛んでいる鳥もつかまえることができます。

空気をすいこんでいかくするアカオナメラ

細い頭部
尾の先が赤い

豆ちしき アカオナメラのなかまは、危険を感じると、空気をすいこんで、のどを大きくふくらませます。

137

ナミヘビのなかま❸

ヘビのなかま（有鱗目ヘビ亜目）

🔶絶滅危惧種 ♠体の大きさ
♣分布 ♥食べ物 ★特徴など

パロットヘビ
♣ナミヘビ科 ♠全長120〜150cm ♣中央・南アメリカ
♥カエル、トカゲなど ★色彩の変異が大きいヘビです。樹上生で昼間活発に活動します。敵に対しては、口を大きく開けていかくします。

石垣島産　灰色の体色に黒色の帯もよう　西表島産

サキシマバイカダ
♣ナミヘビ科 ♠全長70〜85cm ♣日本（宮古島、八重山諸島の石垣島、西表島）
♥カエル、トカゲ、ヘビなど ★体は非常に細長く、樹上生ですが、夜間は地表でも見られます。夜に活動します。

かっ色の体色に帯もよう

トリンケットヘビ
♣ナミヘビ科 ♠全長90〜120cm ♣インドとその周辺 ♥小型哺乳類など
★森林周辺や耕作地から都市にも生活しています。首をたてに広げ、S字に曲げていかくします。夜間早い時間に活動します。

トリンケットヘビ　シロマダラ　アカマタ

コモンオオカミヘビ
♣ナミヘビ科 ♠全長45〜60cm ♣インドとその周辺 ♥ネズミ、ヤモリなど ★人家にまで入りこみ、壁のわれ目、ブロックのすき間などにひそんでいます。夜行性でこうげき的なため、おそれられていますが、無害です。

豆ちしき　トリンケットヘビは、アカオナメラ（137ページ）と同じように、のどをふくらませていかくします。

キイロマダラ
ナミヘビ科 ♠全長70〜100cm
♣中国南東部、ベトナムとミャンマーの北部 ♥カエル、トカゲなど
★山地森林の渓流の周辺、水辺の草むらなどに生息します。夜行性で、習性などはアカマダラに似ています。

→ 黄色の体色に黒いはんもんがある

ブームスラング
ナミヘビ科
♠全長150〜200cm
♣アフリカ中部から南部
♥トカゲなど
★サバンナに分布します。樹上生で、色彩には大きな変異があります。敵に対してはのどをふくらませていかくします。毒が強いので危険です。カメレオンなどのトカゲ類をおもに食べます。

アカマダラ
ナミヘビ科 ♠全長60〜120cm
♣日本（対馬、尖閣列島）、アジア東部 ♥カエルなど
★森林や水田などの水辺に生息し、夜行性。食性は広く、ほとんどの脊椎動物にわたっていて、対馬ではカエルをよく食べています。

→ 赤かっ色の体色に黒いはんもんがある

→ アカマダラより体の黒いはんもんの数が少ない

サキシママダラ
ナミヘビ科 ♠全長50〜100cm
♣日本（宮古諸島、八重山諸島）
♥カエル、トカゲ、ヘビなど
★アカマダラの亜種で、胴体の黒いはんもんの数が少ないです。平地から山地までさまざまな環境に生息しています。

→ 灰かっ色の体色に黒い帯もようがある

シロマダラ
ナミヘビ科 ♠全長30〜70cm
♣日本（北海道、本州、四国、九州） ♥トカゲなど
★森林や河原などから人家の周辺まで生息していますが、夜行性のため、めったに出会うことはありません。

→ たてに細長いひとみ

→ 赤い帯と黒色のはんもんがある

アカマタ
ナミヘビ科 ♠全長80〜170cm 日本（奄美諸島、沖縄諸島）
♥さまざまな脊椎動物 ★耕作地から山地森林まで広く生息し、とても攻撃的です。夜行性で食性は広く、ハブやウミガメの子ガメを含むさまざまな脊椎動物を食べます。

→ うろこの表面がざらついていて、クサリヘビのように体をこすりあわせて音を出す

卵を丸のみするアフリカタマゴヘビ

アフリカタマゴヘビ
ナミヘビ科 ♠全長80〜100cm
♣アフリカ中部から南部、アラビア半島南部 ♥鳥の卵
★サバンナを中心に生息し、もっぱら鳥の卵を、鳥の産卵期に集中的に食べ、あとは絶食します。毒ヘビに擬態したもようをもっています。

豆ちしき アフリカタマゴヘビは、丸のみした卵はのどの奥にある背骨の突起を利用してわり、からはそのまま吐き出します。

139

ヘビのなかま（有鱗目ヘビ亜目）

ナミヘビのなかま④

🟥 絶滅危惧種 ♠ 体の大きさ
♣ 分布 ♥ 食べ物 ★ 特徴など

黒い体色に黄色のしまもようがある

マングローブヘビ
ナミヘビ科 ♠ 全長200〜250cm ♣ 東南アジア ♥ 哺乳類など
★ マングローブ林などの低地の湿った林に生息し、樹上性で、木の枝では巧妙に動き回りますが、地上でも活動します。夜行性です。

ひとみがたて長

ミナミオオガシラ
ナミヘビ科 ♠ 全長150〜200cm ♣ インドネシア東部からニューギニア、オーストラリア北部 ♥ 哺乳類、鳥類、爬虫類など ★ 夜行性で、森林を中心に樹上で活動します。さまざまな脊椎動物を食べます。グアム島にもちこまれた本種は大繁殖し、鳥やトカゲを食べて絶滅に追いやり、問題になっています。後牙に毒をもっています。

赤かっ色の体色

ジムグリ
ナミヘビ科 ♠ 全長70〜100cm ♣ 日本（北海道、本州、四国、九州） ♥ 小型哺乳類など
★ 首が太く頭部は目立ちません。森林や畑に生息し、地面によくもぐり、小型の哺乳類を食べます。腹面のはんもんがない個体は、アカジムグリと呼ばれることもあります。

頭部は黒色でふちどられた黄色の大きなうろこでおおわれる

シュウダ（チュウゴクシュウダ）
ナミヘビ科 ♠ 全長150〜260cm ♣ 日本（尖閣列島）、中国、台湾 ♥ さまざまな脊椎動物 ★ はば広い環境に生息し、性質はあらく、噴気音を出していかくしたり、臭腺からくさい液を出します。ヘビをふくむさまざまな脊椎動物を食べます。

ヨーロッパアオダイショウ
ナミヘビ科 ♠ 全長90〜140cm ♣ ヨーロッパ中部からイラン北部まで ♥ 小型ネズミ類など ★ 極めて多様な環境に生息し、木にもよく登ります。交尾期にはおすどうしのはげしいコンバットダンスが見られます。

タカサゴナメラ
ナミヘビ科 ♠ 全長100〜120cm ♣ 台湾から東アジア ♥ 小型ネズミ類など ★ 開けた山地森林などを好み、耕作地とその周辺でも見られます。石の下やネズミの穴などにかくれていて、小型のネズミ類を食べます。

背面に黒色でふちどられた黄色のひし形もようがある

シュウダ　シマヘビ　ジムグリ

豆ちしき　ミナミオオガシラは、日本では特定外来種に指定されていて、移動、飼育が禁止されています。

見てみよう 泳ぐアオダイショウ

シマヘビ
ナミヘビ科 ♠全長80〜150cm ♣日本(北海道、本州、四国、九州) ♥さまざまな脊椎動物など
★水田から山地森林まで生息します。伊豆諸島の祇苗島では全長200cmに大型化しています。ときどき黒化型が現れ、カラスヘビと呼ばれます。

背面にはっきりとした縦じまが4本ある

アオダイショウ
ナミヘビ科 ♠全長110〜200cm
♣日本(北海道、本州、四国、九州)
♥哺乳類、鳥類とその卵など
★日本本土では最大のヘビで、はば広い環境に生息します。木登りがうまく、樹上の鳥の巣をおそったり、民家にも入ってきます。体のもようは、成長とともに変化します。

アオダイショウの子ども。ニホンマムシのもように似ています。

尾に黒色のすじがある

サキシマスジオ
ナミヘビ科 ♠全長180〜250cm
♣日本(宮古諸島、八重山諸島)
♥小型哺乳類、鳥類など
★台湾や中国の亜種にくらべ、色はかっ色が強く、はんもんはぼやけています。はば広い環境に生息し、性質はおとなしいです。

尾に黒色のすじがある

タイワンスジオ
ナミヘビ科 ♠全長180〜250cm ♣台湾、(沖縄島に移入)
♥小型哺乳類、鳥類など ★サキシマスジオと似ていますが、体色はよりあざやかで、尾の背面のすじが目立ちます。7〜15個の卵を産みます。

前半身に黄色の横じまとまばらな黄色のもようがある

前半身にまばらに白色のもようがある

ヨナグニシュウダ
ナミヘビ科 ♠全長160〜200cm ♣日本(与那国島) ♥トカゲ、鳥類など
★チュウゴクシュウダにくらべ、うろこの列の数が25と多く、体色もうすいです。習性はよく似ており、昼行性で木にもよく登ります。

サラサナメラ
ナミヘビ科 ♠全長50〜100cm ♣アジア中部から北部
♥さまざまな脊椎動物 ★はば広い環境に生息し、分布も広いです。えものもネズミなどさまざまな脊椎動物です。卵生で、ふ化するまでの期間は地方によって大きな差があります。

豆ちしき ヨナグニシュウダは環境省のレッドリストで絶滅危惧ⅠB類(EN)に指定されています。

ヘビのなかま（有鱗目ヘビ亜目）

ナミヘビのなかま⑤

◆絶滅危惧種 ♠体の大きさ
♣分布 ♥食べ物 ★特徴など

小さい頭部　　体色は地域によって変異がある

コーンスネーク
ナミヘビ科 ♠全長60〜150cm ♣アメリカ合衆国南東部からメキシコ北部 ♥小型哺乳類など ★さまざまな環境に生息し、石の下などによくもぐっています。夜行性です。ペットとしても人気があります。

小さい頭部　　体色は地域によって変異がある

コモンキングヘビ
ナミヘビ科 ♠全長90〜150cm ♣アメリカ合衆国南東部 ♥小型哺乳類、爬虫類など ★生息環境はさまざまですが、水辺に近いところに多くいます。体のもようや色もさまざまです。夜行性で地上で活動し、食性は広く、小型の哺乳類や毒ヘビをふくむ爬虫類などを食べます。

小さい頭部　　体色は地域によって変異がある

ミルクヘビ
ナミヘビ科 ♠全長40〜150cm ♣カナダ東南部から南アメリカ北部まで ♥小型哺乳類、爬虫類など ★大きさ、色彩には大きな変異があります。生息環境は多様で、人家に入ってくることもあります。

ヘビの品種

ヘビのなかまには、ペットとして人気の高い種もいます。コーンスネークやキングヘビ、ミルクヘビが代表的です。人気のひみつは、ちょうどいい大きさやおとなしい性格もありますが、人の手によって改良されたさまざまな体色の品種があることです。

コーンスネーク・アルビノレッド　コーンスネーク・レッド　ミルクヘビ・アルビノ　ホンジュラスミルクヘビ・アルビノ　コーンスネーク・スノー　カリフォルニアキングヘビ・アルビノコースタルストライプ

豆ちしき　コーンスネークの名前は、生息地でネズミを捕食するためにトウモロコシ畑でよく見られることが由来といわれています。

ガラスヒバァ
ナミヘビ科 ♠全長65〜120cm ♣日本(奄美諸島、沖縄諸島) ♥カエルなど ★細長いヘビで、動きは速いです。カエル類をおもに食べるために、水辺を中心に生息します。昼間活動しますが、夜間にもよく見かけます。

ダンジョヒバカリ
ナミヘビ科 ♠全長20〜30cm ♣日本(長崎県五島列島の男島) ♥不明 ★ヒバカリの亜種で、男島にだけ生息します。7月中旬に卵を1個産んだ記録があります。くわしい生態はわかっていません。

ミヤコヒバァ
ナミヘビ科 ♠全長50〜80cm ♣日本(宮古諸島の宮古島と伊良部島) ♥カエルなど ★林床に生息し、カエル類を食べています。生態などはガラスヒバァに似ていますが、明るいはんもんが縮小して、全体が黒っぽくなっています。

口や首に白いはんもんがある

ヒバカリ
ナミヘビ科 ♠全長40〜60cm ♣日本(本州、四国、九州) ♥ミミズ、カエル、オタマジャクシ、魚など ★水辺を中心に、森林や耕作地、住宅地などに生息します。おとなしいヘビですが、いかく行動を行うことがあります。

ガラスヒバァよりもはんもんが少なく、全身が黒っぽい

首にV字型のもよう

体色は地域によって変異がある

キスジヒバァ
ナミヘビ科 ♠全長60〜90cm ♣台湾、中国南部から東南・南アジア ♥カエルなど ★低地から山地まで広く生息し、水田などでよく見られます。昼行性で動きが速いです。

ヤエヤマヒバァ
ナミヘビ科 ♠全長80〜100cm ♣日本(八重山諸島の石垣島と西表島) ♥カエル、小型のトカゲなど ★ほかのヒバァ類にくらべ、体はやや太短いです。水辺のほか、林床やその周辺の草地に生息します。ほかのヒバァ類とちがい胎生です。

背面にレンガ色のはんもんが細かくならぶ

サンルカスゴファーヘビ
ナミヘビ科 ♠全長100〜140cm ♣メキシコのカリフォルニア半島 ♥小型哺乳類、鳥類、カエル、トカゲなど ★さまざまな環境に生息し、暑い夏には夜間、それ以外は昼間も活動します。小型の哺乳類や鳥類を、しめ殺して食べますが、子ヘビはカエルやトカゲも食べます。

パインヘビ
ナミヘビ科 ♠全長120〜170cm ♣アメリカ合衆国南東部 ♥小型哺乳類など ★松林に多いことからパインヘビと呼ばれます。近縁のブルスネークやゴファースネーク同様、敵に対して大きな噴気音を出します。

パインヘビ
コーンスネーク

豆ちしき ガラスヒバァには毒がありますが、毒は弱く、今まで人に対する事故は報告されていません。

143

ナミヘビのなかま ❻

◇ 絶滅危惧種　♠ 体の大きさ
♣ 分布　♥ 食べ物　★ 特徴など

ハブモドキ
ナミヘビ科 ♠全長80〜100cm ♣台湾、中国南部
♥カエルなど ★マムシを連想させるはんもんと大きな頭部をもちます。上あごの一番後ろの歯は大きく、人がかまれて毒が入った例があります。おもにヒキガエルを食べます。

頭部がはば広い
マムシに似たもよう

ヨーロッパヤマカガシ
ナミヘビ科 ♠全長100〜120cm
♣ヨーロッパから東は中国北西部、南はアフリカ北西端 ♥カエル、イモリ、魚など
★草地や水辺などに生息します。昼行性でカエルをもっぱら食べ、ほかにイモリや魚類なども食べています。死んだふりをします。

地域によって体色の変異が大きい

体色が茶かっ色で、黒色のチェックもようがある

ソウカダ
ナミヘビ科 ♠全長70〜110cm
♣台湾から東南・南アジア
♥カエル、魚など ★池や水田など
水に入っていることが多いです。昼も夜も活動し、水からはなれたところでもよく見かけます。

茶色の体色に黒色のあみ目もようが入り、それがダイヤモンド型になる

ダイヤモンドミズヘビ
ナミヘビ科 ♠全長70〜120cm ♣アメリカ合衆国中部、南部からメキシコ ♥魚など
★水があれば、大きな湖や川から小さな池まで、どこにでも生息します。昼も夜も活動して、魚類のほか、さまざまな小動物を食べます。

西日本産では赤色の帯がない
東日本産
後牙毒がある

ヤマカガシ
ナミヘビ科 ♠全長70〜150cm ♣日本(本州、四国、九州)
♥カエルなど ★平野部に比べ、山地の方が大きいです。昼間活動し、カエル類をおもに食べます。ヒキガエルを食べて、その皮ふ毒を頸腺と呼ばれる器官にためて、防御に使います。毒があり、深くかまれると危険です。

地域によって体色にちがいがある
首の皮ふの下にも毒がある

首から尾の先まで背中中央にたてすじがある

コモンガーターヘビ
ナミヘビ科 ♠全長50〜70cm ♣北アメリカ
♥カエル、サンショウウオ、ミミズなど
★森林や草原、都市の公園などさまざまな環境に生息します。北部では、限られた場所にたくさんのヘビが冬眠のために集まります。昼行性で、食性は極めて広いです。

DVDも見よう

キクザトサワヘビ ◇
ナミヘビ科 ♠全長50〜60cm ♣日本(久米島) ♥サワガニなど
★山地森林の水のきれいな渓流にすみ、おもに水中で生活します。石の下などにかくれていて、水生の小動物を食べています。絶滅が心配されています。

セイブシシバナヘビの鼻

ガラガラヘビに似せたもよう

セイブシシバナヘビ
ナミヘビ科 ♠全長50〜80cm ♣カナダ南部、アメリカ合衆国中部 ♥両生類、トカゲなど ★やや乾いた地域に生息します。かくれているヒキガエルなどは、においでさがし出し、ほり出して食べます。死んだふりをします。

オンセンヘビ
ナミヘビ科 ♠全長50〜80cm ♣チベット ♥カエル、魚など ★標高4000mをこえる山地にも生息し、温泉がある環境に分断して分布しています。新大陸に生息するヘビに近いと考えられています。

白色にふちどられた黒色のはんもんがある

成体は全身黒色

カテスビーマイマイヘビ
ナミヘビ科 ♠全長50〜70cm ♣南アメリカ北部 ♥カタツムリ、ナメクジなど ★森林にすみ、半樹上生で夜間活動し、おもにカタツムリをからから引き出して食べます。ほかにナメクジや昆虫の幼虫などもえものとなります。

ムスラナ
ナミヘビ科 ♠全長150〜200cm ♣中央・南アメリカ ♥ヘビ、トカゲなど ★毒ヘビを食べるので有名なヘビです。森林にすみ、昼も夜も活動します。子ヘビは親とちがい、赤い色をしています。

アカオビマイマイヘビ
ナミヘビ科 ♠全長60〜70cm ♣パナマ、エクアドル、コロンビア ♥カタツムリなど ★森林に生息し、樹上生で夜間活動し、カタツムリをからから引き出して食べます。卵生です。

ムスラナ
ヤマカガシ
コモンガーターヘビ

フイリマルガシラツルヘビ
ナミヘビ科 ♠全長60〜100cm ♣中央アメリカ、南アメリカ北部 ♥カエル、トカゲなど ★樹上生で、夜間活動して木の枝にいるカエルやトカゲをさがします。枝から枝に移るときには、全長の半分くらいまで頭部をのばすことができます。

ヘビのなかま（有鱗目ヘビ亜目）

ナミヘビのなかま❼

◆絶滅危惧種 ♠体の大きさ
♣分布 ♥食べ物 ★特徴など

きばが大きい
太い胴体

ワグラーヘビ
ナミヘビ科 ♠全長80～100cm ♣南アメリカ ♥カエルなど
★はんもんには変異が大きく、毒ヘビのアメリカハブ類への擬態と考えられます。森林の林床で生活し、ヒキガエルに大きな奥歯をつきたてて食べます。

頭部は白色で目のまわりは黒色
黒色の帯の間に、白色またはクリーム色の帯が入り、その間に赤色の帯がある

ニセサンゴヘビ
ナミヘビ科 ♠全長60～80cm ♣南米のアマゾン川流域、トバゴ ♥ヘビ、トカゲなど ★サンゴヘビに擬態している種のひとつです。はんもんには変異が大きいです。森林の林床で生活し、昼行性です。

体色は生息地によって変異が大きい

サンゴヘビモドキ
ナミヘビ科 ♠全長50～60cm
♣中央アメリカ
♥カエルなど
★はんもんは大きく変わり、その地域にすむ毒ヘビのサンゴヘビによく似ていて、複雑な擬態を行っています。尾は非常に長くて、切れやすくなっています。

ガラパゴスニセヤブヘビ
ナミヘビ科 ♠全長70～120cm ♣ガラパゴス諸島 ♥トカゲなど ★ガラパゴスの固有種ですが、乾燥した海岸ではふつうに見られます。ヨウガントカゲを食べます。弱い毒があります。

毒ヘビのふりをする無毒ヘビ

アメリカ大陸に生息するサンゴヘビのなかまは、あざやかな体色をしています。この体色は、天敵である鳥に毒をもっていることを知らせている警戒色です。鳥は、この色合いのヘビをおそうことは少なくなります。この警戒色を利用しているのが、サンゴヘビと同じ地域に生息するニセサンゴヘビやサンゴヘビモドキです。無毒のヘビですが、毒ヘビの姿に似せて身を守っています。これを擬態（ベイツ型擬態）といいます。

サンゴヘビモドキと同じ地域に生息するチュウベイサンゴヘビ

モンペリエヘビ
ナミヘビ科 ♠全長150～180cm ♣北アフリカ、南ヨーロッパ、西アジア ♥さまざまな脊椎動物 ★乾燥した開けたやぶや林に多くいます。昼行性で動き回ってえものをさがし、さまざまな脊椎動物を食べます。

豆ちしき　ワグラーヘビは、いかくをするとき、体を平らにして、大きく見せます。

イエヘビのなかま①

◈絶滅危惧種 ♠体の大きさ
♣分布 ♥食べ物 ★特徴など

イエヘビのなかまは、ほとんどの種がアフリカ大陸とマダガスカルに分布し、わずかな種がアジアやヨーロッパ、アメリカに分布します。

ヨコスジスベウロコヘビ
イエヘビ科 ♠全長60～80cm ♣マダガスカル
♥カエルなど ★マダガスカル東部や中部でもっともよく見られるヘビです。地上生で比較的開けた環境に生息します。昼行性です。

体側両側にかっ色のすじがある
体色はこげ茶色

ベルニアキバシリヘビ
イエヘビ科 ♠全長90～120cm ♣マダガスカル
♥トカゲなど ★湿潤な森から乾燥林まで広く生息します。地上生で昼に活動し、動きは非常にすばやいです。複数の個体がいっしょにいることがよくあります。

背面を見ると赤いすじが3本に見える
背面に黒色の太いすじが2本
体側両側に黒色の細いすじが2本

ミツスジマラガシークチキヘビ
イエヘビ科 ♠全長80～100cm ♣マダガスカル東部 ♥ネズミなど
★熱帯雨林に分布します。日中はくち木の下などにかくれ、夜間に活動します。小型のネズミを食べますが、くわしい生態は分かっていません。

モンペリエヘビ　ニセサンゴヘビ　ベルニアキバシリヘビ

ナンアナメクジクイ
イエヘビ科 ♠全長35～43cm ♣アフリカ南部 ♥カタツムリ、ナメクジ
★おもに草原に生息しますが、低地の森や湿ったサバンナにも見られます。地上生でカタツムリとナメクジだけを食べます。胎生です。

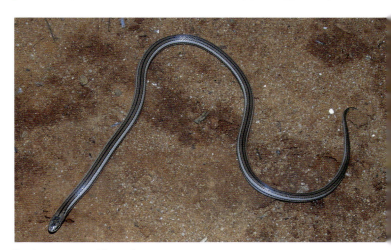

ベランコハダヘビ
イエヘビ科 ♠全長70～85cm ♣マダガスカル南部、北西部
♥トカゲなど ★落葉乾燥林や有刺林に生息します。地表生で、雨季の日中に見られます。地中生のトカゲを食べます。

豆ちしき　ナンアナメクジクイは、おどろかすと、胴体をらせん状にまいて、頭をその中にかくします。

147

イエヘビのなかま❷

◇ 絶滅危惧種　♠ 体の大きさ
♣ 分布　♥ 食べ物　★ 特徴など

テングキノボリヘビ（マダガスカルテングキノボリヘビ）

イエヘビ科 ♠全長75〜100cm ♣マダガスカル ♥トカゲなど ★森林を中心に分布します。おすとめすで体色や鼻先の突起の形がちがいます。日中に低い枝や幹で待ちぶせして、ヒルヤモリや地表生のトカゲをとらえます。

おす　　　　　　　　　　　　　　　めす

体色は背面が茶色、腹面は黄色

不規則なもようがあり、木に擬態する

おすの鼻先の突起はとがっています。

めすの鼻先の突起は、水平ではば広くなり、木の葉のようになります。

ゴノメアリノハハヘビ

イエヘビ科 ♠全長80〜120cm ♣マダガスカル ♥哺乳類、トカゲ、カエルなど ★熱帯雨林から、落葉乾燥林や有刺林まで広く生息します。夜行性で、雨季にカエルの繁殖場で待ちぶせしているのをよく見かけます。後牙をもち、弱い毒があります。

ひとみは縦長

トゥリアラシベットヘビ

イエヘビ科 ♠全長120〜150cm ♣マダガスカル南部、西部 ♥トカゲなど ★樹上生で、目が大きく、非常に細長い体をしています。夜行性で、ヤモリや枝の上で休んでいるカメレオンをおそって食べます。

大きな頭部と目

マダガスカルオオシシバナヘビ（オオブタバナスベヘビ）

イエヘビ科 ♠全長100〜170cm ♣マダガスカル、コモロ諸島 ♥小型哺乳類、カエル、トカゲなど ★原生林などでふつうに見られます。地上生で昼間活動し、土の中にうまっているブキオトカゲの卵をほり起こして食べます。弱い毒をもちます。

背面から尾までチェックもようがある

テングキノボリヘビ
ショカリアレチヘビ
マダガスカルオオシシバナヘビ

DVDも見よう

ムジオオシシバナヘビ（ムジブタバナスベヘビ、マダガスカルシシバナヘビ）

イエヘビ科 ♠全長90〜130cm ♣マダガスカル（東部をのぞく）♥カエル、トカゲの卵、ムカデなど ★乾燥地によく見られますが、湿潤な環境にも生息します。おす同士はコンバットダンスをしてけんかをします。後牙をもち、弱い毒があります。

豆ちしき　マダガスカルオオシシバナヘビは、敵に対しては首を平たく広げ、噴気音を出して、いかくします。

チャイロイエヘビ（アフリカイエヘビ）
イエヘビ科 ♠全長100〜150cm ♣アフリカの中部から南部、西部 ♥ネズミ、トカゲなど ★サバンナを中心に生息し、ネズミなどを食べに家の中に入ってきますが、夜行性で人目にふれることは少ないです。子ヘビはおもにトカゲを食べます。

大きな目はやや飛び出ている

ビブロンモールバイパー
イエヘビ科 ♠全長50〜70cm ♣アフリカ中部、南部 ♥ヘビ、トカゲなど ★地中生のヘビで、大雨の後や夜間、地表に出てきます。えものはおもに地中生のヘビやトカゲで、穴の中で口を開けることなく側方に長い毒牙を突き出し、こうげきします。

ブチピエロヘビ
イエヘビ科 ♠全長40〜65cm ♣南アフリカ共和国、スワジランド ♥ヘビ、トカゲなど ★低地の森や湿潤なサバンナ、草原に生息します。シロアリの巣の中でくらしています。毒がありますが、人にかみつくことはまれです。

黄色と黒色のしまもようで、背面中央にオレンジ色のすじが入る

大きな目はやや飛び出ている

体にモザイク状のもようがある

オスアカウシサシヘビ
イエヘビ科 ♠全長120〜170cm ♣マダガスカル北部、北西部 ♥哺乳類、トカゲ、鳥など ★樹上生で、尾は全長の3分の1くらいあります。胴体の前半と後半で色がことなります。昼行性でカメレオンやヤモリ、鳥のひな、小型哺乳類を食べます。後牙をもち、弱い毒があります。

鼻先から目を通るこげ茶色のすじがある

首から尾まで、点線でつながったたてじまがある

ショカリアレチヘビ
イエヘビ科 ♠全長80〜110cm ♣北アフリカからインド西部まで ♥トカゲなど ★乾燥地に分布し、動きは非常に速く、昼行性でトカゲにかみつくと毒が効くまで放しません。

イナズマヘビ
イエヘビ科 ♠全長80〜100cm ♣マダガスカル ♥哺乳類、カエル、ヘビ、トカゲなど ★熱帯雨林から、落葉乾燥林や有刺林まで広く生息します。地表生で、1年を通して見られます。昼行性です。

豆ちしき オスアカウシサシヘビに見つめられると、催眠術をかけられてしまうという言い伝えが、現地のマダガスカルにあります。

ヘビのなかま（有鱗目ヘビ亜目）

コブラのなかま❶

◆絶滅危惧種　♠体の大きさ
♣分布　♥食べ物　★特徴など

コブラのなかまは、世界の熱帯域を中心に生息する、代表的な毒ヘビのなかまです。また一部は太平洋、インド洋などの海にも進出しています。

キングコブラ ◆
コブラ科 ♠全長300〜550cm ♣インドから中国南部、東南アジア ♥ヘビなど ★毒ヘビでは最大です。森林とその付近に生息し、昼夜活動します。産卵するときには巣をつくります。

タイコブラ
コブラ科 ♠全長100〜200cm ♣インド東部から中国南部、東南アジア ♥小型哺乳類、カエル、ヘビなど ★首を広げたとき、その背中側に「O」マークがあるのが特徴です。習性などはインドコブラに似ています。

いかくのときに首を広げる
首の背中側に「O」マークがある

タイドクフキコブラ ◆
コブラ科 ♠全長100〜150cm ♣東南アジア ♥小型哺乳類など ★全身がうす茶色のタイプと、白黒まだらの2つのタイプがあります。首の背面のマークはV字やU字などさまざまで、まったくない個体もいます。敵に対しては毒をふきつけます。

いかくのときに首を広げる
体に白いはん点やしまもようがある

インドコブラ
コブラ科 ♠全長100〜200cm ♣南アジア ♥小型哺乳類など ★首を広げたとき、背中側にめがねもようがあります。森林から人家の周辺まではば広い環境にすみ、昼も夜も活動します。

いかくのときにフードを広げる

背のめがねもよう

エジプトコブラ
コブラ科 ♠全長150〜200cm ♣アフリカとアラビア半島南部 ♥ヒキガエルなど ★サバンナを中心に生息します。地上生で、ネズミの穴などに定住することが多いです。夜行性です。

いかくのときにフードを広げる
背面はかっ色、腹面は白っぽい

豆ちしき　キングコブラは体が大きい分、毒をためる毒腺が大きいので、一度に注入される毒の量も多く、死亡率が高い危険な毒ヘビです。

見てみよう ブラックマンバ

ブラックマンバ
コブラ科 ♠全長200〜300cm ♣アフリカ ♥哺乳類、鳥類など ★体が細長く、動きはヘビのなかでももっとも速く、時速11kmに達します。地上生で、毒が強くこうげき的なので、非常に危険です。

→体色は灰色やかっ色
→口の中が黒色

ヒガシグリーンマンバ（ヒガシアフリカグリーンマンバ、トウブグリーンマンバ）
コブラ科 ♠全長150〜200cm ♣南アフリカ東部 ♥哺乳類、鳥類、爬虫類など ★樹上生で、おもに鳥やその卵やひなを食べます。コウモリやカメレオンをおそうこともあります。昼行性で動きはすばやく、毒は非常に強いため、かまれると危険です。卵生です。

→体色は緑色
→細い胴体

→頭部が平らで黒色
→黒色の体色に白色の帯がある

インドアマガサヘビ
コブラ科 ♠全長100〜170cm ♣南アジア ♥ヘビなど ★夜行性で、日中はシロアリの巣やネズミのトンネルの中で休んでいます。水場近くの農場や庭園にも見られ、地面で寝ている人がかまれることもあります。おす同士はコンバットダンスをしてけんかをします。

→頭部が平らで黒色
→体には白色の帯がない個体もいる

アマガサヘビ（タイワンアマガサヘビ）
コブラ科 ♠全長100〜120cm ♣台湾、中国から東南アジア ♥さまざまな脊椎動物 ★さまざまな環境に生息し、人家にも入ってきて人をかむこともあり、危険です。水にもよく入ります。夜行性で、食性は広くさまざまな脊椎動物を食べます。

→頭部が平らで中央がくぼむ
→黄色の体色に黒、またはかっ色の帯がある

キイロアマガサヘビ（マルオアマガサヘビ）
コブラ科 ♠全長150〜230cm ♣中国南部から東南・南アジア ♥ヘビなど ★色彩には変異があり、ジャワでは白い帯があります。比較的水の近くに生息し、夜行性です。

リンカルス（ドクハキコブラ）
コブラ科 ♠全長90〜110cm ♣アフリカ南部 ♥両生類、爬虫類など ★草原や湿ったサバンナ、低地の森に生息します。毒を2〜3m遠くまでふきつけることができます。トカゲやネズミのほかに、ヒキガエルも食べます。仰向けになって、死んだふりをします。

キングコブラ　アマガサヘビ　ブラックマンバ

豆ちしき アマガサヘビの体は背中中央がもり上がり、地面で安定しているときは三角形に見えます。

コブラのなかま❷

🔶絶滅危惧種 ♠体の大きさ
♣分布 ♥食べ物 ★特徴など

たてじまが1〜5本ある

ヒャンの頭部。口が小さく人間をかむことはまれです。

背面はオレンジ色

白色にふちどられた黒色の帯がある

尾の先がとがる

ヒャン
コブラ科 ♠全長30〜60cm ♣日本（徳之島以外の奄美諸島）
♥メクラヘビ、小型のトカゲなど ★体にたてじまが1〜5本あります。森林やその周辺で、おもに夜活動します。つかまえてもかもうとはせず、尾の先のとがったところを相手におしつけます。

クメジマハイ
コブラ科 ♠全長30〜60cm ♣日本（沖縄県・伊江島、久米島、座間味島、渡名喜島など）♥不明 ★山地に生息しますが、くわしい生態はわかっていません。ハイに似ていますが、白い横帯はありません。毒をもっていますが、さわらなければかみつくことはありません。

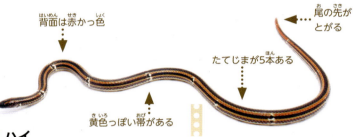

背面は赤かっ色

尾の先がとがる

たてじまが5本ある

黄色っぽい帯がある

ハイ
コブラ科 ♠全長30〜60cm
♣日本（徳之島、沖縄諸島）
♥小型のトカゲ、ヘビなど
★ヒャンの亜種で、習性もヒャンとよく似ています。地元の人にはこわがられていますが、さわらなければ無害です。コンバットダンスが目撃されています。

つかまれると、とがった尾の先を突き立ててこうげきします。

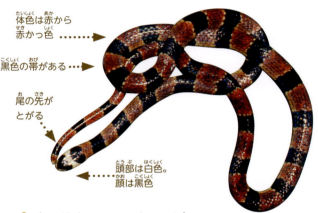

体色は赤から赤かっ色

黒色の帯がある

尾の先がとがる

頭部は白色。顔は黒色

イワサキワモンベニヘビ
コブラ科 ♠全長30〜80cm ♣日本（石垣島、西表島）♥小型のヘビなど ★ヒャンやハイにくらべ体型はずっと細長く、たてじまはありません。毒性は弱く、習性はヒャン、ハイに似ています。つかむと、先のとがった尾でさすような動作をします。

ヘビのコンバットダンス

繁殖期のおすのヘビは、めすをめぐって戦います。2匹は体をからませながら、相手を押さえつけようとします。この様子はコンバットダンスと呼ばれ、日本でもハイやシマヘビ、ハブなどで見られる行動です。

コンバットダンスをするハイ。

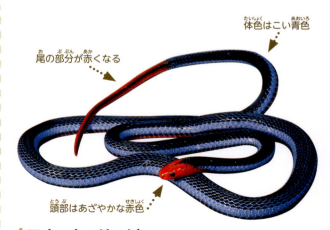

体色はこい青色

尾の部分が赤くなる

頭部はあざやかな赤色

アオマタハリヘビ
コブラ科 ♠全長150〜180cm ♣東南アジア ♥ヘビなど
★熱帯雨林に生息します。身を守るときは、とぐろをまいた胴体の下に頭をかくし、尾のはでな色を見せます。1〜3個の卵を産みます。

🫘ちしき イワサキワモンベニヘビは、環境省のレッドリストで絶滅危惧Ⅱ類（VU）に指定されています。

鼻先と目の周囲は黒色

黒色と赤色の帯の間に黄色の細い帯がある

フロリダサンゴヘビ
コブラ科 ♠全長45〜70cm ♣アメリカ合衆国東部 ♥両生類、小型爬虫類など ★生息環境ははば広く、分布の南の方では、標高の高いところに生息します。夜になると活動します。

バンディバンディ
コブラ科 ♠全長60〜80cm ♣オーストラリア東部 ♥メクラヘビなど ★沿岸の湿った森から、サバンナの林まで さまざまな環境に生息します。夜行性で、おどかすと、胴の一部をループ状にもち上げて、とびはねるような動きをします。

鼻先と目の周囲は黒色

赤色と黒色の帯の間に黄色や白っぽい細い帯がある

アリゾナサンゴヘビ（セイブサンゴヘビ）
コブラ科 ♠全長30〜60cm ♣アメリカ合衆国南部からメキシコ北部 ♥メクラヘビ、小型爬虫類など ★サンゴヘビ類ではもっとも小さいもののひとつです。乾燥した砂ばくから半乾燥の木のまばらな林に生息して、メクラヘビや、地上生の小型爬虫類を食べます。

鼻先と目の周囲は黒色

黄色や白っぽい細い帯で囲まれた黒色の帯

チュウベイサンゴヘビ
コブラ科 ♠全長65〜115cm ♣メキシコから中央アメリカ ♥両生類、小型爬虫類など ★低地の雨林から乾燥林まで広く生息します。帯の色やパターンはさまざまです。毒があり、無毒ヘビの擬態のモデルになっています。

体色は茶色からオレンジ色、灰色などさまざま

黄色と暗灰色のしまもよう

いかくやこうげきのとき、首をS字にもち上げる

タイガースネーク
コブラ科 ♠全長90〜120cm ♣オーストラリア南東部 ♥カエルなど ★森林から開けた乾燥地までさまざまな環境に生息します。暑い季節以外は昼行性です。動きはゆっくりで、ふだんはおとなしいのですが、刺激すると危険です。

ブラウンスネーク
コブラ科 ♠全長150〜200cm ♣オーストラリア東部、ニューギニア東部 ♥ネズミ、トカゲなど ★さまざまな環境に生息し、農地でもふつうに見られます。昼行性で、動きは非常に速く、毒も非常に強いので危険です。

タイパン
コブラ科 ♠全長100〜200cm ♣オーストラリア北部、ニューギニア南部 ♥小型哺乳類など ★雨が多く暖かい地域に分布します。昼行性で動きは速く、警戒心も強いので危険です。

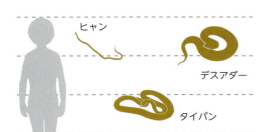

ヒャン
デスアダー
タイパン

デスアダー
コブラ科 ♠全長50〜100cm ♣オーストラリア東部と南部 ♥小型哺乳類、鳥など ★コブラ科では例外的にクサリヘビに似た体型と生態をもちます。林などに生息し、夜行性で、尾の先を虫のように動かし、食虫性の動物をおびきよせて食べます。

三角形の頭部で、ひとみはたて長

太い胴体

豆ちしき タイパンはキングコブラ、ブラックマンバについで体が長くなる毒ヘビといわれています。

ひれ状の尾

口先がややとがる

背面は灰色、腹側は白っぽい

イボウミヘビ
コブラ科 ♠全長100〜140cm ♣ペルシア湾からオーストラリア ♥魚など ★マングローブや河口に多く、おもにナマズやフグの類を食べます。毒は非常に強いので、人がかまれて死ぬこともときどきあります。

黒色の頭部は小さい

うすい黄色みをおびた体色に黒色の帯

ひれ状の尾。先端は黒色

クロガシラウミヘビ
コブラ科 ♠全長80〜140cm ♣南西諸島からフィリピンにかけての沿岸 ♥魚 ★頭部は非常に小さく胴が太いです。また頭部と尾の先が黒くなっています。沿岸の海底の砂に頭をつっこんで、アナゴなどの魚を引きずり出して食べます。

クロボシウミヘビ
コブラ科 ♠全長80〜90cm ♣日本（南西諸島）、台湾、東アジア海岸からオーストラリア近海、ペルシャ湾 ♥魚 ★サンゴ礁や沿岸に生息し昼も夜も活動します。性質があらく、ウミヘビのなかでは危険な種です。1〜4ひきの子どもを産みます。

おすの腹面のうろこにとげ状の突起がある

ひれ状の尾。先端は黒色

大きな頭部。頭頂部は黒色

クリーム色の体色に黒色の帯がある

セグロウミヘビの細長い口先

ひれ状の尾

細長い口先

背面は黒色

腹面は黄色

セグロウミヘビ
コブラ科 ♠全長60〜120cm ♣太平洋とインド洋 ♥魚 ★ほかのウミヘビ類とちがい、外洋性で漂流生活を送り、近づいてくる小魚を食べます。日本では、北西の季節風で日本海の岸に打ち上げられることがあります。

頭部が大きい

おすの腹面のうろこにとげ状の突起がある

ひれ状の尾

トゲウミヘビ
コブラ科 ♠全長60〜120cm ♣中国南部からオーストラリア、ペルシア湾 ♥魚など ★海流に乗って日本に流れてきた例があります。おすでは繁殖期に腹面のうろこにするどいとげが発達します。腹板はなくなっています。

マダラウミヘビ　セグロウミヘビ

豆ちしき ウミヘビの毒は、神経毒で、まひやしびれを引き起こします。

爬虫類・両生類の研究者の活動

爬虫類や両生類は、何を食べて、どこまで移動し、どうやって繁殖するのか、はっきりとわかっていることの少ない、まだ謎の多い生き物といえます。その謎を解明するために、研究者の先生を中心に、世界各地で実際に爬虫類や両生類を捕獲して追跡するなどの調査を行っています。この結果から、初めて、私たちがいろいろな爬虫類・両生類のことを知ることができるのです。

ヘビの行動を研究

いろいろな種のヘビが、どれだけの範囲のなかを移動しているのかを調査するには、電波発信器を活用します。捕獲したヘビに電波発信器をうめこみ、放した後に、アンテナで電波を受信して移動した場所を記録していきます。この調査では、行動範囲や巣穴の場所などがわかります。

電波発信器の電池が切れた頃に、もう一度捕獲して、電波発信器をとりのぞき、傷を治療します。捕獲したときには全長の計測など、ヘビの体についても細かく記録します。また、捕獲したヘビは、個体ごとにちがう場所の腹板に小さな傷をつけます（マーキング。162ページ）。このマーキングの位置で、どのヘビかがわかり、次に捕獲したときの個体識別になります。

電波発信器をとりつけたヘビをアンテナで追跡調査します。

ヘビは地中にももぐるので、地面にもアンテナを向けます。

地面にかくれているヘビをほり出します。

捕獲したときには全長測定も行い記録します。

ヘビの食べ物調査

ある期間のなかで、ヘビがどんなものをどれだけ食べているかの調査も重要です。それぞれの地域ごとに、どのヘビがどんな生き物を食べているかを調べることで、ヘビが生態系のなかでどんな役割を果たしているかがわかります。

捕獲や体の状態を調査するのは、トカゲでも同じように行われます。

ヘビの胃の内容物を調べるために吐きもどさせます。

吐きもどした生き物の種類や大きさを調べます。消化のようすで食べた順番もわかります。

トカゲやヤモリでも、捕獲したら体長などを計測します。

調べたことをノートに細かく記録します。この記録はあとでまとめます。

調査・研究には経験と知識が必要

爬虫類や両生類の多くは、温暖な地域に生息する生き物です。調査のためにはそのような地域に行く必要がありますが、屋外のフィールド調査となるので、突然雨がふってきたり、猛毒をもつ生き物がいたりと、過酷な環境で危険が伴う調査が多くなります。

調査には経験を積んだ専門家である先生のほかに、現地のガイドも必要です。研究のための予測をして、それが事実だったときは、大変うれしいものですが、危険な生き物を相手に、確実な研究結果を出すためには安全が第一です。爬虫類や両生類などの生き物の調査・研究には、豊富な経験と知識が必要です。

生態や行動の調査は、捕獲することから始まります。

小さなトカゲは傷つけないように、素手ですばやくつかまえます。

つり輪を使って捕獲することもあります。

海外では現地の大学生（研究者）も調査に参加します。

両生類の調査では、水に入ることもよくあります。

ジャングルでの調査では突然の大雨もよくあります。

調査に必要なもの

野外のフィールド調査では、さまざまなものが必要になります。捕獲用の道具一式に、記録用のカメラやビデオカメラ、懐中電灯やルーペ、ピンセット、メジャーなどの計測器具、そして記録を書きこむ野帳と呼ぶフィールドノートと筆記用具です。ほかにも、その調査の目的や場所によって、テントなども必要になります。

ドウナガアンフィグロスストカゲ
♠トカゲ科 ♠全長20〜30cm ♣マダガスカル北東部 ♥不明
★乾燥した林などの林床の、落ち葉の下に生息します。夕方から夜にかけて活動します。尾は胴体より長いです。

体は長く、前・後ろあしがとても小さなトカゲです。

シロフタアシトカゲのめす。おすだけに小さなひれ状のあしが残ります。

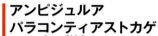

トカゲのなかま（トカゲ科）で、前・後ろあしがない種です。

ヤマギシニンギョトカゲ。後ろあしがなくなり、小さな前あしだけが残っています。

アンピジュルア パラコンティアストカゲ
♠トカゲ科 ♠全長10〜12cm ♣マダガスカル北東部 ♥不明 ★2016年に新種として発表されました。熱帯乾燥林の林床に生息し、おもに雨季に活動します。くわしい生態はわかっていません。

ハートヘビガタトカゲ。あしがなくなって、地中生活に適応した種です。

ライブ LIVE 情報

前あし、後ろあしをなくす進化

トカゲのなかまには、ヘビのように前あし、後ろあしがない種もいます。地中生活をするようになった種にとっては、長い前あし、後ろあしは必要がなく、その環境に合わせて進化したとも考えられます。現在、存在している種で、前あし、後ろあしをなくした進化のようすをたどってみましょう。

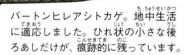

バートンヒレアシトカゲ。地中生活に適応しました。ひれ状の小さな後ろあしだけが、痕跡的に残っています。

両生類　両生類も爬虫類と同じ理由から、あしをなくす進化をとげた種がいます。アシナシイモリのなかまでは完全に前あし、後ろあしともなくなり、地中生活や水生生活に適応しています。サイレンのなかまでは、水中生活に適応していますが、前あしだけは今も残ったままです。環境に適応するために、不要になったあしをなくす進化をした両生類ともいえます。

コータオアシナシイモリ。あしだけでなく、目も皮ふの下にうもれ、地中生活に適応しています。

有尾目サイレン科のグレーターサイレンには、後ろあしはなく、小さな前あしだけがあり、移動のときに補助的に使います。

両生類
りょうせいるい

アシナシイモリのなかま

アシナシイモリのなかま（無足目）

あしがないので無足目ともいわれます。すべての種が体内受精を行います。約200種が知られています。体型は細長くミミズ状で、尾のないものと短いおを持つものとがいます。目は皮ふの下にうもれていて、一対の触手があります。ほとんどの種は地中生で、一部、水生種がいます。

ブーランジェアシナシイモリ
アフリカアシナシイモリ科 ♠全長20〜35cm ♣タンザニア
♥両生類、魚、貝類、甲殻類など ★生息地ではふつうに見られ、バナナなど人が植えた植物の根際の土中で見つかりますが、とてもかたい土にももぐれます。卵は湿った土中に産卵されて母親が保護します。卵からは幼生ではなくピンクの幼体が生まれて、母親の皮ふを食べて成長します。

目の下から体全体にのびる黄色い線

コータオアシナシイモリ
ヌメアシナシイモリ科 ♠全長20〜28cm
♣タイ ♥両生類、魚、貝類、甲殻類など
★タイのコータオ島で最初に見つかったため、この名があります。水辺近くの砂地などで地中生活をします。ヌメアシナシイモリのなかまは地中に小部屋をつくって産卵し、めすは卵に体をまきつけふ化するまで保護します。ふ化した幼生は外鰓をもち、変態するまで水中ですごします。短い尾と皮下に小さなうろこがあります。

コータオアシナシイモリの顔。小さな目と一対の触手があります。

フラーアシナシイモリ
チキラアシナシイモリ科 ♠全長22cm ♣インド東北部 ♥節足動物など
★以前はニシアフリカアシナシイモリ科とされていましたが、2012年に新しい科として分けられた種です。インドがかつてアフリカをふくむゴンドワナ大陸の一部であったことの証拠とされています。

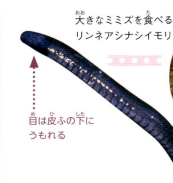

大きなミミズを食べるリンネアシナシイモリ

目は皮ふの下にうもれる

リンネアシナシイモリ
アシナシイモリ科
♠全長40〜63cm
♣中央・南アメリカ ♥節足動物など
★大きく成長する種で、アマゾン川の流域に分布しています。原生林の林床に生息し、倒木の下などで見つかります。

キルクアシナシイモリ
アフリカアシナシイモリ科 ♠全長21.5〜46.3cm
♣マラウイ、タンザニア ♥節足動物など ★地中にもぐるのがとくいで、アフリカアシナシイモリ科で最大になる種です。地中の節足動物を捕食しますが、消化管の中からは土も出てきます。卵ではなく幼体を産みます。

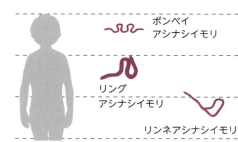

ボンベイアシナシイモリ
リングアシナシイモリ
リンネアシナシイモリ

◆絶滅危惧種 ♠体の大きさ ♣分布 ♥食べ物 ★特徴など

メキシコアシナシイモリ

ハダカアシナシイモリ科 ♠全長35〜60cm
♣メキシコからパナマ西部にかけて ♥ミミズなど
★川の岸辺や倒木の下の湿った土壌中にすんでいます。胎性で、4〜12頭の幼体を産みます。幼生は輪卵管の内壁から分泌する栄養分を食べて育ち、変態して幼体となってから産まれます。

サントメアシナシイモリ

ハダカアシナシイモリ科 ♠全長35cm ♣ギニア湾のサントメ島とその周辺 ♥ミミズなど ★標高0〜700mの場所にある畑の周辺や、カカオの根本の敷藁の下などの地中10〜20cmのところで見つかります。体色はふつう黄色ですが、暗色のはんもんがあるものもいます。少なくとも5頭以上の幼体を産みます。

・・・・・・明るい黄色の体色
・・・・・・眼は皮ふの下に埋もれる

リングアシナシイモリ

リングアシナシイモリ科 ♠全長60cm ♣南アメリカ ♥不明 ★白いリング状のもようがあります。最大で深さ20cmほどの土中で生活し、ミミズなどの土壌生物を食べていると思われます。めすは5〜16個の卵を産んで保護します。卵からは幼体がふ化して、めすの皮ふや総排出口から排泄される粘液を食べて育ちます。

白いリングもようがある

ボンベイアシナシイモリ

インドアシナシイモリ科 ♠全長60cm ♣インド ♥不明 ★インドの西ガーツ山脈のせまい範囲に生息していますが、垂直分布は300〜1300mと広範囲です。湿った腐植土の中や落ち葉の下で生活し、ミミズなどの土壌生物を食べていると思われます。産んだ卵からは幼生にならず直接幼体がふ化します。

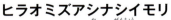

ヒラオミズアシナシイモリ

ミズアシナシイモリ科 ♠全長60cm ♣南アメリカ北東部 ♥水中の小動物など ★温かくゆるやかな流れにすみ、あさい水底の岩の下などで見つかります。複数で群れていることもあります。尾がなく体の末端に総排出口の開口部があります。おすは交接器をもち、めすと交尾し体内受精をします。めすの体内で卵はふ化して幼生を産みます。

豆ちしき アシナシイモリのなかまには、10科あります。全長10cm程度のものから1mをこえるものまでいます。

爬虫類・両生類の脱皮

爬虫類や両生類の脱皮は、古くなった体表面の皮ふを新しくするために行います。人間でいうと、体を洗ってアカを落とすことに似ています。ただし、ワニやカメでは、短期間で少しずつ脱皮を行っていますが、トカゲやヘビ、カエルやサンショウウオはある程度の期間をおいてまとめて脱皮します。また、幼体はよく成長するので、短期間で脱皮します。

爬虫類の脱皮

トカゲの脱皮は、多くの種では、うすい皮がずるっとむけていきます。うろこ表面がはがれていき、木や岩などに体をこすりつけながら、全身の脱皮がらをはがしていきます。長い尾をもつトカゲでは、尾の部分に袋状に脱皮がらが残ることもありますが、いつしかはがれていきます。

ヘビの脱皮がらは、1枚につながっています。脱皮の直前では目がくもって見えます。これは古い脱皮がらが体からういてきている証拠です。脱皮は口から始まり、口を大きく開けたり、体をよじらせたりしながら、服を裏返してぬぐように脱皮します。ヘビの脱皮がらをよく見ると、眼球の表面も脱皮したことがわかります。

ヘビのうろこに個体識別のマーキングをしておけば、マークのついた脱皮がらを見つけることで、ヘビがどのくらい移動したかがわかります。

カメの脱皮は、頭や手足、尾の部分と、甲羅の部分でちがいがあります。頭や手足、尾の部分は、成長するにつれて部分的に古いひふがはがれていきます。甲羅では、陸生のカメは甲板がはがれにくく、成長につれて古い甲板の下に新しく大きな甲板ができます。水生のカメの甲羅も同じように新しい甲板が出来ていきますが、種類によっては古い甲板がのこるなかまと、はがれやすいなかまの両方が見られます。

ニホンカナヘビの脱皮。うすい皮がはがれていく

ホオグロヤモリの脱皮

ヘビの脱皮殻。目の表面まで脱皮していることがわかる

脱皮直前のアオダイショウ。目のうろこが白くなり、脱皮がらがうき始めている

カメの甲羅の脱皮がら

個体識別するために、うろこの一部を切ってマーキングして放し、同じ地域で見つけた脱皮がらのマーキングで行動範囲を確認できる

両生類の脱皮

カエルやサンショウウオ、イモリのなかまの脱皮は、ほとんど同じで、皮ふの表面の古い部分がはがれます。脱皮のときは、体のあちこちに、この古い皮ふがレースのようにまとわりつきます。無理矢理自分で脱皮するのではなく、ある程度自然にはがれるまで、そのままにしています。カエルではこの皮ふを食べてしまうこともあるので、ヘビの脱皮がらのように、野外で見つけることは難しいでしょう。

アシナシイモリの場合は、ヘビの脱皮に似ているところがあります。顔の周辺の古い皮ふを、口を大きく開けてやぶき、服をぬぐように、頭から胴体、尾のほうへぬいでいきます。

脱皮中のオオサンショウウオ

見てみよう　カエルの脱皮

脱皮がらをぬごうとして体をのばすニホンアマガエル

ヒキガエルの脱皮。背中から古い皮ふがわれてずるっと皮がはがれる

脱皮を始めたヒラオミズアシナシイモリ

頭から順に裏返しに脱皮していく

163

カエルのなかま

カエルのなかま（無尾目）

尾がないので無尾目ともいわれます。世界中に、約6600種が生息しています。その多くは発達した後ろあしで、ジャンプすることができます。完全に水中で生活する水生と、水中と陸上の両方で活動する半水生、繁殖期以外、陸上で生活する陸生に分かれます。体のつくりも、生息場所によってさまざまです。

アカメアマガエル（175ページ）

カエルの体

生活する場所によって、体のつくりも少しずつちがいますが、基本的には同じです。ただし、あしにははっきりとしたちがいがあります。

目
まぶたはなく、うすいまくがあります。食物をのみこむとき、目がくぼみます。

耳
外からこまくが直接見えます。見えない種もあります。

尾
尾はありません。

鼻
においはあまり感じません。呼吸のために使います。

皮ふ
うろこはなく、いつも湿っています。アマガエル、アオガエルなどはなめらかな皮ふですが、表面にいぼがある種もいます。

ニホンアマガエル

前あし

指は4本です。樹上生のカエルの指先には吸ばんがあります。樹上生ではないカエルでは、指先はとがっています。

ヒキガエルの前あし

後ろあし

指は5本です。樹上生のカエルの指先には吸ばんがあります。陸生、水生のカエルでは、指の間の水かきが発達することもあります。

ウシガエルの後ろあし

カエルの骨格

カエルの体には、ほとんどの種でろっ骨がなく、爬虫類や哺乳類、鳥類のように、骨で内臓をささえることはありません。ほとんどの種は後ろあしが大きく、骨も太く、長くなっています。

ウシガエルの骨格

カエルのオタマジャクシ

カエルは卵からふ化すると、オタマジャクシとして水中で生活します。体が大きくなると後ろあしが生え、次に前あしが生えます。尾には骨はありません。前・後ろあしが生えても2～3日は水中でくらしますが、ときどき陸に上がるようになります。陸に上がるようになると、尾が体に吸収されて短くなり、完全に水から上がるようになります。

トノサマガエルのオタマジャクシ

カエルのなかま（無尾目）

本当の大きさです
ゴライアスガエル

大きなからだと長い後ろあしなど、ゴライアスガエルの特徴を「本当の大きさ」でじっくり観察してみよう！

世界最大のカエル

ゴライアスガエルは、旧約聖書に出てくる巨人ゴリアテから名づけられた、世界最大のカエルです。体長34cm、体重3.3kg、あしをのばしたときの長さは80cmをこえるほどの大きさです。でも幼生（オタマジャクシ）は全長4〜5cm、変態したてのカエルは体長1.5cmと、そんなに大きくはありません。

人のからだと大きさをくらべてみよう。

世界最小のカエルは？

2012年、パプアニューギニアで新種のカエル、アマウコビトヒメアマガエルが発見されました。このカエルは、体長がわずか7.7mmしかなく、世界最小のカエルとされています。

（本当の大きさ）
下のコインはアメリカの10セント硬貨で、直径約18mmです。

アマウコビトヒメアマガエル

ヒメアマガエル科　♠体長7〜8mm　♣ニューギニア西部　♥ダニなど
★小型種の多いコビトヒメアマガエルのなかまのなかでも、特に小さいです。卵からオタマジャクシではなくカエルの状態で生まれ、指は1本をのぞいてほかは短くなっています。

ジャンプ力もすごい！

ゴライアスガエルの後ろあしの長さは、40cm以上もあります。この長い後ろあしで、一度に3mもジャンプすることができます。

後ろあしは水かきが発達しています。指の長さは、15cm以上にもなります。

カエルのなかま（無尾目）

ムカシガエル・スズガエルなどのなかま

ムカシガエルのなかまは、原始的なカエル類で、ニュージーランドと北アメリカ西海岸に6種が分布しています。スズガエルのなかまは、東アジアから東南アジア、ヨーロッパ、小アジア、北アフリカ西部に20種が分布しています。

ホッホシュテッタームカシガエル
ムカシガエル科 ♠体長4.5cm ♣ニュージーランド北島 ♥昆虫、無脊椎動物など ★最も原始的なカエルといわれ、森林地帯の滝や渓流などの水辺に生息します。めすは湿ったコケなどの下に卵を産み、オタマジャクシはえさを食べずに子ガエルになります。

オガエル
ムカシガエル科 ♠体長3～5cm ♣アメリカ合衆国北西部 ♥昆虫、無脊椎動物など ★山地の冷たい渓流にすみ、ほどんど水の中でくらします。おすの肛門が尾のように突き出ていて、それを用いてカエルにはめずらしく体内受精を行います。

サンバガエル
サンバガエル科 ♠体長約5cm ♣ヨーロッパ西部 ♥昆虫、カタツムリなど ★丘陵地などにすみます。おすは産卵のときにめすから受け取った卵を後ろあしに引っ付けて、オタマジャクシがふ化する直前までもち運んで保護します。

オガエルのオタマジャクシ 口が吸ばんになっていて、渓流の中でも、岩にはりつくことができるので、流されることはありません。

カリマンタンバーバーガエル 🛡
スズガエル科 ♠体長6.6～7.7cm ♣インドネシア（カリマンタン島）♥昆虫など ★カエルのなかまで唯一、肺を完全になくしていることが最近確認されました。熱帯雨林の中の水温の低い渓流で水中生活をすることがわかっていますが、ほかの生態的情報はありません。

スズガエル（チョウセンスズガエル）
スズガエル科 ♠体長4～5cm ♣中国北東部から朝鮮半島 ♥昆虫、カタツムリなど ★背の色は、緑色のほかに暗かっ色や茶色のものもいます。腹面は赤色と黒色のまだらもようで、ほかのスズガエルと同じく、あざやかな色を見せて相手をいかくします。

オガエル
メキシコジムグリガエル
ピパ

🛡絶滅危惧種 ♠体の大きさ ♣分布 ♥食べ物 ★特徴など

ピパ・メキシコジムグリガエルなどのなかま

ピパのなかまは、コモリガエル科とも呼ばれます。30種が南アメリカとアフリカに分布している原始的な水生ガエルです。メキシコジムグリガエルのなかまは、1種のみがアメリカ合衆国テキサス州南部から、中央アメリカのコスタリカにかけて分布しています。

背面に赤いすじがある

とがった頭部　　前・後ろあしが短い

メキシコジムグリガエル
メキシコジムグリガエル科 ♠体長5〜9cm
♣中央アメリカ北部 ♥アリ、シロアリなど
★奇妙な体型は、地中生活に適応した結果です。乾燥した森林や耕作地に分布し、後あしの突起を使って穴をほり、繁殖期以外は土中でくらします。

三角形の頭部　　平らな体

前あしが小さく、水かきがない

ピパ（コモリガエル、ヒラタピパ）
ピパ科 ♠体長10〜17cm ♣ボリビアからベネズエラにかけて ♥小魚、水生昆虫など ★池や沼などにすみ、水生動物を食べます。めすは数十個の卵を自分の背にできる穴に入れ、体長15mmほどの子ガエルになるまで保護します。

前あしに水かきはない

アフリカツメガエル
ピパ科 ♠体長5〜14cm
♣アフリカ中部から南部
♥昆虫など ★後あしに3本のつめをもつのでツメガエルと呼ばれます。一生を水の中でくらします。舌がないので、水中の小動物などを前あしでかきこむように食べます。

後ろあしにつめがある

前あしに水かきがある　　平らな体

コンゴツメガエル
ピパ科 ♠体長3.2〜4cm
♣コンゴ、カメルーン、ナイジェリア
♥水生昆虫など ★アフリカツメガエルに似ていますが、より小型で前あしにも水かきをもっています。水の中でくらし、水生昆虫などをすいこむようにして食べます。

卵を守るピパ（コモリガエル）

ピパは、産卵した卵を、背中にできるポケットのような穴に入れて、子ガエルになるまでそこで子育てをします。背中に卵を乗せる方法は、おすめすにだきついたとき（抱接）に、水中で宙返りして、逆さまになったときに産卵し、卵を乗せます。最初はくっついているだけですが、子育て中に、母ガエルの皮ふがもり上がってきて、皮ふにうもれるようになります。

ピパの抱接。このとき、めすの背中はやわらかくなっていて、卵を乗せやすくなっています。

めすの背中に産みつけられた卵は60〜100個。皮ふにうもれて、こぼれ落ちません。

産卵から約4か月後、母ガエルに守られながら、卵から子ガエルのすがたで出てきます。

豆ちしき ピパの指先には、小さな星形の突起があり、魚や昆虫など、動くものを感じるセンサーになっています。

コノハガエルなどのなかま

カエルのなかま（無尾目）

◇絶滅危惧種 ♠体の大きさ ♣分布 ♥食べ物 ★特徴など

コノハガエルのなかまは、南アジアから東南アジア、ヒマラヤ山脈のふもとなど、約180種が分布します。森に生息し、かれ葉のような体色です。スキアシガエルのなかまは、ヨーロッパ、北アフリカ、北アメリカに、118種が分布しています。後ろあしが土をほるために発達しています。

コーチスキアシガエル
トウブスキアシガエル科 ♠体長6〜8cm ♣アメリカ合衆国南西部 ♥昆虫など ★砂ばくなどにすみ、乾燥した期間は何か月も地中にかくれています。大雨でできた水たまりで繁殖し、オタマジャクシは水がなくなる前に猛スピードで成長します。

ひとみはたて長
後ろあしに突起があり、穴掘りに使う

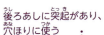

パセリガエル
パセリガエル科 ♠体長約4cm ♣ヨーロッパ西部 ♥昆虫など ★背中に散らばる緑色のもようが、きざんだパセリに似ていることからこの名前がつきました。植物のしげった池などのまわりにすみ、危険を感じると水に飛びこんでにげます。

パセリをまぶしたようなこぶのもよう

ニンニクガエル
スキアシガエル科 ♠体長4〜8cm ♣ヨーロッパから中央アジア ♥昆虫など ★捕まえるとニンニクのようなにおいの粘液を出します。後ろあしのつけねにある突起で土をほり、日中は深さ数十cmの地下にかくれ、夜になると地上に出てきます。

後ろあしに突起があり、穴ほりに使う

カリンフトコノハガエル
コノハガエル科 ♠体長8.9〜13.7cm ♣ミャンマー南部、タイ、中国南部 ♥昆虫など ★前から見ると、とても平たい体型をした大型のカエルです。渓流の石の下などにひそみます。おすは繁殖期には大きな声で鳴きます。

インガーウデナガガエル
コノハガエル科 ♠体長4〜4.7cm ♣マレーシア（サラワク）、インドネシア（ビリトン島） ♥昆虫など ★2012年に新種とされたウデナガガエルの小型種です。知られている生息地は限られていますが、今後新たな生息地が発見される可能性があります。

長い前あし
とがった指先

ミツヅノコノハガエル（アジアツノガエル、コノハガエル）
コノハガエル科 ♠体長4.5〜11cm ♣マレー半島南部など ♥昆虫、節足動物、ミミズなど ★森林にすんでいます。鼻の先端と両まぶたの上に角状の突起をもち、体色も茶かっ色で落ち葉のようです。よほど擬態に自信があるのか近づいてもにげません。

角状の突起
落ち葉に似せた体色
角状突起は、鼻先、両まぶたの上にあります。

ガビシャンヒゲガエル ◇
コノハガエル科 ♠体長6.7〜7.5cm ♣中国（四川省、貴州省、湖南省など） ♥昆虫、節足動物など ★標高600〜1700mの森林に生息します。春の繁殖期には渓流に集まり、おすは水中で鳴きます。繁殖期のおすにはひげ状のとげがあり、これでおす同士が戦います。

繁殖期のおすにはひげ状のとげが生える

豆ちしき　パセリガエルのなかまは、ヨーロッパと南西アジアに、3種が分布しています。後ろあしの水かきは発達していませんが、泳ぎはうまいです。

ユウレイガエルなどのなかま

　ユウレイガエルのなかまは、ウスカワガエル科とも呼ばれ、腹側の皮ふが透けて、臓器が見えることからつけられました。南アフリカに5種が分布しています。カメガエルのなかまは、オーストラリアとニューギニアに121種が分布しています。地中生、陸生、水生とさまざまななかまがいます。水かきはあまり発達していません。

インドハナガエル
インドハナガエル科 ♠体長7cm ♣インド南部 ♥アリ、シロアリなど ★地中性のカエルで、雨季の短い繁殖期のみ地上に出てきます。セーシェルガエルと系統的に近いことがわかっていて、かつてインド亜大陸とアフリカがつながっていたことを反映していると考えられています。

平らな体／小さな頭部／指先に吸ばんがある／とがった口先／丸い体

ケープユウレイガエル
ユウレイガエル科 ♠体長6cm ♣南アフリカ共和国のケープ地方 ♥昆虫、節足動物など ★前・後ろあしの指先に吸ばん、後ろあしに水かきをもっています。流れの速い小川で繁殖します。産卵前に、おすとめすは前あしをのばしてお互いの頭や体をなで合います。

セーシェルガエル
セーシェルガエル科 ♠体長1.5〜2cm ♣セーシェル諸島のマへ島、シルエット島 ♥アリ、シロアリ、ダニなど ★熱帯林の林床にすみ、雨季に林の中で繁殖します。めすは6〜15個の卵を産み、ふ化するとオタマジャクシを背負って変態するまで保護します。

細い前あし

ヘルメットガエル
チリガエル科 ♠体長8.4〜13.2cm、最大23cm ♣チリ中部・南部 ♥カエル、魚、甲殻類など ★大型のカエルで、頭の皮ふが骨のようにかたくなっていることからこの名前がつきました。森の中の川や湖にすんでいます。

頭部の皮ふがかたくなっている／前あしに水かきはない

カメガエル
カメガエル科 ♠体長3.4〜5cm ♣オーストラリア西部 ♥アリ、シロアリなど ★乾燥した森にすみます。頭のほうからアリづかにもぐりこみ、シロアリを食べてくらしています。泳ぐことができないので、水につけるとおぼれてしまうといわれています。

小さな頭部／大きな前あし

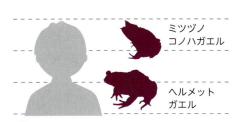

ミツヅノコノハガエル／ヘルメットガエル

カモノハシガエル（イハラミガエル）
カメガエル科 ♠体長3.3〜5.4cm ♣オーストラリア・クイーンズランド州 ♥アリ、シロアリなど ★原生林を流れる渓流に生息します。このカエルのめすは、受精卵をのみこんで胃袋の中で子育てをします。1981年以降発見されておらず、絶滅したと考えられています。

平らな頭部／皮ふはザラザラ

母ガエルの胃袋で、42〜50日間育てられて、子ガエルになると口から出てきます。

豆ちしき　カモノハシガエルは、クローン技術で再生しようと研究が行われていますが、まだ成功にはいたっていません。

カエルのなかま（無尾目）

コガネガエル・コヤスガエルなどのなかま

コガネガエルのなかまは、ブラジル南東部に6種が分布しています。陸上に産んだ卵から、子ガエルが直接ふ化します。コヤスガエルのなかまは、卵から直接子ガエルがふ化します。約200種がいて、北アメリカ南部からカリブ海、南アメリカ北部に分布します。

吸ばんがある

水かきはない

コークィコヤスガエル
コヤスガエル科 ♠体長3.3〜5.8cm ♣プエルトリコ ♥昆虫、クモなど ★樹上生で、昼は木の幹や着生植物の間などにかくれ、夜になると活動します。「コークィ」はおすの鳴き声から由来しています。地上に産卵された卵から直接子ガエルがふ化します。

コガネガエル
コガネガエル科 ♠体長1.2〜2cm ♣ブラジル南東部 ♥昆虫、節足動物など ★とても小さなカエルで、山地の森林にすんでいます。指はかなり退化していて、一見前あしに2本、後ろあしに3本しかないように見えます。

めすの背中には卵を入れる穴がある

フクロアマガエル
ツノアマガエル科 ♠体長4〜6cm ♣ペルー、ボリビア ♥昆虫、節足動物など ★樹上生活をします。めすの背中の後ろの方には袋があります。めすは産卵後、そこへ卵を入れて育て、オタマジャクシになると水たまりに放します。

オオフクロアマガエル
ツノアマガエル科 ♠体長3.3〜5.8cm、最大10cm ♣プエルトリコ ♥昆虫、節足動物など ★山地に生息します。指に大きな吸ばんがあり、木に登ります。フクロアマガエルのなかまは、めすの背中に袋があり、その中に卵を入れて育てます。卵の直径は約8mmもあります。

ニホンアマガエル
ホエアマガエル
フクロアマガエル

子ガエルで直接生まれるカエル

コヤスガエルのなかまには、卵からオタマジャクシではなく、いきなり小さなカエルがふ化してくる種類がいます。このように、幼生からの変態を行わず、すでに変態を完了して親とほとんど同じすがたで生まれることを、両生類では「直接発生」といいます。カエルではほかに、アカガエル科、アマガエル科、サエズリガエル科など、有尾類ではアメリカサンショウウオ科に多く見られ、無足目ではアシナシイモリ科などで知られています。

コヤスガエルの卵の中で生まれるのを待つ子ガエル

豆ちしき　コガネガエルは、小さなカエルですが、皮ふにはフグと同じ強い毒をもっていて、あざやかな体色で捕食者に警告しています。

アマガエルのなかま ❶

🔴絶滅危惧種 ♠体の大きさ
♣分布 ♥食べ物 ★特徴など

　北・南アメリカ、ヨーロッパ、中央アジア、東アジア、ニューギニア、オーストラリアに約950種が分布しています。体長10cm以下の小型・中型種がほとんどで、地中生、陸生、樹上生とさまざまです。

ニホンアマガエルの卵。ゼリー状のひもで、数個ずつつながっています。水草のくきなどにからみつきます。

ニホンアマガエルのオタマジャクシ。両目がはなれています。うすい茶色の体に、まだらもようがあります。

鼻から始まる黒い帯もようがこまくまでのびる

大きな吸ばん

茶かっ色に変化したニホンアマガエル

ニホンアマガエル
アマガエル科 ♠体長3～4cm ♣ロシア東部・中国北部から朝鮮半島、日本 ♥昆虫、節足動物など ★さまざまな環境に生息し、乾燥にも強く、都会の街中にまで生息しています。体色は環境に応じて緑色から茶かっ色まで変化します。4～7月に水田や湿地などのあさい水場に産卵します。

見てみよう アマガエルの合唱

ハロウェルアマガエル
アマガエル科 ♠体長3～4cm ♣日本（奄美諸島、沖縄本島） ♥昆虫、節足動物など ★ニホンアマガエルより胴が長く、かくれるのがじょうずです。平地の森林や草原、水田近くなどにすんでいます。3月下旬～5月中旬に水田や水たまりで繁殖します。

鼻から始まる黒いもようがわき腹までのびる

目よりも小さなこまく

大きな吸ばん

ヨーロッパアマガエル
アマガエル科 ♠体長3～5cm ♣ヨーロッパ中部・南部 ♥昆虫など ★ヨーロッパでふつうに見られるアマガエルで、ニホンアマガエルに似ています。森や林の樹上にすんでいます。春に雨がふると、池や沼などに集まって繁殖します。

背中に黒い輪のようなもようがある。もようのない個体もいる

ホエアマガエル
アマガエル科 ♠体長5.1～7cm ♣アメリカ合衆国東部 ♥昆虫など ★名前は鳴き声がイヌの声に似ていることに由来します。背中に小さな黒い輪のようなもようが散らばります。樹上生で、昆虫などを食べます。春から夏にかけて池などで繁殖します。

吸ばんがある

鼻先が出っ張る

口からわき腹にかけて白い帯状のもよう

大きな吸ばん

アメリカアマガエル
アマガエル科 ♠体長3.2～6.4cm ♣アメリカ合衆国中部・東部 ♥昆虫など ★口からわき腹にかけ白い帯状のもようが入ります。体色は緑色から灰色まで変化します。樹上にすみ、昆虫などを食べます。3～10月に池や沼などで繁殖します。

豆ちしき　アマガエルが鳴くと雨がふるというのは、アマガエルが天気が悪くなる気圧の変化を感じているからだと考えられています。

アマガエルのなかま❷

🔶絶滅危惧種 ♠体の大きさ
♣分布 ♥食べ物 ★特徴など

キンスジアメガエル（キンスジアマガエル）🔶
アマガエル科 ♠体長5～8cm
♣オーストラリアの南太平洋側
♥昆虫、クモなど
★アカガエルのなかまによく似た種で、川や沼、池などにすみます。水場を好んで生活しますが、木などに登るのもじょうずです。おさえられると刺激臭を出します。

・こまくがはっきりしている
・前あしに水かきはない

トタテガエル（ボニーヘッドアマガエル）
アマガエル科 ♠体長7.5cm
♣コロンビアからペルーまで
♥カエル、昆虫など ★夜行性で、日中は植物などのくきの根元や樹木の穴などにかくれていますが、かたい頭で入り口をふさぐようにして乾燥から身を守ります。

・かたい頭部
・こまくよりも大きな吸ばん

キューバアマガエル（キューバズツキガエル）
アマガエル科 ♠体長6～14cm ♣キューバ、バハマ、カイマン諸島 ♥カエル、昆虫、甲殻類など ★非常に大きなアマガエルで、雨がふると、水たまりなどで繁殖します。フロリダやプエルトリコ、ハワイなどに帰化しています。

・とがった鼻先
・長い前・後ろあし

メキシコアマガエル
アマガエル科 ♠体長7.8～9cm
♣アメリカ合衆国テキサス州からコスタリカにかけて ♥カエル、昆虫など
★大型のアマガエルで、やや湿った低地に生息します。乾季には木のうろやバナナの葉のすき間などにかくれて過ごします。6～10月にあさい水辺で繁殖し、めすは2500～3500個の卵を水の表面にシート状に産みます。

・鼻先からわき腹に黒い帯もよう
・大きな吸ばん

タイヘイヨウコーラスガエル
アマガエル科 ♠体長5cm ♣北アメリカ西海岸
♥昆虫、クモなど ★アメリカ西海岸でもっとも普通のカエルで、平地から山地までの広い範囲に生息します。体色は緑色から暗色のものまでいます。2月から6月にかけてが繁殖期です。

・ひとみはたて長
・あしの内側やわき腹がオレンジ色で、黒色のしまもようがある

テヅカミネコメガエル（アズレアネコメガエル）
アマガエル科 ♠体長3.5～4.5cm
♣南アメリカ中部・北部 ♥昆虫、クモなど
★後ろあしのいちばん内側の指が長く、枝などをつかむのに適しています。森林にすみ、動きはにぶいです。水の上にたれ下がった葉に産卵し、卵を葉でつつみこんで乾燥から守ります。

豆ちしき　キューバアマガエルは、適応力が高いので、日本での帰化が心配され、2006年に外来生物法により、特定外来種に指定されました。

体に対して頭部が小さい

アベコベガエルのオタマジャクシは、親ガエルの4倍にもなります。

アベコベガエル
アマガエル科 ♠体長3.8〜6.5cm
♣南アメリカ・アマゾン川流域とその周辺 ♥カエル、昆虫など
★後ろあしの水かきが発達し、泳ぎがとくいです。池や沼などにすみ、オタマジャクシは全長25cm以上になり、親ガエルより大きくなります。

ソバージュネコメガエル
アマガエル科 ♠体長4〜10cm ♣アルゼンチン、ボリビア、ブラジル、パラグアイのチャコ地帯 ♥昆虫、クモなど ★樹上にすんでいます。乾燥してくると、ワックスを分泌して体の表面に塗り、水が蒸発するのを防ぎます。カエルでは珍しく口から水を飲みます。

ひとみはたて長

腹面やわき腹にかけて、白いすじもようがある

吸ばんはあまり大きくない

こまく上部の皮ふがもり上がる

大きな吸ばん

イエアメガエル（イエアマガエル）
アマガエル科 ♠体長7〜11cm
♣オーストラリア北・東部、ニューギニア南部
♥昆虫、クモなど ★大型のアマガエルで、森林に生息しますが、人家近くでもよく見られます。11〜2月に沼や水たまりで産卵します。ペットとしても有名で、ニュージーランドに帰化しています。

赤い眼、ひとみはたて長

指、水かきはオレンジ色

アカメアマガエル
アマガエル科 ♠体長3.9〜7.1cm ♣メキシコからパナマまで
♥昆虫、クモなど ★目立つ体色の種で、樹上で生活します。枝が水たまりや池に突き出た木に登り、寒天質につつまれた数十個の卵を葉先に付着させます。オタマジャクシは下の池に落ちて水の中で育ちます。

丸い体

ミズタメガエル
アマガエル科 ♠体長4〜7cm
♣オーストラリア中央部
♥昆虫、クモなど ★乾燥した砂ばく地帯にすんでいます。ぼうこうや皮ふの下に多量の水をためることで乾燥にたえられます。原住民が地中からこのカエルをほり出してその水を飲料水とすることで有名です。

乾季には1mもの深さにもぐって、雨がふるのを待ちます。

キューバアマガエル

イエアメガエル

テヅカミネコメガエル

豆ちしき　イエアメガエルは、水を求めて人家の中にまで入りこむことから、「家のアマガエル」が和名の由来になっています。

カエルのなかま（無尾目）

ナンベイウシガエル・アマガエルモドキのなかま

ナンベイウシガエルのなかまは、中央アメリカから南アメリカにかけて206種が分布しています。アマガエルモドキのなかまは、中央アメリカから南アメリカにかけて112種が分布します。多くの種で腹部の皮ふがうすく、内蔵がすき通って見えます。

ナンベイウシガエル
ナンベイウシガエル科 ♠体長14〜18cm
♣中央アメリカからブラジル北部にかけて
♥カエル、昆虫、節足動物など ★原生林にすんでいます。繁殖期のおすには黒い指だこのほかに、胸にも一対の黒い突起ができます。各地で食用にされています。

腰の部分に目玉もようがある

チリヨツメガエル
ナンベイウシガエル科
♠体長3.5〜5cm
♣チリ、アルゼンチン、ボリビア
♥カエル、節足動物など
★敵に対して体の後ろを向け、足の指を立てると、腰にある目玉もようが動物の顔のように見え、相手をいかくします。

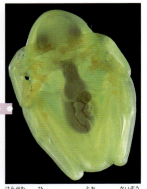

腹側の皮ふがすき通って、内臓を見ることができます。

ビードロアマガエルモドキ
アマガエルモドキ科 ♠体長2.5〜2.9cm
♣コスタリカ、パナマ、コロンビア
♥カエル、節足動物など ★熱帯林を流れる小川の岸近くの植物の上で見つかります。雨季に小川に突き出た植物の葉の裏に卵を産みます。

ナンベイウシガエル
アイゾメヤドクガエル
イチゴヤドクガエル

豆ちしき ビードロアマガエルモドキのオタマジャクシは、ふ化すると下の川に落ちて育ちます。

ヤドクガエルのなかま

◘ 絶滅危惧種　♠ 体の大きさ
♣ 分布　♥ 食べ物　★ 特徴など

中央アメリカ中部から南アメリカ北部にかけての熱帯林に、207種が分布しています。体長3〜4cmほどの小さなカエルですが、皮ふからとても強い毒を分泌します。

黒い体色に黄色い帯もようがある
皮ふから毒を分泌する
腹は黒色

キオビヤドクガエル
ヤドクガエル科 ♠体長3.1〜3.7cm ♣ベネズエラ、コロンビア、ガイアナ ♥アリ、ダニなど ★標高50〜800mの多湿な熱帯雨林にすみ、林床の落葉などの下にひそんでいます。ヤドクガエルのなかまではめずらしく、乾季に夏眠します。

ミドリヤドクガエル（マダラヤドクガエル）
ヤドクガエル科 ♠体長2.5〜4cm ♣ニカラグアからコロンビアにかけて ♥アリ、ダニなど ★はでな色は有毒である印です。熱帯林の林床にすみます。めすが落ち葉の下などに産卵し、おすが世話をします。

皮ふから毒を分泌する
地域によってオレンジ色や黄緑色っぽいものもいる

見てみよう
イチゴヤドクガエルの鳴き声

皮ふから毒を分泌する
地域によって体の赤色が黄色や黒色、もようがあるものもいる

オタマジャクシを背中に乗せ、水たまりまで運ぶイチゴヤドクガエルのおす。

アイゾメヤドクガエル（コバルトヤドクガエル）
ヤドクガエル科 ♠体長3〜6cm ♣南アメリカ ♥アリなど ★青色と黒色のもようをしており、渓流付近のコケにおおわれた岩の間などにすんでいます。卵からふ化したオタマジャクシは、おすが背中に乗せてパイナップル科の植物の葉の根元にできる水たまりまで運びます。

イチゴヤドクガエル（ストロベリーヤドクガエル）
ヤドクガエル科 ♠体長1.8〜2.4cm ♣ニカラグア北部からパナマにかけて ♥アリなど ★体色は地域によってさまざまです。日中に活動し、林床でアリなどを食べます。めすはオタマジャクシのいる水たまりに卵を産んで、えさとして与えます。

皮ふから毒を分泌する
地域によってオレンジ色や黄緑色っぽいものもいる

キイロヤドクガエル（モウドクフキヤガエル）◘
ヤドクガエル科 ♠体長3.7〜4.7cm ♣コロンビア ♥アリなど ★学名のterribilisはおそろしいという意味です。ヤドクガエルのなかでももっとも強い毒をもっています。ほかのヤドクガエルと同様に熱帯林の林床にすみ、日中活動します。

ミイロヤドクガエル ◘
ヤドクガエル科 ♠体長1.9〜2.7cm ♣エクアドル南西部、ペルー北西部 ♥アリ、ダニなど ★渓谷近くのしめった森にすみますが、乾燥した森で見かけることもあります。ほかのヤドクガエル科と同様に、おすがオタマジャクシを運びます。

豆ちしき　ヤドクガエルの毒は、アリやダニを食べることでつくられます。

カエルのなかま（無尾目）

ヒキガエルのなかま❶

🟥絶滅危惧種 ♠体の大きさ ♣分布 ♥食べ物 ★特徴など

オセアニアとマダガスカル、極地以外の世界中に、410種が分布しています。小型から大型まで陸生種が多く、一般的には、体は太く、いぼがあり、前あし・後ろあしは短く、耳腺が発達しています。猛毒をもつものもいます。

ミヤコヒキガエル
ヒキガエル科 ♠体長6.1〜11.9cm ♣日本（南西諸島の宮古島、伊良部島） ♥甲虫、カタツムリ、ミミズなど ★サトウキビ畑の周辺などにふつうに見られます。繁殖期は9月から翌年3月頃までです。南・北大東島と沖縄本島に帰化しています。

両目がはなれている
あしが短い

ニホンヒキガエル（ヒキガエル、ガマガエル）
ヒキガエル科 ♠体長8〜17.6cm ♣日本（近畿以西、四国、九州など） ♥昆虫など ★海岸から高山まで広く分布し、基本的な生態はアズマヒキガエルと同じです。地域により繁殖期が10月から翌年の5月までばらつきます。

こまくが小さい
皮ふにいぼ状の突起がある

アズマヒキガエル
ヒキガエル科 ♠体長4.3〜16.2cm ♣日本（近畿以東の本州、山陰地方） ♥昆虫など ★低地から高山地帯にまで広く分布し、庭や農地から森林までのさまざまな場所で生息しています。昼は石や倒木の下などにかくれ、夜間や雨上がりに活動します。

こまくが大きい
皮ふにいぼ状の突起がある

見てみよう ヒキガエルの蛙合戦

ナガレヒキガエル
ヒキガエル科 ♠体長7〜16.8cm ♣日本（石川、富山県から紀伊半島までの、本州の中央部） ♥甲虫、カタツムリ、ミミズなど ★ニホンヒキガエルに似ていますが、こまくがはっきりしないことや、あしが長い、オタマジャクシの口はば広いなどの渓流に適応した特徴をもっています。

こまくがはっきりしない
あしが長い

ヒキガエルの蛙合戦

ヒキガエルは、日本では春に池や水田などでオタマジャクシを見ることのできる、身近なカエルです。冬の終わりになると、どこからともなく多数のヒキガエルが集まり、わずかな水たまりでも産卵を始めます。1匹のめすに数匹のおすがつかまって交尾をしようとする様子が戦っているように見えるので、「蛙合戦」や「がま合戦」などと呼ばれます。

繁殖期、夕方からおすが池や水田に続々と集まりだします。

暗くなって、めすが水場にやってくると、おすは先を競って、めすに抱きつきます。

めすが産卵を始めると、おすは放精して、約1週間後にはオタマジャクシがふ化します。

🫘豆ちしき ニホンヒキガエルは、本来の分布域のほかに、一部で人為分布している地域があります。

→日本のヒキガエルにくらべて体は小さい

ヨーロッパヒキガエル
ヒキガエル科 ♠体長8〜12cm ♣ヨーロッパ、西アジア、アフリカ北西部 ♥昆虫、ナメクジ、ミミズなど ★森や草原、庭などにすみます。夜行性です。早春に水辺に集まり、めすはひも状の卵を5000〜7000個産みます。

ミドリヒキガエル
ヒキガエル科 ♠体長6〜10cm ♣ヨーロッパから中国西部、南西アジア ♥昆虫など ★おもに乾燥した低地に生息します。石の下などにひそんでいますが、砂地では自分で穴をほってかくれます。繁殖期は春ですが、南方では秋にも繁殖します。

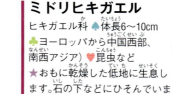

→皮ふにいぼ状の突起がある

→地域によって緑色のはんもんの大きさや色に変化がある

→さまざまな色の変異がある

アデヤカヤセヒキガエル 🔲
ヒキガエル科 ♠体長2.7〜5cm ♣コスタリカ、パナマ、コロンビア ♥昆虫など ★低地の熱帯雨林や湿度の高い森林にすみます。背中の皮ふから強い毒を出します。昼行性で、繁殖期にはおすめすにだきついたまま1週間以上もすごします。

←耳腺が大きく発達する

ロココヒキガエル
ヒキガエル科 ♠体長最大20cm ♣アルゼンチン、ボリビア、ブラジル、パラグアイ、ウルグアイ ♥昆虫、ナメクジ、ミミズなど ★オオヒキガエルとならんで世界最大のヒキガエルです。乾季には穴をほって休眠します。

ステルツナーガエル（ステルツナークロヒキガエル、ステルツナーヒキガエル）
ヒキガエル科 ♠体長2〜3cm ♣パラグアイ、ウルグアイ、アルゼンチン ♥昆虫など ★乾燥した草原にすみます。腹やあしのうらにあざやかな赤いはんもんがあり、敵に会うとスズガエルのように体をのけ反らし、この色を見せておどかします。

→皮ふから毒を分泌する

クロテプイヒキガエル 🔲
ヒキガエル科 ♠体長1.7〜3cm ♣ベネズエラ ♥昆虫など ★テプイと呼ばれる台地の上に生息します。昼行性で岩場にいますが、敵におそわれると体を丸くして転がってにげます。卵は直接発生します。

DVDも見よう

マッコネリーテプイヒキガエル 🔲
ヒキガエル科 ♠体長2.5cm ♣ガイアナ、ベネズエラ ♥昆虫など ★限られた山地の標高1000m付近のみに生息しています。繁殖生態は不明ですが、オタマジャクシではなく、子ガエルとしてふ化する直接発生ではないかと考えられています。

ロココヒキガエル

アズマヒキガエル

豆ちしき アデヤカヤセヒキガエルはカエルツボカビ症が大きな原因で、生息数が減少し、絶滅が心配されています。

179

カエルのなかま（無尾目）

ヒキガエルのなかま❷

🟥絶滅危惧種 ♠体の大きさ
♣分布 ♥食べ物 ★特徴など

皮ふにはこぶが多い

巨大な耳腺

**オオヒキガエル
（スリナムオオヒキガエル）**
ヒキガエル科 ♠体長9〜13cm、最大23.8cm ♣中央・南アメリカ（原産）
♥小型哺乳類、小型爬虫類、昆虫、節足動物、ミミズなど ★海岸ぞいから山地までの広い範囲に生息します。ほぼ一年中繁殖し、産卵数は8000〜30000個におよびます。日本では小笠原諸島、南・北大東島、石垣島に帰化しています。

オレンジヒキガエル 🟥
ヒキガエル科 ♠体長2〜3cm ♣コスタリカ
♥昆虫、ナメクジ、ミミズなど ★標高1600m付近の、雲や霧におおわれた原生林に生息します。めすが黒地に赤いまだらもようであるのに対し、おすは全身オレンジ色です。1989年以降発見されていません。

鼻から目にかけて骨がもり上がる

コロンビアオオヒキガエル
ヒキガエル科 ♠体長15〜20cm
♣コロンビア南西部・エクアドル北部
♥小型哺乳類、小型爬虫類、昆虫、節足動物、ミミズなど
★ヒキガエル類でもっとも大きくなる種のひとつです。湿度の高い森林や牧草地にすみ、夜行性です。めすは一度に20000個以上産卵することもあります。

三角形の頭部

背面の皮ふが落ち葉のようになっている

コノハヒキガエル
ヒキガエル科
♠体長4〜7.5cm
♣南アメリカの広い範囲
♥昆虫、ナメクジ、ミミズなど
★森林の林床に生息します。体色が茶色で、鼻からこまくまでの周囲が外側に出っ張るため、上から見ると落ち葉のように見えます。

落ち葉の上で擬態するコノハヒキガエル

豆ちしき　オオヒキガエルは、日本では特定外来種に指定されていて、移動、飼育が禁止されています。

体にあみ目状のもようがある

腹面は白っぽい

ソノラミドリヒキガエル
ヒキガエル科 ♠体長4〜4.7cm ♣アメリカ合衆国アリゾナ州南部からメキシコのソノラ州にかけて ♥昆虫、ミミズなど
★ソノラ砂ばくの宝石と呼ばれるほど美しいヒキガエルです。標高数百mの乾燥した草原などに生息します。

ノドモンドロヒキガエル
ヒキガエル科 ♠体長2cm ♣ボルネオ島（キナバル山） ♥昆虫、ミミズなど
★小さなヒキガエルで、標高の高い湿った環境に生息しています。生息地では日中も活動しています。地表にできた小さな水たまりに産卵します。

背面に不規則なはんもんがある

アメリカヒキガエル
ヒキガエル科 ♠体長5〜11cm ♣北アメリカ東部 ♥昆虫、節足動物、甲殻類、ミミズなど
★アメリカ合衆国とカナダでもっともふつうに見られるヒキガエルです。林や草原、人家周辺に生息し、3〜7月に池や沼などに集まって産卵します。

敵におそわれそうになると、体をふくらませていかくしますが、それでも相手が引き下がらないときは、ひっくり返って死んだふり（擬死）をします。

耳腺がない

体背面やうで、ももの部分は赤色から赤かっ色

トキイロヒキガエル
ヒキガエル科 ♠体長8.5cm ♣タンザニアから南アフリカにかけて ♥昆虫、ミミズなど
★ヒキガエルとしてはめずらしく耳腺がありません。いろいろな場所にすみ、開けた土地にも森林にも見られます。ひも状のゼリーに入った卵を約10000個産みます。

マレーキノボリヒキガエル
ヒキガエル科 ♠体長5.3〜10.5cm ♣タイ南部からスマトラにかけて ♥昆虫、節足動物など ★指に吸ばんをもち、木に登ることのできるヒキガエルです。めすには美しい黄色いはんもんをもつ個体もいます。アリなどを食べ、渓流で繁殖します。

耳腺が非常に大きくなる

長いあし

指先に吸ばんがある

オオヒキガエル

ヘリグロヒキガエル

ヘリグロヒキガエル
ヒキガエル科 ♠体長8〜11cm ♣インド・中国南部以南からインドネシアにいたる広い範囲 ♥昆虫、ミミズなど ★頭にある隆起や、口のまわりなどのへりが黒いのでヘリグロと名づけられました。森林や耕作地、都市部の庭とあらゆる地域に生息しています。

豆ちしき　ヘリグロヒキガエルの毒は、乾燥させて漢方薬として利用されています。

カエルのなかま（無尾目）

ツノガエル・ダーウィンガエルなどのなかま

ツノガエルのなかまは、南アメリカに12種が分布している、目の上に角状突起をもつカエルです。ダーウィンガエルのなかまは、南アメリカに2種が分布する小型のカエルです。

ベルツノガエル

ツノガエル科 ♠体長10～12.5cm
♣アルゼンチン、ウルグアイ
♥爬虫類、両生類、昆虫など
★体を半分地中にうめて待ちぶせし、通りがかった動物をおそいます。口が大きいので自分より大きな動物をおそうことがあります。雨季に池などで繁殖します。

クランウェルツノガエル

ツノガエル科 ♠体長7.5～12.5cm ♣アルゼンチン、ボリビア、ブラジル、パラグアイ ♥爬虫類、両生類、昆虫など
★もようがベルツノガエルに似ていますが、クランウェルツノガエルの方が、まぶたの上の突起がより長い傾向があります。

アマゾンツノガエル

ツノガエル科 ♠体長8～12cm
♣アマゾン流域やギアナ地域
♥爬虫類、両生類、昆虫など
★熱帯林の林床にすんでいます。落ち葉の下にもぐりこみ、頭だけ出して通りがかるえものを待ちぶせします。どう猛で大きなバッタからネズミまで何でも食べます。

マルメタピオカガエル（バゼットガエル）

ツノガエル科 ♠体長10～12cm
♣アルゼンチン、パラグアイ
♥ネズミ、昆虫など ★乾燥したかん木林に生息します。11～3月の雨季に繁殖し、水がなくなると、どろにもぐり、皮ふから分泌した粘まくでまゆをつくって乾燥にたえます。

チャコガエル

ツノガエル科 ♠体長5.5cm ♣アルゼンチンのグランチャコ
♥ネズミ、昆虫など ★乾燥した草原にすみ、地中生活をします。雨の後にあさい水たまりに集まり、繁殖します。約500個の卵を産みます。

チチカカミズガエル 🔶
ミズガエル科 ♠体長10～15cm ♣ボリビアとペルーの国境にあるチチカカ湖
♥小さな無脊椎動物など ★冷たいチチカカ湖の水底でエビや水生昆虫などを食べてくらしています。のびた皮ふで呼吸できるため、水面に出てくることはほとんどありません。

ダーウィンハナガエル 🔶

ダーウィンガエル科 ♠体長2～3cm
♣チリ、アルゼンチン ♥昆虫など ★森林にすみ、おすは受精卵をのみこんで、鳴のうで保護します。オタマジャクシはえさをとらずに成長し、数十日で子ガエルになっておすの口から出てきます。

🔶絶滅危惧種 ♠体の大きさ ♣分布 ♥食べ物 ★特徴など

フクラガエル・クサガエルなどのなかま

クサガエルのなかまは、サハラ砂ばく以南のアフリカ、マダガスカル、セーシェル諸島に240種が分布しています。小型で陸生か樹上生がほとんどです。

フクラガエル（アフリカジムグリガエル）
フクラガエル科 ♠体長5cm ♣ザンビアから南アフリカにかけて ♥昆虫など ★森林地帯の砂地や乾燥したかん木林に生息します。

マダラクチボソガエル（アナホリガエル）
クチボソガエル科 ♠体長3～3.8cm ♣サハラ砂漠以南のアフリカ ♥昆虫など ★頭が小さく鼻先がとがるのは、頭から砂にもぐるためです。湿った土にもぐって生活します。めすは地下に直径5cmほどの巣穴をほって卵を産み、子育てもします。

シロテンヒシメガエル
クサガエル科 ♠体長3～3.5cm ♣マダガスカル中東部 ♥昆虫など ★全身にうす黄色の小さなはん点が広がる美しいカエルです。標高800mほどの森林にすんでいますが、生態はよくわかっていません。

モモアカアルキガエル
クサガエル科 ♠体長最大6.5cm ♣ケニアから南アフリカにかけてのアフリカ東部 ♥昆虫など ★セネガルガエルと同じようにひとみが猫のようにたて長です。さわると独特のにおいが手につきます。日中はバナナの葉の根元などにかくれています。

オオバナナガエル
クサガエル科 ♠体長3～4cm ♣ケニアから南アフリカ共和国にかけて ♥昆虫など ★サバンナでふつうに見られるカエルです。低木のしげみなどにすんでいます。繁殖期は雨季で、めすは水辺の植物の葉に産卵し、その葉をまいて固定します。

セネガルガエル
クサガエル科 ♠体長4.5cm ♣熱帯アフリカのサバンナ地帯全域 ♥昆虫など ★たて長のひとみが特徴です。胴長短足でジャンプより歩く方が得意です。水たまりなどで産卵し、オタマジャクシは大きなひれで水中を泳ぎます。

成体のおすは、脇腹と太ももの後ろ側に毛のような突起が生えてきます。

ケガエル
サエズリガエル科 ♠体長9.8～13cm（おす）、4.4～6.2cm（めす） ♣ナイジェリア、カメルーン、コンゴ民主共和国 ♥昆虫、甲殻類など ★おすはめすより大型です。渓流ぞいの原生林に生息します。繁殖は渓流の中で行われ、おすのわき腹やももの皮ふが毛のようになります。指先の腹側から、とがった骨の先を飛び出させることが最近明らかになりました。

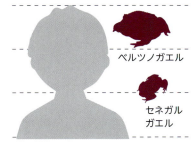

ベルツノガエル

セネガルガエル

　ケガエルの「毛」のようなものは、おもに皮ふ呼吸をするための器官としての役割があるといわれています。

183

ヒメアマガエルのなかま

◇絶滅危惧種 ♠体の大きさ ♣分布 ♥食べ物 ★特徴など

アジア、オセアニア、アフリカ、マダガスカル、北〜南アメリカの熱帯域と隣接の温帯域に、362種が分布しています。地中生、半地中生のものが多いですが、地上生、樹上生のものもいます。小型から中型の種がほとんどです。

小さな頭部　体がひし形　前あしは小さく、後ろあしは大きい

ヒメアマガエル
ヒメアマガエル科 ♠体長2.2〜3.2cm ♣日本（奄美大島・喜界島以南の沖縄諸島）♥昆虫など ★頭が小さく、上から見るとひし形に見えます。日本では最小のカエルですが、ジャンプする力があります。低地から山地まで広く生息していて、水田や水たまりなどに産卵します。

ボルネオヒメアマガエル
ヒメアマガエル科 ♠体長1.1〜1.9cm ♣マレーシア ♥昆虫など
★食虫植物であるウツボカズラの捕虫のうの中にたまった水の中に産卵します。抱接したペアはよい産卵条件をさがして、いくつかの捕虫のうを回って産卵するか決めるようです。

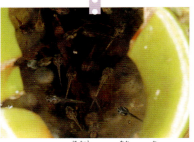

ウツボカズラの捕虫のうの中でふ化したオタマジャクシ。

とがった鼻先

ボルネオチョボグチガエル
ヒメアマガエル科
♠体長3.5〜5.8cm
♣マレーシア、ブルネイ、インドネシア
♥アリ、シロアリなど ★ボルネオ島の固有種です。腰に一対の黒いはんもんがあり、動物の目のように見えて敵をいかくします。林床でくらし、つかまえるとひどくねばる分泌物を出します。

顔、鼻先から後ろあしにかけて体色よりも明るいすじもようがある　小さな頭部

アジアジムグリガエル
ヒメアマガエル科 ♠体長5.5〜7.5cm
♣ネパール、中国南部からインドネシア（フィリピンは移入）
♥昆虫など ★農村などの開発された地域に多く見られます。ふだんは地中にひそんでいます。大雨の後、用水路や水たまりなどで繁殖します。おすはとても大きい声で鳴きます。

危険を感じると、空気をすって体をふくらませ、大きく見せて相手をいかくします。

アカトマトガエル　アジアジムグリガエル　ボルネオチョボグチガエル

豆ちしき　ヒメアマガエルのオタマジャクシは背面にもようがありますが、体は透明で、左右の目がはなれています。

マレーハラボシガエル

ヒメアマガエル科 ♠体長2.2〜3.6cm ♣マレー半島（タイ、マレーシア）、ボルネオ島（インドネシア、マレーシア、ブルネイ）、フィリピン ♥アリ、シロアリなど ★ひじとかかとに小さなとげがあります。つかむと太ももなどから黄色い粘液を出します。腹面に黄色の卵のようなもようがありますが、何に使っているかわかっていません。

かかと部分に皮ふの突起がある
背面に水色や白色のはん点があるものもいる
ひじ部分に皮ふの突起がある

ボルネオカグヤヒメガエル

ヒメアマガエル科 ♠体長2.2〜3.6cm ♣ボルネオ ♥アリ、シロアリなど ★木のうろの中の水たまりで繁殖します。おすは昼夜を問わずポンッという声を出してめすを呼びます。木のうろの中で声がよく反響するように、鳴き声の大きさを調整します。

鼻先から目を通って、わき腹にかけて赤い帯もようがある
光沢のある皮ふ
前・後ろあしに赤色のはん点がある

ナゾガエル（アカスジクビナガガエル）

ヒメアマガエル科 ♠体長7cm ♣ソマリア以南のアフリカ ♥アリ、シロアリなど ★ほかのカエルと違い、首を左右に振ることができます。皮ふに毒をもっています。サバンナや森林にすみ、繁殖は池や水たまりで行い、めすは卵を水草などに付着させます。

背面にあみ目もよう

アミメスキアシヒメガエル

ヒメアマガエル科 ♠体長4〜5cm ♣マダガスカル ♥アリ、シロアリなど ★標高1700mまでの熱帯林に生息します。夜行性で地上で活動し、後ろあしに突起があり、土にもぐります。幼生は1月に日あたりのよい沼沢地で見つかっています。

小さな口
前・後ろあしともに短い

トウブジムグリガエル

ヒメアマガエル科 ♠体長2.2〜3.6cm ♣アメリカ合衆国東部 ♥アリ、シロアリなど ★平地の湿った場所にすみます。普段は石の下や倒木のかげにかくれています。4月から10月に大雨がふると、めすは水たまりに500個ほどの卵を、水面にフィルム状に産みます。

体色は赤から赤かっ色
目の後ろから体側に皮ふのたるみがある

アカトマトガエル（トマトガエル）

ヒメアマガエル科 ♠体長6〜10.5cm ♣マダガスカル北東部 ♥無脊椎動物など ★丸い体型とあざやかな赤い色が名前の由来です。低地の湿った場所にすみ、ふだんは地中にもぐっています。3月頃、沼地やあさい水たまりなどで繁殖します。

豆ちしき　ナゾガエルは、ジャンプするよりも歩いて移動することが多いカエルです。危険を感じると走ります。

カエルのなかま（無尾目）

アカガエルなどのなかま❶

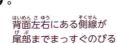
🔶絶滅危惧種 ♠体の大きさ
♣分布 ♥食べ物 ★特徴など

極地と大きな砂ばく、オセアニア、南アメリカ中部・南部をのぞく全世界に、686種が分布しています。小型種から大型種まで、ほとんどが水生、半水生の種です。水中に産卵するものが多いですが、陸上に産卵し直接発生するものもいます。

背面左右にある側線が尾部までまっすぐのびる

ヤマアカガエル
アカガエル科 ♠体長4.2～7.8cm ♣日本（本州、四国、北西部をのぞく九州、佐渡島）♥昆虫、ミミズなど ★平地から山間地までに生息します。平地ではニホンアカガエルといっしょにいることがあります。2～4月頃、水田や湿地などに集まって繁殖します。

見てみよう
ニホンアカガエルの鳴き声

ニホンアカガエル（アカガエル）
アカガエル科 ♠体長3.4～6.7cm ♣日本（本州、四国、九州）♥昆虫、クモなど ★平地や丘陵地の草むらや水田、林の林床などにすみ、日中も活動します。早春にふる雨を合図に冬眠から目覚め、水田や河原の水たまりなどに集まって産卵します。

ニホンアカガエルの卵

背面左右にある側線がこまくの後ろで曲がる

エゾアカガエル
アカガエル科 ♠体長4.6～7.2cm ♣日本（北海道・礼文島、利尻島）、サハリン ♥昆虫、クモなど ★北海道に自然分布する唯一のアカガエルです。平地から山地まで、また草地にも森林にもすんでいます。ふつう4～7月頃、湿原や池などの浅瀬に産卵します。

鳴のうはない
上あごのふちが白い

リュウキュウアカガエル
アカガエル科 ♠体長3.4～4.9cm ♣日本（沖縄島、久米島）♥昆虫など ★おもに山地の森林にすんでいますが、平地でも見られます。繁殖期は12～1月頃で、水たまり、沼、渓流の浅瀬などに集まって産卵します。小さな声で鳴きます。

ツシマアカガエル
アカガエル科 ♠体長3～4.5cm ♣日本（対馬）♥昆虫、ミミズなど ★平地の水田などの周辺や、山地の森林や草地などにすみます。1～4月頃水田や側溝などで繁殖します。おすは鳴のうがないため声は小さいですが、小鳥のさえずりのように美しい声を出します。

鳴のうはない

アマミアカガエル
アカガエル科 ♠体長3.4～4.9cm ♣日本（奄美大島、徳之島）♥昆虫、クモなど ★奄美地方の固有種として、リュウキュウアカガエルから分けられ、新種とされました。

豆ちしき 北海道ではニホンアマガエルとエゾアカガエルだけが、本来生息しているカエルです。

タゴガエル
アカガエル科 ♠体長3〜5cm ♣日本(本州、四国、九州・五島列島)
♥昆虫、クモなど ★山地の渓流付近の森林でもっともふつうに見るカエルです。3〜6月に渓流ぞいの岩の間や伏流水の流れる石の下などで産卵します。オタマジャクシは何も食べずに成長します。

ナガレタゴガエル
アカガエル科 ♠体長3.8〜6cm ♣日本(関東、中部、北陸、近畿、中国地方)
♥昆虫、ミミズなど ★山地の林などにすみ、冬になると渓流の川底の石や砂の下で冬眠します。2〜4月頃目覚め、渓流の中で繁殖します。繁殖期のおすは皮ふがたるみます。

ヤクシマタゴガエル
アカガエル科 ♠体長3.7〜5.4cm ♣日本(屋久島) ♥昆虫、クモなど
★林床の草むらや石の多い場所などで見られます。繁殖期は10〜4月にかけて、わき水や伏流水が流れる石やコケの下に大きな卵を60〜120個ほど産みます。

タゴガエルよりも前・後ろあしが短い

ネバタゴガエル
アカガエル科 ♠体長3.8〜4.8cm ♣日本(本州) ♥昆虫、クモなど
★「ワン」とイヌのように鳴くカエルとして有名になりましたが、タゴガエルのなかまはどれも似たような声を出します。新種記載される前に生息地で保護されたというめずらしい例です。

オキタゴガエル
アカガエル科 ♠体長3.8〜5.3cm ♣日本(隠岐島後) ♥昆虫、クモなど
★丘陵地から山地にかけての森林にすんでいます。2〜3月頃、渓流ぞいの伏流水が流れる石の下や穴などに、一粒が大きな卵をひとつ産卵します。

背面にはっきりとしたまだらもようがある

後ろあしの水かきが発達する

体、あしなどに不規則なはんもんがある

チョウセンヤマアカガエル
アカガエル科 ♠体長5.2〜8.4cm ♣日本(対馬) ♥昆虫など
★ツシマアカガエルと似ていますが、より大きくがっしりとした体型をしています。山地の森林にすみ、2〜5月に水田や池などのあさい水辺で繁殖します。

ヨーロッパアカガエル
アカガエル科 ♠体長6〜9cm ♣ヨーロッパのほぼ全域 ♥昆虫、ミミズなど
★ヨーロッパを代表するアカガエルです。ふだんは林や草地、庭などにすみ、早春に冬眠からさめると、池や沼に繁殖のため移動します。

 リュウキュウアカガエル

 ヨーロッパアカガエル ニホンアカガエル

豆ちしき ネバタゴガエルは、長野県根羽村周辺で初めに発見されたことが、種名の由来です。

187

アカガエルなどのなかま❷

🔷絶滅危惧種 ♠体の大きさ
♣分布 ♥食べ物 ★特徴など

カエルのなかま（無尾目）

ツチガエル
アカガエル科 ♠体長3.7～5.3cm ♣日本（本州、四国・九州）、ハワイに帰化している ♥昆虫など ★背中にたくさんのいぼがあり、つかまえるといやなにおいを出します。平地から低山地の水辺に生息して、アリをよく食べます。

→背面にいぼがならぶ
→腹側はうすいかっ色

サドガエル
アカガエル科 ♠体長3.6～3.9cm ♣日本（佐渡島） ♥昆虫など ★2012年に佐渡島から記載された新種です。近縁種であるツチガエルも佐渡島に生息していますが、腹の色や鳴き声がちがいます。

→ツチガエルよりなめらかな皮ふ
→腹から後ろあしにかけて黄色

ヨーロッパトノサマガエル
アカガエル科 ♠体長9～12cm ♣ヨーロッパ中部・北部 ♥昆虫、クモなど ★池や湖、沼にすむヨーロッパを代表するカエルですが、独立した種ではなく、コガタトノサマガエルとワライガエルとの間にできる雑種です。

→丸々と太る
→とがった口先

→うすい体色
おす
→とがった口先

トノサマガエルの卵塊
黒いもようは不規則につながる

トノサマガエル
アカガエル科 ♠体長3.8～9.4cm ♣中国東部からロシア極東部、日本各地 ♥昆虫、クモなど ★カエルとしてはめずらしくおすめすで体色がちがいます。水田や小川に生息し、4～6月頃水田などのあさい水場で繁殖します。

→はっきりした黒いもようがある
めす

トウキョウダルマガエル
アカガエル科 ♠体長3.9～8.7cm ♣日本（仙台平野、関東平野、新潟県、長野県） ♥昆虫、クモなど ★ナゴヤダルマガエルとは亜種の関係です。水田や沼、小川などに生息します。4～7月に水田などで、2000個ほどの卵を分けて産みます。

→トノサマガエルよりも丸い口先
→トノサマガエルよりも短い後ろあし

【見てみよう】トウキョウダルマガエルの鳴き声

ナゴヤダルマガエル
アカガエル科 ♠体長3.5～7.3cm ♣日本（中部・東海地方から山陽地方東部、香川県） ♥昆虫、クモなど ★トノサマガエルに似ていますが、あしが短く、鳴き声もちがいます。水田やため池などにすんでいます。

→背中中央に帯もようがない
→背面の黒いもようはつながらずはんもんになる
→トノサマガエルよりも丸い口先
→トノサマガエルよりも短い後ろあし

ウシガエル
トノサマガエル
サドガエル

豆ちしき　ナゴヤダルマガエルは、生息地がごく限られていて、広島市安佐動物公園では保全活動を行っています。（133ページ）

ウシガエル（ショクヨウガエル）

アカガエル科 ♠体長12〜15cm、原産地では20cm以上になることも
♣原産地は北アメリカ東部、日本など世界各地に帰化
♥小型哺乳類、鳥類、小型爬虫類、両生類、魚、昆虫、甲殻類など
★池や沼、川のよどみなど水生植物の多い場所にすんでいます。口に入るものであれば何でも食べます。6〜7月に池などの水面に6000〜20000個もの卵を産みます。

アカガエルの特徴の背中の両側の線（背側線）がない
背面全体にはんもんがある
大きなこまく
前・後ろあしの指先に吸ばんはない

ウシガエルのオタマジャクシ

ハナサキガエル

アカガエル科 ♠体長4.2〜7.2cm ♣日本（沖縄本島北部）
♥昆虫、クモなど ★手あしが長く、ジャンプ力があります。背中の色はかっ色から緑色まで個体差があります。山間部の森林や渓流ぞいにすみ、12〜2月頃、渓流の滝つぼに集まって産卵します。

長い前・後ろあし
ほっそりした体型
前・後ろあしの指先に吸ばん

かっ色の個体

皮ふに細かいいぼが多い

コガタハナサキガエル

アカガエル科 ♠体長4.2〜6cm
♣日本（沖縄県・石垣島、西表島）
♥昆虫、クモなど
★オオハナサキガエルと同じ島にすみますが、ずっと小柄で、生息域もより標高の高い森林に限られていて、競争を避けるように進化した可能性があります。2〜4月頃、渓流の滝つぼや淵に集まって産卵します。

見てみよう
コガタハナサキガエルの鳴き声

オオハナサキガエル

コガタハナサキガエルよりも長い前・後ろあし
アカガエル科 ♠体長6〜11.5cm
♣日本（沖縄県・石垣島、西表島）
♥昆虫、クモなど ★海岸ぞいから山間部の森林にすみます。10〜4月が繁殖期で、湿地から渓流の滝つぼまで産卵場所はさまざまです。めすは水中の岩や植物などに付着させるように産卵します。

前・後ろあしの指先に吸ばん

アマミハナサキガエル

アカガエル科 ♠体長6.2〜9.8cm
♣日本（奄美大島、徳之島）
♥昆虫、クモなど ★山間部の渓流ぞいに生息し、節足動物などを食べます。奄美大島では10〜5月、徳之島では12〜1月が繁殖期で、滝つぼの水底に多数の白い卵塊が見られます。

前・後ろあしの指先に吸ばん
長い前・後ろあし
ほっそりした体型

ヒョウガエル

全身にヒョウのようなもようがある
アカガエル科 ♠体長5.1〜12.8cm ♣カナダ南部からアメリカ合衆国アリゾナ州にかけて ♥昆虫、クモなど
★平地の沼や湿地、池、湖などの水辺にすんでいます。3〜6月にかけて、池などの浅瀬に産卵します。

豆ちしき ウシガエルは、日本では特定外来種に指定されていて、移動、飼育は禁止されています。

189

アカガエルなどのなかま❸

カエルのなかま（無尾目）

◧ 絶滅危惧種 ♠ 体の大きさ
♣ 分布 ♥ 食べ物 ★ 特徴など

緑色の体色に赤かっ色から紫色の大きめのはんもんがある

オキナワイシカワガエル ◧
アカガエル科
♠ 体長8.8〜11.7cm
♣ 日本（沖縄本島北部）
♥ 昆虫、クモなど
★ 山地の森林や渓流ぞいにすみ、1〜5月頃が繁殖期です。渓流の岩のすき間や横穴などに産卵します。沖縄県の天然記念物です。

アマミイシカワガエル ◧
アカガエル科
♠ 体長8.8〜11.7cm
♣ 日本（奄美大島）
♥ 昆虫、クモなど
★ 最近オキナワイシカワガエルから分けられた種です。繁殖期は4〜5月頃です。鹿児島県の天然記念物です。

緑色の体色に赤かっ色から紫色のはんもんがある

ヤエヤマハラブチガエル
アカガエル科 ♠ 体長4.2〜4.4cm
♣ 日本（石垣島、西表島） ♥ 昆虫、クモなど ★ 海岸近くから山地の渓流ぞいまでの林に生息しています。繁殖期は7〜11月で、湿地に直径50mmほどの丸い巣穴をほって産卵します。オタマジャクシは雨で流され、池などで育ちます。

体背面と側面の色がはっきりわかれる

ナガレガエル
アカガエル科 ♠ 体長3〜5cm
♣ ボルネオ島（カリマンタン島）
♥ 昆虫など ★ 渓流の周辺に生息し、水面をジャンプしてにげることができます。後ろあしをもち上げて、目立つ白い色をした水かきを見せることで、なわばり争いや、繁殖行動を行います。

長い後ろあし

吸ばんが発達する

大きくはば広い頭部　背面の皮ふはなめらか

体側面にいぼがある

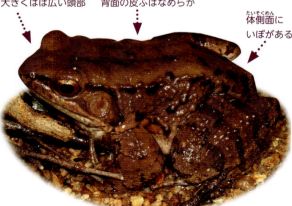

ホルストガエル ◧
アカガエル科 ♠ 体長10〜12.4cm ♣ 日本（沖縄本島北部、渡嘉敷島）
♥ 昆虫など ★ 山地の森林や渓流付近にすみます。4月から9月にかけてが繁殖期で、林道の水たまりや渓流の砂地などに皿状のあさい巣穴を掘り、1000個ほどの卵を産みます。

大きくはば広い頭部

見てみよう
オットンガエルの鳴き声

オットンガエル ◧
アカガエル科 ♠ 体長9.3〜14cm
♣ 日本（奄美大島、加計呂麻島）
♥ 昆虫、ミミズなど
★ ホルストガエルに似ていますが、背中に小さないぼが多いです。森林にすみ、4〜8月に、渓流の浅瀬などに皿状の巣穴をほって産卵します。

体全身にいぼがある

オキナワイシカワガエル　ゴライアスガエル

豆ちしき　ホルストガエルとオットンガエルの前あしの親指には、針のようにするどいとげがあります。

ゴライアスガエル（ゴリアテガエル）
ゴライアスガエル科 ♠体長17〜34cm
♣カメルーン南西部から赤道ギニアにかけて
♥カエル、魚、昆虫、甲殻類など ★世界最大のカエルです。熱帯雨林の渓流にすみ、水辺からほとんどはなれずに生活します。泳ぐのもとくいです。おもに水の中の動物を食べます。

吸ばんが発達する
長い後ろあし

アッサムハヤセガエル
アカガエル科 ♠体長4.5〜7cm
♣インド、バングラデシュ、ネパール ♥昆虫など
★標高1000m以上の森林を流れる急な渓流の周辺に生息しています。夜になると渓流の近くの木の枝の上に乗っていることがあります。

フウハヤセガエル
アカガエル科 ♠体長4.2〜8cm
♣マレーシア、ブルネイ、インドネシア
♥昆虫など ★ボルネオ島固有種です。こまくが体表に出ておらず、奥に引っこんでいます。人の耳に聞こえない高周波数の声を出して、雑音の大きい渓流でコミュニケーションをしていると考えられています。

丸い鼻先
長い後ろあし

こまくが茶色
皮ふから毒を出す

ホースガエル
アカガエル科 ♠体長4.5〜10cm
♣マレー半島・ボルネオ島（カリマンタン島）
♥昆虫、クモなど ★皮ふに毒があるので、ほかのカエルといっしょにすると殺してしまうことがあります。森林を流れる渓流沿いにすんでいて、おどろくとすぐに流れに飛びこみます。

長い後ろあし

大きな口
背面にいぼ状突起がならぶ
長い後ろあし

アジアミドリガエル
アカガエル科 ♠体長3.2〜7.5cm
♣東南アジアからインドにかけて
♥昆虫、ヤスデなど ★小川から水田や用水路まで、さまざまな水辺でふつうに見られます。成長も早く、一年中繁殖します。

体の側面に白い線がある
長い後ろあし

アフリカウシガエル
アフリカウシガエル科 ♠体長8〜23cm ♣アフリカのサハラ砂ばく以南 ♥カエル、昆虫など ★サバンナに生息し、雨季に水たまりで繁殖します。オタマジャクシが干上がりそうになると、おすは水路をほって助けます。

 豆ちしき　ゴライアスガエルの腹面や前あし、後ろあしの内側は、オレンジ色や黄色です。

191

ヌマガエルのなかま

◇絶滅危惧種 ♠体の大きさ
♣分布 ♥食べ物 ★特徴など

カエルのなかま（無尾目）

ヌマガエルのなかまは、アジアとアフリカ大陸に190種が分布します。日本にはヌマガエルとサキシマヌマガエル、ナミエガエルが、本州中部より南にすんでいます。

皮ふに細かいいぼがある

ヌマガエル
ヌマガエル科 ♠体長3.5〜5.5cm
♣日本（本州の関東以西、四国、九州、奄美・沖縄諸島）♥昆虫など
★水田や湿地などの水辺から、草地や林の中までと生息地は広範囲です。5〜8月頃、水田などで繁殖します。

サキシマヌマガエル
ヌマガエル科 ♠体長4.1〜7.1cm ♣日本（沖縄県・宮古島、八重山諸島。北・南大東島に移入）♥昆虫など
★ヌマガエルより大きくなり、あしも長くなります。海岸近くから山地まで生息します。3〜8月にあさい水辺に産卵します。

とがった鼻先 太めの体型

見てみよう ナミエガエルの鳴き声

こまくは見えない 太めの体型

トラフガエル（ババトラフガエル）
ヌマガエル科 ♠体長約17cm ♣中国、香港、台湾、カンボジア、ラオス、マカオ、ミャンマー、フィリピン、タイ、ベトナム、マレーシア（ボルネオ島には移入）♥小型哺乳類、カエル、小型爬虫類、昆虫、甲殻類など ★中国や東南アジアでは食用として広く養殖されています。池、湿地、草地、庭園などさまざまな環境にすんでいてふつうに見かけますが、分類学的には混乱の多いなかまです。

ナミエガエル ◇
ヌマガエル科 ♠体長7.2〜11.7cm
♣日本（沖縄本島北部）♥水生昆虫、甲殻類など ★山地の源流部付近に生息し、昼は岩のすき間などにかくれ、夜間に活動します。水中で水生昆虫、サワガニ、淡水エビなどを食べます。4〜6月頃、あさい水域に卵塊を産みます。

水かきが発達する

インドクサクイガエル
ヌマガエル科 ♠体長9〜13cm
♣バングラデッシュ、インド、ネパール、スリランカ
♥カエル、昆虫など ★ウシガエルに似た大型のカエルで、池や沼にすんでいます。水面をはねてにげることができます。昆虫やほかのカエルを食べますが、乾季には水草や花などの植物を食べるといわれています。

アジアウキガエル
ヌマガエル科 ♠体長2.5〜3.5cm
♣インドシナ半島からインド東部
♥水生昆虫など ★種名の通り、あさい水場で、目だけ水面から出してういています。オタマジャクシは尾が長く、肉食性です。

シュレーゲルアオガエル
トラフガエル

豆ちしき　ヌマガエルは、近年、関東地方でも見つかっていますが、人間によって移入されたと考えられています。

アオガエルのなかま ❶

🟥絶滅危惧種 ♠体の大きさ
♣分布 ♥食べ物 ★特徴など

東アジアからインドにかけてのアジア、アフリカの熱帯域、マダガスカルに、341種が分布しています。小型種から大型種までふくみ、陸生か樹上生です。アマガエルのなかまなどと同じく、指先に吸ばんがあります。

シュレーゲルアオガエル
アオガエル科 ♠体長3.5〜6cm ♣日本（本州、四国、九州・五島列島）♥昆虫など ★平野から山地まで分布し、水田の周辺などに多く見られます。3〜6月に沼や水田で水際の土を後ろあしでほって巣穴をつくり、あわ状の卵塊を産みます。

シュレーゲルアオガエルの卵塊

はんもんがあるタイプ
水かきが発達する

はんもんがない無地タイプ
大きな吸ばん

もようがない

モリアオガエル
アオガエル科 ♠体長4.2〜8.2cm ♣日本（本州、佐渡島）♥昆虫など ★山間地の森林にすみ、樹上でくらします。4〜7月に水面に突き出た木の枝や水辺の草むらなどに黄白色のあわ状の卵塊を産みます。

腹側は白で、不規則なはんもんがある

オキナワアオガエル
アオガエル科 ♠体長4.1〜6.8cm ♣日本（沖縄島・伊平屋島）♥昆虫など ★平地の草むらから山地の森林にまで生息し、12〜7月に水田のあぜなどに直径10cmほどの泡状の卵塊を産みます。太ももの裏側に細かな暗色のはんもんがあります。

ヤエヤマアオガエル
アオガエル科 ♠体長4.2〜6.7cm ♣日本（石垣島、西表島）♥昆虫など ★耕作地から山地の森林まで広く分布します。樹上でくらしますが、クワズイモなどの上にいることもあります。12〜4月に水田や水たまりの周辺で繁殖し、あわ状の卵を産みます。

体色は環境によって変色する

腹側はうすい黄色

アマミアオガエル
アオガエル科 ♠体長4.5〜7.7cm ♣日本（奄美大島、徳之島）♥昆虫など ★オキナワアオガエルの亜種です。低地から山地までの森林にすんでいます。12月から5月にかけてが繁殖期で、水田のあぜや林道の側溝などにあわ状の卵塊を産みます。

モリアオガエルの産卵

4〜7月になると、日本の各地で、モリアオガエルの産卵が始まります。おもに、池や沼などの水辺の上にせり出た木や草などに、おすとめすが集まって、白いあわの卵のかたまりをつくります。夜遅くに出てきた体の大きなめすに、小さなおすがたくさんむらがります。

見てみよう
モリアオガエルの産卵

おすは、暗くなると水辺で盛んに鳴いて、めすが出てくると、追いかけて木に登ります。

めすが産卵を始めると、そこにおすが集まり、卵に放精して、あわが大きくなります。

あわにつつまれた卵は、表面がかたまり、約1週間後のふ化まで、卵を守ります。

豆ちしき　シュレーゲルアオガエルはアマガエルとよくまちがえられます。顔や体にもようがないのがシュレーゲルアオガエルです。

アオガエルのなかま❷

カエルのなかま（無尾目）

🔶絶滅危惧種 ♠体の大きさ ♣分布 ♥食べ物 ★特徴など

ウォレストビガエル（ワラストビガエル）
アオガエル科 ♠体長10cm ♣インドネシア、マレーシア、タイ ♥昆虫、節足動物など ★巨大なアオガエルで、水かきも大きく、腕やあしにも飛まくがあります。高いところから落とすと水かきを広げた独特のポーズで落下します。

大きな目
平らな体型
大きく発達する水かき

木の上からジャンプして、水かきを大きく広げ、空気を受けながら滑空するウォレストビガエル。

アカマクトビガエル
アオガエル科 ♠体長3.9〜7.1cm ♣ブルネイ、マレーシア、タイ、インドネシア、フィリピン ♥昆虫、節足動物など ★トビガエルのなかまではもっとも観察しやすい種です。アオガエルのなかまは樹皮や葉に擬態していることが多いのですが、本種は目立つ色をしています。

ドゥリットアオガエル
アオガエル科 ♠体長5cm ♣ボルネオ島（ブルネイ、インドネシア、マレーシア）♥昆虫、節足動物など ★美しいアオガエルで、樹上の高いところで生活しているようです。観察するには大雨を待って、繁殖のために池におりてくるのを待ちます。

透明感のある皮ふ
大きく発達する水かき
背面にはん点がある

両目を結ぶもようがある
体にまだらもようがある
後ろあしにしまもようがある
大きな吸ばん

カジカガエル
アオガエル科 ♠体長3.7〜6.9cm ♣日本（離島をのぞく本州、四国、九州・五島列島）♥昆虫、節足動物など ★美しい鳴き声がおすのシカの声に似ていることから、河鹿蛙と書かれます。かつては飼育している個体の声のよさを競い合っていました。山地の渓流や周囲の森林に生息し、4〜8月に渓流で繁殖します。

見てみよう 鳴くカジカガエル

リュウキュウカジカガエル（ニホンカジカガエル）
アオガエル科 ♠体長2.5〜3.5cm ♣日本（宮古列島や与那国島をのぞく琉球列島）、台湾 ♥昆虫、節足動物など ★山地の森林、人家周辺までさまざまな場所にすみ、海岸でも見つかります。指先には吸ばんがありますが、あまり木に登らず地上でくらします。4〜9月に水たまりやあさい小川などで産卵します。

ムクアオガエル
アオガエル科 ♠体長4〜7cm ♣台湾 ♥昆虫、節足動物など ★日本のカジカガエルに似ていますが、一回り大きくなります。渓流沿いの森林などにすみ、12月〜2月に渓流の中で繁殖します。

ウォレストビガエル
カジカガエル

豆ちしき カジカガエルは、江戸時代から飼育されていたといわれています。

アイフィンガーガエル

アオガエル科 ♠体長3〜4cm
♣日本(石垣島、西表島)、台湾 ♥昆虫、節足動物など
★日本で唯一、子どもにえさを与えて育てる両生類です。めすは水のたまった木のうろなどに産卵して、ふ化したオタマジャクシに卵をえさとして与えて育てます。

体に細かいいぼがある

口のふちが白い
大きな吸ばん
水かきはあまり発達しない

シロアゴガエル

アオガエル科 ♠体長5〜7cm
♣インド東北部からフィリピンまで、日本(沖縄島に帰化)
♥昆虫、節足動物など ★沖縄では森林にもいますが、比較的耕作地などで見られます。おもに樹上で生活し、4〜10月頃白いあわ状の卵塊を水たまりのふちなどに産みます。

インドネシアキガエル

アオガエル科 ♠体長3.4cm
♣ブルネイ、マレーシア、タイ、ベトナム、インドネシア、フィリピン、シンガポール
♥昆虫、節足動物など ★切り株にできた水たまりで繁殖します。おすは夜のジャングルで、か細い声で鳴きます。オタマジャクシは、頭が大きい特徴的な体型をしています。

全身に白いはんもんがある

吸ばんが発達する

ハイイロモリガエル

アオガエル科 ♠体長4.3〜9cm
♣ケニアからナミビアにかけてのアフリカ南東部
♥昆虫、節足動物など
★モリアオガエルと同じように樹上に泡状の卵塊を産みます。産卵は数十ぴきのめすとおすがひとつの大きな泡をつくることがあります。

灰色の体色

大きな吸ばん

カブトシロアゴガエル

アオガエル科 ♠体長6〜10cm ♣ボルネオ島
♥昆虫、節足動物など ★大型のアオガエルで、こまくの上の皮ふがもり上がりますが、機能などはわかっていません。おすは奇妙な声で鳴きます。幼体の体色は成体と大きくちがいます。

コケガエル (ベトナムコケガエル)

アオガエル科
♠体長8cm ♣ベトナム北部
♥昆虫、節足動物など
★標高が高く、すずしい山地に生息している大型のアオガエルです。コケに擬態した体色および体表をしています。木のうろの水たまりなどに卵を産みます。

全身の皮ふにいぼ状突起がある

大きな吸ばん

カエルの鳴のう

多くのカエルのおすには、鳴のうと呼ばれる袋があります。繁殖期に、おすは鳴き声でめすを呼びますが、このとき、鳴のうをふくらませることで、鳴き声がより大きな声になります。鳴のうは種類によって大きさや形にちがいがありますが、ふつうはのどにひとつか、左右のほおに一対です。

カジカガエルの鳴のう。のどにひとつあります。それほど大きくはふくらみません。

ニホンアマガエルの鳴のう。のどにひとつあります。かなり大きくふくらませます。

トノサマガエルの鳴のう。左右のほおに一対あります。

豆ちしき コケガエルは、岩や木のすき間などでじっとして、コケのように見せて敵の目をごまかします。

マダガスカルガエルのなかま

◈絶滅危惧種 ♠体の大きさ
♣分布 ♥食べ物 ★特徴など

マダガスカルのみに生息しているなかまです。小型のものから中型のもの、地上生のものから樹上生のものまでさまざまです。

体は半透明の黄緑色
鼻先からわき腹にかけてすじもようがある
指には吸ばんがある

ミドリマントガエル（ミドリマダガスカルガエル）
マダガスカルガエル科 ♠体長2.5～2.8cm ♣マダガスカル東部 ♥無脊椎動物など ★標高800～1100mの山中にすんでいます。樹上生でタコノキ属の植物の上でしか見つかっていません。産卵もタコノキ属の葉のつけねにたまった水の中で行われます。

マダガスカルキンイロガエル（キンイロアデガエル）◈
マダガスカルガエル科 ♠体長2～2.6cm ♣マダガスカル ♥アリ、シロアリなど ★全身が赤から黄色のはでなカエルです。有毒であることを天敵に示すためと考えられています。

前あし、後ろあしのつけねは黄緑色

バロンアデガエル
マダガスカルガエル科 ♠体長2.2～3.1cm ♣マダガスカル東部 ♥無脊椎動物など ★有毒のカエルで、昼間に活動します。湿った森林や川ぞいに生息します。めすは130個ほどの卵を水際に産みます。ふ化したオタマジャクシは雨に流されて水たまりに流れついて成長します。

後ろあしはオレンジ色のしまもよう

キノボリアデガエル
マダガスカルガエル科 ♠体長2.4～3cm ♣マダガスカル東部から北東部にかけて ♥無脊椎動物など ★森林の林床や樹上にすみます。めすは水のたまった木のうろの、水面より上の壁に卵を産みつけます。

緑や黄色の体色は、背中の後ろの方で、半円状に区切られる
体の下面は黒色

キノボリアデガエル

カエルの卵いろいろ

カエルの卵は、ふつうゼリー状のものにつつまれた卵のうに入っていて、水中に産みつけられます。卵のうの形は、種によってさまざまです。

アズマヒキガエルの卵。卵はひも状になります。

カジカガエルの卵。流れが速い場所なので、岩の下面にはりつくように産みつけます。

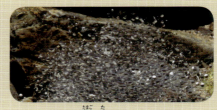
トノサマガエルの卵。田んぼなどに、ひとかたまりになる卵を産みます。

ニホンアマガエルの卵。数個ずつ卵がつながっています。

ナゴヤダルマガエルの卵。田んぼなどの植物にいくつかの卵をかためて産みます。

ウシガエルの卵。ゼリー状のまくにつつまれた卵を産みます。

豆ちしき　キノボリアデガエルは、同じ木のうろに複数いることもあります。

カエルの音声によるコミュニケーション

春先から秋にかけて、カエルは田んぼなどに集まって大合唱します。カエルにとって鳴き声はひとつだけではなく、めすやほかのおす、ほかのカエルなどに対して、そのときによってさまざまな鳴き声を使い分けています。人の耳では聞き分けにくいものもありますが、どんなときにどんな鳴き声を使い分けているのでしょうか。

広告音

おもに春から夏にかけて、田んぼの近くを通ると、たくさんのカエルの鳴き声が聞こえて来ます。この鳴き声の種類で多いのが、おすがめすをよんで求愛し、それと同時に近くにやってきたおすを追いはらうための鳴き声です。これらの鳴き声をまとめて広告音といいます。

めすを呼ぶために鳴くニホンアマガエル。めすを呼ぶのと同時に、ほかのおすを遠ざけます。

解除音

水場に集まって求愛・産卵するとき、めすと間違えて、おすにだきついてしまうおすもいます。このとき、だきつかれた方のおすが、短い鳴き声を出しながら体をふるわせて、めすと間違えてだきついたおすに、自分がおすであることを知らせて引きはなそうとします。この鳴き声を解除音といいます。

警告音

鳥やヘビ、人間などの敵が近づいたとき、短く鳴いてその場からにげ出します。この鳴き声を、警告音といいます。

人の気配を感じて、短く鳴いて水に飛びこむトノサマガエル。この警告音を聞いて、ほかのカエルもいっせいににげ出します。

わきを押さえられ解除音を発するアズマヒキガエルのおす。おすのカエルにまちがえてだきつかれたときも、このように体をふるわせて、はなしてもらおうとする。

危険音

敵にかみつかれたり、つかまれたりすると、短く大きな声を出しててきをおどかします。

ヤマカガシにかみつかれたモリアオガエル。体をふくらませてのみこまれないようにして、大きな危険音を出します。

雨鳴き

雨がふりそうなとき、昼間でもいっせいにカエルたちが鳴き出すことがあります。これは、低気圧が近づいて、気圧が下がるのを感じて鳴き出しているのです。これを雨鳴きといいます。昼間に空が暗くなって、カエルが鳴き出したら雨が近い合図です。

世界の爬虫類・両生類の分布

世界には、今わかっているだけでも爬虫類が約9800種、両生類が約7100種生息しています。大陸ごとにその種数を見てみると、爬虫類も両生類も、地域によって種数の割合がちがうことがわかります。

また、爬虫類・両生類はIUCN（国際自然保護連合）のレッドリストによると、今までに爬虫類21種、両生類33種が絶滅し、爬虫類944種、両生類1994種が近い将来絶滅のおそれがあります。

ヨーロッパヒキガエル（179ページ）

爬虫類 約250種 全体の2%
両生類 約500種 全体の5%

チョウセンサンショウウオ（209ページ）

爬虫類 約2800種 全体の24%
両生類 約2000種 全体の20%

ヨーロッパ
日本と同じくらいの割合が分布しています。

アジア
熱帯雨林や砂ばくなど、さまざまな環境があり、多くの種が分布しています。特に東南アジアには、多くの爬虫類・両生類が生息しています。

アフリカニシキヘビ（122ページ）

爬虫類 約1650種 全体の14%
両生類 約2000種 全体の20%

アフリカ
アフリカにも多くの爬虫類・両生類が生息しています。両生類では砂ばくに適応した種もいます。また、マダガスカルにはカメレオンなど、特殊な爬虫類が数多く生息します。

インドホシガメ（52ページ）

エリマキトカゲ（92ページ）

ニホンアマガエル（173ページ）

爬虫類 約1000種 全体の9%

オセアニア
オーストラリア、ニュージーランド、パプア・ニューギニアをふくむオセアニアは、爬虫類・両生類を合わせて1200種以上が生息しています。

アカウミガメ（40ページ）

海洋
海には両生類は生息していません。爬虫類ではおもにウミガメやウミヘビですが、イリエワニも海岸地域に生息します。ガラパゴス諸島のウミイグアナも海辺に生息するトカゲです。

爬虫類・両生類の絶滅種の割合

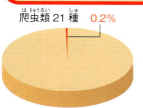
爬虫類 21種 0.2%

両生類 33種 0.2%

これまでに爬虫類21種、両生類33種が絶滅しています。全体の生息数から見ると、それほど多くはありませんが、絶滅種のほとんどが近年になってからです。

※ 絶滅種や絶滅危惧種の種数は、IUCNのレッドリストに基づいています。絶滅種に野生絶滅（EW）と地域絶滅（RE）は含んでいません。

爬虫類・両生類の絶滅危惧種の割合

爬虫類 944種 9%

両生類 1994種 27%

今後数十年で絶滅が心配されているのは、爬虫類944種、両生類1994種です。（2016年現在）両生類では危険度の高いものも多くふくまれています。

爬虫類 約400種 全体の4%

両生類 約500種 全体の5%

北アメリカ
北アメリカでは、おもに南部に爬虫類が多数生息しています。

アメリカアリゲーター（29ページ）

日本
爬虫類 110種 全体の1%

セイブダイヤガラガラヘビ（128ページ）

メキシコドクトカゲ（108ページ）

両生類 79種 全体の1%

日本は、世界的にはとてもせまい地域ですが、爬虫類が110種、両生類が79種生息しています。

アイゾメヤドクガエル（177ページ）

爬虫類 約1100種 全体の11%

両生類 約600種 全体の6%

中央アメリカ
中央アメリカは、地域はそれほど広くありませんが、多数の爬虫類・両生類が生息しています。

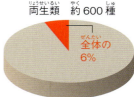
タイマイ（41ページ）

両生類 約200種 全体の2%

爬虫類 約2100種 全体の18%

両生類 約3000種 全体の30%

南アメリカ
南アメリカは、爬虫類・両生類とも繁栄している大陸といえます。今でも新種が次々に発見されています。

ボアコンストリクター（120ページ）

※ 種数のデータは、爬虫類が「The Reptile Database（2015年）」、両生類が「AmphibiaWeb」より改変しています。
※ グラフの種数とその割合は、2つ以上の地域にまたがるものも重複して数えているので、全体の種数よりも多くなっています。

サンショウウオのなかま

有尾目とも呼びます。サンショウウオやイモリ、サラマンダーのなかまで、約700種が知られています。すべての種は尾があります。体は細長く、サイレン科の4種以外は前あし・後ろあしをもっています。大部分は卵生ですが、幼生期のあるものと直接発生するものがいます。えらのある幼生のすがたのまま成熟する種もいます。

マダラサラマンドラの成体と幼生（214ページ）

サンショウウオのなかまの体

細長い体と、長い尾をもっています。カエルとちがってこまくがなく、ほとんどの種は鳴きません。

皮ふ
うろこはなく、いつも湿った状態です。トカゲ同様、脱皮もします。うすいレースのような皮が、成長するごとにはがれていきます。

尾
くらべてみると、おすとめすのちがいがわかります。おすは尾が上下にはば広く、めすは細くなっています。

目
目にはうすいまくがあります。

アカハライモリ

前あし
指は4本です。サンショウウオのなかまでは水かきが発達する種もいます。

後ろあし
指は5本です。サンショウウオのなかまでは水かきが発達する種もいます。

総排出口
尾のつけねにあります。おすはふくらみが大きく、めすはふくらみが、ほとんどありません。

おす / めす

オオサンショウウオの骨格

サンショウウオの体は、カエルとことなりろっ骨をもち、とても長い胴体をしています。

オオサンショウウオの骨格

サンショウウオの幼生

サンショウウオの幼生は、カエルのオタマジャクシと同じように、水中ですごします。ふ化した幼生にあしはなく、外鰓と呼ばれる体の外に出たえらがあります。幼生は大きくなると、カエルとは逆に前あし、後ろあしの順に生えてきます。あしがのびるときには、すでに指が形成されています。

幼生のすがたで成体になる幼形成熟

サンショウウオの幼生には外鰓（体の外に出たえら）がありますが、ふつうは成長とともに、体内に吸収されます。しかし、一部の種ではこの外鰓が体内に吸収されることなく、幼生の姿のまま成長を続け成体になり繁殖します。これを幼形成熟（ネオテニー）といい、メキシコサンショウウオなどで知られています。

成体のメキシコサンショウウオ

トウキョウサンショウウオの幼生

サンショウウオのなかま（有尾目）

本当の大きさです
オオサンショウウオ

いぼだらけの平たい頭、大きな口など、オオサンショウウオの特徴を「本当の大きさ」でじっくり観察してみよう！

水面から鼻先だけ出して呼吸
オオサンショウウオの鼻の穴は鼻先にあるので、水中にいて呼吸するときは鼻先を水面に出すだけですみます。

体は大きいけれど目は小さい

オオサンショウウオの目はとても小さく、5〜6mmほどです。まぶたはないので、まばたきはしません。また視力はあまりよくありません。

何でものみこむ大きな口

オオサンショウウオの口は、頭にくらべてとても大きく、小さくてするどい歯がたくさん生えています。また、目の前で動くものには何でもかみつき、のみこんでしまいます。

オオサンショウウオのなかま

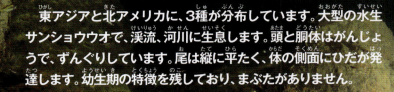

🔴絶滅危惧種 ♠体の大きさ
♣分布 ♥食べ物 ★特徴など

東アジアと北アメリカに、3種が分布しています。大型の水生サンショウウオで、渓流、河川に生息します。頭と胴体はがんじょうで、ずんぐりしています。尾は縦に平たく、体の側面にひだが発達します。幼生期の特徴を残しており、まぶたがありません。

オオサンショウウオ

オオサンショウウオ科
♠全長40〜130cm、最大で150cm(飼育下)
♣日本(岐阜県以西の本州および大分県、四国の一部) ♥サワガニ、カエル、淡水魚など ★夜行性で、山地の渓流に生息して、岩穴などをすみ家としています。冬眠はしません。有尾類では世界最大級。国の特別天然記念物です。

見てみよう 水中のオオサンショウウオ

チュウゴクオオサンショウウオ 🔴

オオサンショウウオ科 ♠全長30〜150cm、最大で170cm(飼育下) ♣中国 ♥カエル、小魚、カニなど ★現存する最大の両生類です。山地の渓流にすんでいますが、黄河の下流で見られることもあります。

アメリカオオサンショウウオ(ヘルベンダー)

オオサンショウウオ科 ♠全長30〜75cm ♣アメリカ合衆国東部と中部 ♥魚、貝、ザリガニなど ★冷たい流水にすみます。日本や中国のオオサンショウウオとことなり、変態後もえら穴が残ります。水底の平たい岩や流木の下の穴を巣として、そこに数珠つなぎの卵を500個ほど産み、ふ化近くまでおすが卵を守ります。

オオサンショウウオの保護

広島市安佐動物公園では、1971年の開園と同時にオオサンショウウオの野外調査や飼育を始め、1979年には飼育下での繁殖に成功しました。成功の前年には、調査地で発見した繁殖巣穴の前で72時間連続して繁殖の様子を観察するなどの野外調査を重ねたのです。その結果、産卵に必要な巣穴の環境や、おす・めすを複数頭ずつ同居させることなど、繁殖の手がかりをつきとめました。動物公園内にある「オオサンショウウオ保護増殖施設」には100頭以上が飼育されていて、世界で唯一、ほぼ毎年継続した繁殖を実現させています。

安佐動物公園は、地域の子どもたちへ、オオサンショウウオや川の自然の面白さや大切さについての環境教育も行っています。このように安佐動物公園では、単にオオサンショウウオの飼育をするだけでなく、園内での繁殖を通じた研究や野外調査によって、オオサンショウウオの保全活動に大きく貢献しています。

安佐動物公園内のオオサンショウウオの保護増殖施設

人工繁殖のようす。成長の様子も研究されています。

豆ちしき オオサンショウウオの繁殖期は8月下旬から9月頃で、ふ化するまでおすが卵を守ります。

サンショウウオのなかま❶

🛑絶滅危惧種　♠体の大きさ
♣分布　❤食べ物　★特徴など

日本をふくむ東アジアからロシア西部、イランにかけて、44種が分布します。小型から中型のサンショウウオで、水生または陸生です。ふつう前あしの指は4本、後ろあしが5本ですが、後ろあしも4本指のものがいます。

シコクハコネサンショウウオ
サンショウウオ科　♠全長16〜18cm　♣日本（香川県をのぞく四国、中国地方の一部）　❤小魚、昆虫、クモなど　★2013年に新種として発表されました。赤みがかったオレンジ色のもようで、ハコネサンショウウオよりも体ががっしりしているのが特徴です。

ハコネサンショウウオ
サンショウウオ科　♠全長13〜19cm　♣日本（本州）　❤小魚、昆虫、クモなど　★標高500m以上の山地の森林に多く、木の少ない高山帯にも見られます。渓流の源流近くの大きな岩の裏などに産卵します。石川県では繁殖期が初夏と晩秋の2回に分かれます。一対の卵のうには10〜40個の卵がふくまれます。ハコネサンショウウオのなかまは肺をもっていません。

バンダイハコネサンショウウオ
サンショウウオ科　♠全長14cm　♣日本（東北地方南部）　❤小魚、昆虫、クモなど　★キタオウシュウサンショウウオの分布域の南に生息しています。

ツクバハコネサンショウウオ
サンショウウオ科　♠全長10〜19cm　♣日本（茨城県の筑波山）　❤小魚、昆虫、クモなど　★2003年に新種として発表された種です。ほかのハコネサンショウウオのなかまにくらべ尾が短いのが特徴です。

タダミハコネサンショウウオ
サンショウウオ科　♠全長16cm　♣日本（福島県西部と新潟県中部）　❤小魚、昆虫、クモなど　★背面に帯状のもようがないことで、ほかのハコネサンショウウオのなかまとの区別はかんたんです。分布はせまく、生息地で保護活動が行われています。

チョウセンハコネサンショウウオ
サンショウウオ科　♠全長12〜16cm　♣朝鮮半島　❤昆虫、エビ類など　★低山地から高地まで分布し、広葉樹と針葉樹のまざる林にすんでいます。繁殖期は5〜7月頃と思われ、この時期のおすは日本のハコネサンショウウオ同様、後ろあしに肉質のひだが発達します。

キタオウシュウサンショウウオ
サンショウウオ科　♠全長15〜17cm　♣日本（宮城県および山形県北部より北の東北地方）　❤小魚、昆虫、クモなど　★東北地方北部に分布するハコネサンショウウオです。バンダイハコネサンショウウオなどの近縁種との形にちがいが少なく、見分けが難しい種です。

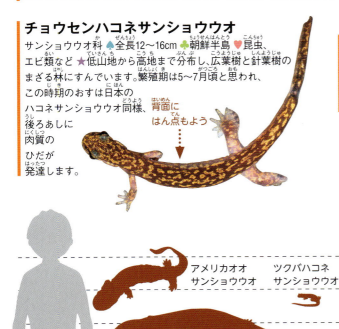

🫛豆ちしき　チョウセンハコネサンショウウオは、季節によって、陸上の昆虫を食べる期間と、水生のヨコエビを食べる期間があります。

サンショウウオのなかま❷

サンショウウオのなかま（有尾目）

🟥絶滅危惧種 ♠体の大きさ
♣分布 ♥食べ物 ★特徴など

タカネサンショウウオ 🟥
サンショウウオ科 ♠全長18〜20cm
♣中国（四川省、雲南省） ♥昆虫、エビ類など
★1500mから4000m近い標高の地域にまですんでいます。変態後も水中生活をします。現地では漢方薬の原料とされています。後ろあしの指は4本です。

セイホウサンショウウオ（シベリアサンショウウオ）🟥
サンショウウオ科 ♠全長14〜21cm
♣中国（新疆ウイグル自治区）、カザフスタン
♥昆虫、クモなど ★標高1500〜2500mの高山にある草原を流れる小さな川や渓流などにすんでいます。昼は水底の石の下にかくれ、夜は陸にも上がります。4〜8月に水底の石に80〜100個ほど入った一対の卵のうを産みつけます。幼生は1回越冬して変態します。

アマクササンショウウオ
サンショウウオ科 ♠全長8〜12cm
♣日本（天草） ♥昆虫、クモなど
★天草の数地点からしか知られていない希少種で、種の保存法で保護されています。2014年に新種として発表された種で、生態もほとんど分かっていません。

頭部から背、尾の先にかけて、体色よりうすいすじがある

後ろあしの指は4本

尾はひれ状になる

キタサンショウウオ
サンショウウオ科 ♠全長11〜15cm ♣ロシア西部から朝鮮半島まで、日本（釧路湿原）♥昆虫、クモなど ★釧路市指定の天然記念物です。釧路では湿地帯に生息します。ロシアでは森林や砂地の止水や流れなどでも産卵が確認されています。一対の卵のうに70〜240個の卵が入っています。後ろあしの指は4本です。

おすの頭部は大きく丸みがある

尾はひれ状になる

フトサンショウウオ 🟥
サンショウウオ科 ♠全長18〜20cm
♣中国（湖北省、河南省、安徽省）♥昆虫、エビ類など
★中国の大別山の渓流にのみ生息する1属1種のサンショウウオです。変態後も渓流を離れずに一生を水中で過ごします。なわばり意識が強く、よくかみあいをします。

体側のろっ骨のすじは13本

尾はひれ状になる

オオダイガハラサンショウウオ 🟥
サンショウウオ科 ♠全長14〜20cm ♣日本（紀伊半島）
♥昆虫、クモなど ★標高600〜1200mの落葉広葉混交林に多く、渓流付近の森林にすんでいます。繁殖期以外でも倒木の下や水中で発見されることがあります。4〜5月頃渓流の上流に産卵し、一対の卵のうには16〜50個の卵が入っています。三重・奈良県指定の天然記念物です。

背面にはん点もようがある個体もいる

円筒形の尾の先だけわずかにひれ状になる

アカイシサンショウウオ 🟥
サンショウウオ科 ♠全長9.2〜11.7cm
♣日本（静岡県、長野県の赤石山脈南部）
♥昆虫、クモなど ★赤石山脈の南部のみに生息するサンショウウオで、山地のガレ場などにすんでいます。まだ卵が見つかっておらず、繁殖生態について何も分かっていません。

豆ちしき　アベサンショウウオは、京都の丹後地方のごく限られた竹林のみで知られていましたが、最近、ほかの地域でも発見されました。

黄かっ色の体色に、黒色の細かいはん点がある
尾の先はひれ状になる

オオイタサンショウウオ
サンショウウオ科 ♠全長10～16cm ♣日本（大分県、熊本県、宮崎県、四国西南部）♥昆虫、クモなど ★低地の止水域に産卵する種で、竹林や雑木林にある池や水たまりが産卵場で、繁殖期は12～4月です。佐伯市男池・女池のものは、大分県指定の天然記念物です。

ハクバサンショウウオ
サンショウウオ科 ♠全長8～11cm ♣日本（長野県白馬村、岐阜県、富山県の一部）♥昆虫、クモなど ★湿原で4月下旬から5月にかけて産卵します。白馬村指定の天然記念物です。ヤマサンショウウオは本種の地域個体群です。

体に青灰色のはん点がある個体もいる
尾の先はひれ状になる

イシヅチサンショウウオ
サンショウウオ科 ♠全長15～20cm ♣日本（四国山地）♥ミミズ、陸貝、節足動物 ★4～6月に渓流中の石の下に産卵します。幼生の指先は丸く、つめ状の構造は発達しません。成体は雨の日に登山道にあらわれることもあります。

アベサンショウウオ
サンショウウオ科 ♠全長8～12cm ♣日本（京都府、兵庫県、福井県、石川県）♥昆虫、クモなど ★生息地が極めて限られています。繁殖期は11月下旬から12月で、コイル状の卵のうを産みます。一対の卵のうの卵数は30～110個。種の保存法で保護されています。

体色は黒かっ色から暗かっ色で、うすいまだらもようがある
胴体より短い尾

トウホクサンショウウオ
サンショウウオ科 ♠全長9～14cm ♣日本（東北地方、北関東、新潟県）♥昆虫、クモなど ★ゆるい流れのある湿地や小さな沢などに産卵します。ときには渓流で幼生や成体が見つかることもあります。

ヒダサンショウウオ
サンショウウオ科 ♠全長10～18cm ♣日本（関東地方西部から近畿、山陰地方にかけて）♥昆虫、クモなど ★山地のブナ林を中心に生息し、渓流で産卵します。東日本産のものに大型個体が多く、体色などにも東西で差があります。

ブチサンショウウオ
サンショウウオ科 ♠全長8～15cm ♣日本（中国地方と九州）♥昆虫、クモなど ★山地の森林に生息します。5月頃に渓流の石の下などに産卵します。一対の卵のうの卵数は20～40個です。

イシヅチサンショウウオ / ハクバサンショウウオ / トウホクサンショウウオ

 豆ちしき　ブチサンショウウオやヒダサンショウウオなど、流れのある場所で産卵する種の尾の断面は丸くなっています。

サンショウウオのなかま❸

◇絶滅危惧種 ♠体の大きさ ♣分布 ♥食べ物 ★特徴など

クロサンショウウオ
サンショウウオ科 ♠全長12〜19cm ♣日本(福井県以北の中部地方から北関東、東北地方) ♥昆虫、クモ、ミミズなど ★山地の森林に生息し、2〜7月に池や沼、湿地などに、20〜70個の卵がふくまれる卵のう一対を産みます。本種の卵のうは白く、アケビ状でほかの種のものと容易に区別できます。

オキサンショウウオ ◇
サンショウウオ科 ♠全長12〜13cm ♣日本(隠岐島後) ♥昆虫、クモ、ミミズなど ★隠岐島後内全域の山地の森林に生息します。幼生はつめをもっていますが、ゆるやかな流れにすむものでは、つめはあまり発達しません。

エゾサンショウウオ
サンショウウオ科 ♠全長11〜20cm ♣日本(北海道) ♥昆虫、クモ、ミミズなど ★山麓の森林に多く、平地や山地でも見られます。沼や池、湿地などに産卵します。倶多楽湖のものは幼形成熟することが知られていましたが、絶滅しました。

カスミサンショウウオ
サンショウウオ科 ♠全長7〜13cm ♣日本(愛知県以西の本州、四国の瀬戸内海沿岸、九州東部・北西部と壱岐島) ♥昆虫、クモ、ワラジムシ、ミミズなど ★丘陵地や低山の山麓の雑木林や竹やぶに生息し、倒木や落ち葉の下にかくれています。

ソボサンショウウオ
サンショウウオ科 ♠全長12〜18cm ♣日本(九州の祖母・傾山系) ♥昆虫、クモ、ミミズなど ★水量の多い源流のまわりにある森林にすんでいます。種の保存法で保護されています。

ベッコウサンショウウオ
サンショウウオ科 ♠全長9〜15cm ♣日本(熊本県、宮崎県、鹿児島県) ♥昆虫、クモ、ミミズなど ★阿蘇以南の標高500m以上の原生林に生息し、場所によってはコガタブチサンショウウオと同じ場所にすんでいます。生息地全県で天然記念物に指定されています。

ホクリクサンショウウオ ◇
サンショウウオ科 ♠全長10〜12cm ♣日本(石川県、富山県) ♥昆虫、クモ、ミミズなど ★日本海側の低地で発見された小型種で、湿地などに産卵します。石川県羽咋市やその周辺で発見され、当初はアベサンショウウオと思われていました。

ツシマサンショウウオ
サンショウウオ科 ♠全長11〜14cm ♣日本(対馬) ♥昆虫、ミミズなど ★対馬の山地森林に生息し、3〜4月の繁殖期には小さな渓流に入り石の下などに産卵します。おす・めすで体色がちがいます。

コガタブチサンショウウオ
サンショウウオ科 ♠全長9〜15cm ♣日本(本州の中部・近畿地方、四国、九州) ♥昆虫、ミミズなど ★ブチサンショウウオよりも体が小さい種です。丘陵地から山地の川や渓流の周辺にすみ、特にガレ場を好みます。幼生は食物を食べずに変態することができます。

豆ちしき クロサンショウウオのおすは、繁殖期になると、頭部が平たくふくらみます。

体側のろっ骨のすじは12本
あしは短め

見てみよう トウキョウサンショウウオの食事

トウキョウサンショウウオ
サンショウウオ科 ♠全長8〜13cm ♣日本(福島県から関東地方にかけて) ♥昆虫、ミミズなど ★丘陵地や低山地帯の森林に生息します。2〜4月に繁殖することが多く、湧水やその近辺の水田、水たまり、みぞなどに産卵します。ほかの止水性の種と同様に、ふ化したての幼生には大きな3対の外鰓とバランサーがあります。

マオエルシャンサンショウウオ
サンショウウオ科 ♠全長8〜12cm ♣中国南部(広西チワン族自治区) ♥昆虫、ミミズなど ★標高2000mの猫児山の山頂周辺の湿地とその周辺にのみ生息します。クロサンショウウオのようなアケビ型をした一対の卵のうを、水草などに産みつけます。

胴体よりも短い尾

全身にまだらもようがある
後ろあしの指は4本

チョウセンサンショウウオ
サンショウウオ科 ♠全長8〜12cm ♣中国北東部から朝鮮半島 ♥昆虫、ミミズなど ★平地から山地にかけて見られます。3〜5月、湿原やわき水の流れるみぞの水たまりなどで産卵しますが、渓流で産卵していることもあります。

タイワンサンショウウオ
サンショウウオ科 ♠全長8〜11cm ♣台湾中央山脈 ♥昆虫、ミミズなど ★標高2000mをこえる高地に生息し、雑木林を流れる沢の周辺や林道の石の下などから発見されています。

ソナンサンショウウオ
サンショウウオ科 ♠全長10〜13cm ♣台湾中央山脈 ♥昆虫、ミミズなど ★標高3000m前後の高山の森林や竹林にすんでいます。コケむした倒木の下などで見つかり、流水に産卵すると考えられています。

全身にまだらもようがある

トウキョウサンショウウオ タイワンサンショウウオ エゾサンショウウオ

トウキョウサンショウウオの成長

トウキョウサンショウウオは、丘陵地帯や低い山地の人里近くの林などにすんでいます。毎年1〜5月頃、特に2〜4月頃に生息地近くの水辺にやってきて産卵します。

卵はゼリー状の透明なまくにつつまれた卵のうで、中に20〜40個の卵が入っています。産卵後数日のうちに、はっきりとサンショウウオのすがたに変化を始め、外鰓でえら呼吸をして、約1か月で自力で卵のうのはじから出てきます。

幼生は、小さな水生生物や共食いをしながら成長し、卵のうから出て約1か月で前あしが先に生え、次に後ろあしが生えてきます。

外鰓がなくなるころに上陸して、約2年で成体に成長します。

1〜5月頃、20〜40個の卵が入った透明の膜につつまれた卵のうを産みます。

産卵後1か月くらいで、約1cmくらいの幼生に成長します。幼生には外鰓というえらがあります。

自力で卵のうから出てきた幼生は、じきにあしが生え、水中の小さな生物などを食べて成長します。

産卵から約3か月後になると、えらがなくなり、幼体となって上陸します。

豆ちしき 人里近くに生息していたトウキョウサンショウウオは、宅地開発や道路工事によって生息地が減少し、絶滅が心配されています。

サイレン・トラフサンショウウオなどのなかま

　サイレンのなかまは、北アメリカ東南部、メキシコに4種が分布しています。トラフサンショウウオのなかまは、北アメリカからメキシコにかけて、30種が分布しています。たいていは陸生ですが、幼形成熟して一生を水中ですごすものもいます。

ヌマサイレン（ドワーフサイレン）
サイレン科 ♠全長10～25cm ♣アメリカ合衆国南東部 ♥無脊椎動物など ★サイレン科のなかで最小の種です。夏はどろの中に小さなまゆをつくって休眠します。

グレーターサイレン（サイレン）
サイレン科 ♠全長18～97cm ♣アメリカ合衆国（ニューヨーク州からアラバマ州、フロリダ半島まで） ♥魚、昆虫、ミミズなど ★えらは一生消えることがなく、水中で生活します。後ろあしがなく前あしの指は3本しかありません。水が少なくなるとどろの中にまゆをつくって休眠します。

背面に黄色からオレンジ色のはん点がある

白色から青灰色の帯もようがある

長い尾／はば広い頭部／黒色の不規則なもようがある

キボシサンショウウオ（スポットサラマンダー）
トラフサンショウウオ科 ♠全長15～20cm ♣カナダ南部からアメリカ合衆国東部にかけて ♥昆虫、クモ、ナメクジなど ★落葉樹林を流れる川や池の近くにすんでいます。大きなものでは25cm近い個体も見つかっています。

背中、尾の上の分泌腺から毒を出す

マーブルサンショウウオ（マーブルサラマンダー）
トラフサンショウウオ科 ♠全長9～13cm ♣アメリカ合衆国東部から南部 ♥昆虫、無脊椎動物など ★沼地や川の近くにある、湿った砂地の倒木や岩の下などにすんでいます。

トラフサンショウウオ（タイガーサラマンダー）
トラフサンショウウオ科 ♠全長18～21cm、最大33cm ♣北アメリカ ♥小型哺乳類、両生類、昆虫など ★北アメリカ西海岸に生息するオオトラフサンショウウオとともに、陸上にすむ最大級の有尾類です。ふだんは地中にもぐって生活します。

オオトラフサンショウウオ
オオトラフサンショウウオ科 ♠全長33cm ♣北アメリカ西海岸 ♥小型哺乳類、両生類、小型爬虫類、昆虫、クモ、ナメクジなど ★冷たく湿った針葉樹林帯の湖や渓流の付近にすんでいます。成体は陸生で林の中の穴や落ち葉の下、水際の石の下などでも見つかります。トラフサンショウウオとならんで最大級の陸生有尾類です。

黒色からこげ茶色の体色に明るい茶色のはん点がある

メキシコサンショウウオ（アホロートル、メキシコサラマンダー、メキシコトラフサンショウウオ）🛑
トラフサンショウウオ科 ♠全長20～28cm ♣メキシコ（ソチミルコ湖と周辺の運河） ♥魚、昆虫、甲殻類、ミミズなど ★一般的にはアホロートルの名で知られ、幼生の形のまま性成熟（幼形成熟）し、産卵します。飼育下などの特別な環境では変態することもあります。かつてはチャルコ湖にも生息していましたが、そこでは絶滅しました。

🛑絶滅危惧種 ♠体の大きさ ♣分布 ♥食べ物 ★特徴など

210

ホライモリ・オリンピックサンショウウオなどのなかま

ホライモリのなかまは、ヨーロッパ、アメリカ合衆国東部に6種が分布します。オリンピックサンショウウオのなかまは、北アメリカ西部に4種が分布します。アンヒューマのなかまは、アメリカ合衆国東南部に3種が分布します。

ホライモリ
ホライモリ科 ♠全長20～30cm ♣イタリア北東部からボスニア・ヘルツェゴビナにかけて ♥甲殻類など ★石灰岩の洞くつを流れる地下水の流れや水たまりにすみ、水生生活をしています。常に幼形成熟し、3対のえらが残ります。幼生には目がありますが、成体では退化してしまいます。

- 成体の目は退化
- 前あしの指は3本
- 後ろあしの指は2本
- 3対のえらがある

マッドパピー
ホライモリ科 ♠全長20～30cm ♣アメリカ合衆国東部 ♥魚、昆虫、ザリガニ、巻貝など ★一生えらが残り、水中生活をする幼形成熟型です。ときには40cmをこすものもいます。湖や川、運河などにすんでいますが、にごっていないきれいな水を好みます。

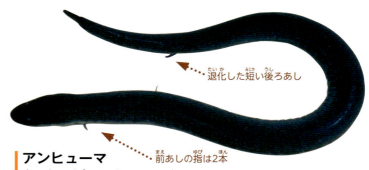

- 退化した短い後ろあし
- 前あしの指は2本

アンヒューマ（フタユビアンヒューマ）
アンフューマ科 ♠全長40～116cm ♣アメリカ合衆国（バージニア州南東、フロリダ州南部、テキサス州東部）♥両生類、爬虫類、魚、ザリガニ、昆虫など ★水生でどろ沼や排水路のザリガニの穴や流木の下などで見つかります。あしの指が2本しかなく、一対のえら穴があります。

アンヒューマ

トラフサンショウウオ

オリンピックサンショウウオ
オリンピックサンショウウオ科 ♠全長10cm ♣アメリカ合衆国 ♥甲殻類など ★産卵場所はわかっていませんが、卵からは幼生がふ化して渓流中で成長します。おすでは総排出口周辺の皮ふがのびます。肺は小さく退化しています。

アンヒューマの呼吸

アンヒューマは、指の数で種類が分けられ、どの種類の幼体にも、3対のえら（外鰓）があります。それを使って呼吸をしていますが、成体になると、このえらはなくなり、一対のえら穴だけが残ります。成体のアンヒューマはえら呼吸をせずに、肺呼吸をするのです。呼吸は、水面まで上がっていき、鼻先だけを水面から出して行います。

ふ化直後のアンヒューマの幼生。3対のえら（外鰓）があるのがわかります。これでえら呼吸をします。

ふ化後約4か月で3対のえらのうち2対はなくなり、残った一対は体内に残ります。成体には、その残ったえらの穴が見られます。

豆ちしき アンヒューマのめすは、湿った地中のうろなどに約200個産卵し、そのまわりにとぐろをまいてふ化するまで約5か月間卵を守ります。

イモリのなかま❶

◆絶滅危惧種 ♠体の大きさ
♣分布 ♥食べ物 ★特徴など

サンショウウオのなかま（有尾目）

アジアからヨーロッパ、北アフリカ、北アメリカに58種が分布しています。多くが小型から中型の種ですが、まれに大型種もいます。完全な陸生から水生種までいます。

皮ふはザラザラしている
長い尾

アカハライモリ（イモリ、ニホンイモリ）
イモリ科 ♠全長7〜14cm ♣日本（本州、四国、九州、およびその離島）♥昆虫、ミミズなど ★水田や小川、池、沼、渓流付近の水たまりなどにすんでいます。4〜7月頃水草などに一粒ずつ卵を産みつけ、1シーズンに100〜400個ほど産卵します。

背面に不規則なまだらもようがある個体もいる

腹側に赤いまだらもよう

繁殖期のおすの尾ははば広くなる

見てみよう　アカハライモリの食事

シリケンイモリ ◆
イモリ科 ♠全長10〜18cm ♣日本（奄美大島とその属島、沖縄島、渡嘉敷島など）♥昆虫、巻貝、ミミズなど ★平地にも山地にも生息し森林の地面から草むらの水たまり、側溝などさまざまな場所で見られます。産卵期は1月〜6月頃で、水中や水辺の水草、落ち葉などに産卵します。

尾は胴体よりも短い

のどまわりにしわがある

チュウゴクイモリ
イモリ科 ♠全長10cm ♣中国東部 ♥オタマジャクシ、小魚、昆虫など ★山地の池や水田にも、山地渓流のゆるやかに流れる場所にもすんでいます。春に水草などに一粒ずつ産卵します。成体になっても体側に白い点線状の側線器官が残ります。

イボイモリ ◆
イモリ科 ♠全長14〜20cm ♣日本（奄美大島、徳之島、沖縄島、渡嘉敷島など）♥ミミズ、巻貝など ★森林のほか、耕作地などの開けた乾燥した場所にも見られ、倒木や落ち葉の下にもぐっています。沖縄県と鹿児島県の天然記念物に指定されています。

サンショウウオのなかまの卵

サンショウウオのなかまの卵も、カエルの卵と同じようにゼリー質につつまれ、卵のうに入って水中に産み出されます。卵のうの形は、種によってさまざまです。

オオサンショウウオの卵。ゼリー状のひもでつながった卵を産みます。

エゾサンショウウオの卵。卵のうはらせん状になります。

ヒダサンショウウオの卵。バナナのような形の卵のうを一対産みます。

トウキョウサンショウウオの卵。三日月型の卵のうを一対産みます。

イボイモリの卵。落ち葉の下やコケの中に産卵します。

豆ちしき　イモリのなかまは、あしや指、尾が切れても、再生することができます。

繁殖期のおすのアルプスイモリ

アルプスイモリ
イモリ科 ♠全長8〜10cm ♣フランス北東部からポーランド、ルーマニア、ウクライナ西部、デンマーク南部からイタリア北部、バルカン山脈、ギリシャ ♥小魚、昆虫など
★ヨーロッパに広く分布する小型のイモリです。おすは繁殖期になると背面は青色、腹面にオレンジ色があざやかになり、背中には皮ふのかざりが弱く発達します。

背側面にオレンジ色のすじもようがある個体もいる

太くひれ状の尾

あし、腹側は黄色からオレンジ色をおびる

黒い体色に白色のもようがある

頭部は平たく大きい

背面中央に黄色からオレンジ色のすじがある

キメアラフトイモリ
イモリ科 ♠全長12〜16cm ♣中国東部 ♥小魚、昆虫など
★幼体のときは陸上で生活しますが、性成熟が近づくと渓流に入って水中生活をします。背側面にオレンジのもようが帯状に出ることがあります。

カイザーツエイモリ 🔶
イモリ科 ♠全長11〜14cm ♣イラン西部（サグロス山脈） ♥昆虫、ミミズなど
★とてもはでな体色のイモリで、おもに砂地の渓流中に生息していますが、陸上でも活動します。めすは水中の岩の下面に卵を産みつけます。

フトイモリ（ゴマフフトイモリ）
イモリ科 ♠全長13〜17cm ♣中国東部 ♥小魚、昆虫など ★山地のすずしい森林にすんでいます。背面に黒いはん点が多くありますが、同属のキメアラフトイモリにも似た黒点があらわれる個体群があります。

成体は緑がかった明るいかっ色で、黒い細かいはん点がある

黒色でふちどりされた赤いはん点もようがある

ブチイモリ
イモリ科 ♠全長6〜14cm ♣カナダ東部、アメリカ合衆国東部 ♥両生類の卵、水生昆虫、甲殻類、軟体動物など ★沼地や川、池などにすんでいます。成体は水中で生活し体色は緑色ですが、幼生から変態して間もない幼体はエフトと呼ばれ、陸上で生活し、体色は赤色です。

キンスジサンショウウオ（キンスジサラマンダー）🔶
イモリ科 ♠全長15〜16cm ♣イベリア半島北西部 ♥ミミズ、巻貝など
★すずしく湿った山の中の渓流ぞいに生息していて、ときに洞くつの中からも見つかります。細長い体で、尾は胴体の倍以上の長さになります。

アカハライモリ
チュウゴクイモリ
イボイモリ

豆ちしき アルプスイモリは、中央ヨーロッパの山脈に分布し、谷や低地などによって、長い間生息地が分断され、現在は10亜種にわかれています。

213

イモリのなかま❷

🟥絶滅危惧種 ♠体の大きさ
♣分布 ♥食べ物 ★特徴など

サンショウウオのなかま（有尾目）

チュウゴクコブイモリ
イモリ科 ♠全長12〜15cm ♣中国東部 ♥昆虫、ミミズなど
★陸生の中型イモリですが、川や水たまりなどの中でも見つかることがあります。繁殖期になると、おすの尾の側面に銀白色の帯もようがあらわれます。

ホンコンコブイモリ
イモリ科 ♠全長11〜15cm ♣香港島と広東省 ♥昆虫、ミミズなど
★かつては香港島でしか知られていませんでしたが、大陸部にも広く分布することが分かりました。繁殖期以外は陸上で生活して、なわばりをもっていると考えられています。

耳腺が発達する
オレンジ色のもようがある

ラオスイモリ 🟥
イモリ科 ♠全長15〜19cm ♣ラオス北部 ♥昆虫、ミミズなど
★東アジアのイモリ類の中では最大種です。標高1000m以上にある小川の流れのゆるやかな場所に生息します。

平らな頭部
ひれ状に発達した尾

イベリアトゲイモリ
イモリ科 ♠全長17〜20cm、最大全長30cm ♣スペイン南部、ポルトガル南部、モロッコ北西部 ♥オタマジャクシ、イモリの幼生、水生昆虫など ★水生のイモリで沼や池、貯水池、ゆるやかな流れの川などの、水生生物のしげった場所にすんでいます。ろっ骨の先端がするどくとがっていて、強くつかむと皮ふを突き破って相手にささります。

マダラサラマンドラ（ファイアーサラマンダー）
イモリ科 ♠全長15〜25cm ♣ヨーロッパ中部から南部 ♥昆虫、ミミズなど
★丘陵地の落葉樹林の地面の穴や積んである腐りかかった木材の間など日かげで湿った場所にすんでいます。耳腺や背中から強い毒を出して、敵から身を守ります。卵ではなく、幼生を池などの水たまりに産みます。

黄色やオレンジ色、赤色のはん点やしまもようがある
円筒形の尾

マダラサラマンドラの成体と幼生

アルプスサラマンドラ
イモリ科 ♠全長9〜14cm
♣アルプス山脈周辺とバルカン半島西部（オーストリア、クロアチア、フランス西部、ドイツ、イタリア北部、リヒテンシュタイン、モンテネグロ、セルビア、スイス） ♥昆虫、ミミズなど
★アルプスの高地に生息します。3000m近い標高の生息地では、1年に8か月も休眠します。

黒色の基亜種

目の間にメガネのようなもようがある
3列のいぼ状突起がならぶ

メガネイモリ
イモリ科 ♠全長10cm ♣イタリア ♥昆虫、ミミズなど
★小さく細長い体型のイモリで、両目の間に帯状のもようがあり、これがメガネのように見えます。標高200〜900mの山地に生息しています。

豆ちしき ラオスコブイモリは、現地では薬用として捕獲され、販売されています。

カリフォルニアイモリ
イモリ科 ♠全長13〜20cm ♣アメリカ合衆国カリフォルニア州 ♥昆虫、甲殻類、貝類、節足動物など ★森林から草地にすみ、池や湖、小さな流れなどで12〜5月頃繁殖します。大型で腹は黄色かオレンジ色をしています。猛毒のテトロドトキシン（フグ毒）をもつことで知られています。

緑色の体色に黒色のまだらもようがある

はんしょく期のおすの背と尾の皮ふがひれ状になる

マダライモリ
イモリ科 ♠全長14〜18cm ♣スペイン北部、フランス南西部 ♥昆虫、甲殻類、貝類、節足動物など ★繁殖期のおすには背中にたてがみのようなかざりが発達して、尾も高さが増します。おすはめすの前でダンスをして求愛をします。飼育下で25年生きた記録があります。

クシイモリ（キタクシイモリ）
イモリ科 ♠全長14〜18cm ♣イギリス、フランス北部からスカンジナビア半島南部。アルプス山脈北側にはさまれたヨーロッパの北西部からロシア西部 ♥昆虫など ★本来は大きめの池にすんでいますが、夏には干上がってしまうような小さなみぞや水たまりでも見られます。繁殖期のおすには、のこぎり状の切れこみのある背びれが発達し、尾には銀色のラインが現れます。

繁殖期でないときは、腹側は黄色からオレンジ色

繁殖期のおすのクシイモリ

背面のいぼは発達しない

腹面や指先に赤いもよう

キメアライボイモリ
イモリ科 ♠全長12〜15cm ♣中国、ベトナム ♥昆虫、甲殻類、貝類、節足動物など ★小型のミナミイボイモリで、前・後ろあしと尾の腹面に赤いもようがあり、ほかは全身黒色をしています。4〜5月が繁殖期で、めすは陸上の落ち葉の下などに30〜52個の卵を産卵します。

背面中央と左右のいぼが赤みがかったオレンジ色になる

前・後ろあしの指も赤みがかったオレンジ色

コイチョウイボイモリ
イモリ科 ♠全長20cm ♣中国（雲南省北東部から貴州省西部） ♥昆虫、ミミズなど ★大型のミナミイボイモリの一種で、背中の中央と両側に赤みがかったオレンジの帯もようがあります。卵はあさい池などの止水中、湿った陸上、水場の近くの石の下などさまざまな場所に産卵します。

ミナミイボイモリ（ヤマイボイモリ）
イモリ科 ♠全長20cm ♣中国（雲南省）、ミャンマー ♥昆虫、ミミズなど ★標高1000〜2500mの山地に生息し、落葉の下やみぞなどの湿った場所にすんでいます。オレンジ色のもようがある個体と、ない個体がいますが同じ種です。変態したばかりの亜成体にはオレンジ色の丸いいぼの列はありません。

マダラサラマンドラ / ニイチョウイボイモリ / メガネイモリ / アルプスサラマンドラ

豆ちしき クシイモリのように、繁殖期に頭部から背中にかけて「たてがみ」のようなひれが、くし状にのびる変化を「二次性徴」といいます。

アメリカサンショウウオのなかま

ムハイサンショウウオ科とも呼ばれます。サンショウウオのなかまの多く、25属275種もふくまれます。肺が退化して、体内受精によってほとんどの種が陸上で産卵します。卵を乾燥やカビから守るためにめすが保護するなどの特徴があります。

ウスグロサンショウウオ（ダスキーサラマンダー）
アメリカサンショウウオ科 ♠全長6.3～11cm
♣カナダ東部、アメリカ合衆国東部 ♥昆虫、ミミズなど ★森林を流れる小さな渓流のそばに生息しています。めすは卵を産んで保護します。アメリカサンショウウオ科の多くは、卵から変態を終えた幼体が産まれる直接発生をしますが、このなかまは幼生が産まれます。

ミドリキノボリサンショウウオ
アメリカサンショウウオ科 ♠全長8～12cm ♣アメリカ合衆国 ♥昆虫など ★指先が広がっており、岩盤を登ることができますが、あまり木には登りません。めすは岩のすき間に卵を産んで保護します。おすはなわばり意識が強く、侵入者に対してはげしくこうげきします。

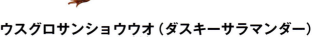

頭部、体ともに細い

背面中央に黒いすじがある

カリフォルニアホソサンショウウオ
アメリカサンショウウオ科 ♠全長7.5～15cm ♣アメリカ合衆国（オレゴン州西南部からカリフォルニア州） ♥昆虫、多足類、ミミズなど ★沿岸の山脈や内陸の丘陵地の森林や疎林の草地にすんでいます。湿った気候のときは、林の中で活動しますが、乾燥していると虫のほった地面の穴や木の根の間などにもぐります。

尾を自切するくびれ

エシュショルツサンショウウオ
アメリカサンショウウオ科 ♠全長7.5～15cm ♣カナダ、アメリカ合衆国、メキシコ ♥昆虫、多足類、ミミズなど ★尾のつけねにくびれがあり、そこで尾を自切することができます。7つの亜種に分けられていて、亜種の組み合わせによっては交雑をしないので、別種に分ける考えもあります。

◀……ものをつかむことができるあし

メキシコキノボリサンショウウオ（メキシコミットサラマンダー）
アメリカサンショウウオ科 ♠全長7～14cm ♣メキシコからホンジュラス ♥昆虫、多足類、ミミズなど ★水かきのある前、後ろあしと、長い尾を使って、木に登ったり、葉の裏を歩くこともできます。口から舌をのばして昆虫などをつかまえます。

アルタベラパスサンショウウオ（オオミットサラマンダー）
アメリカサンショウウオ科 ♠全長18cm ♣グアテマラ、ホンジュラス北東部 ♥昆虫、多足類、ミミズなど ★指の間の水かきを使って木に登ることができます。尾を枝にまきつけてぶら下がることもできます。体調をくずすと尾を自切してしまうことがあります。

◇絶滅危惧種 ♠体の大きさ ♣分布 ♥食べ物 ★特徴など

ミスジサンショウウオ
アメリカサンショウウオ科 ♠全長10～16cm、最大20cm
♣アメリカ合衆国南東部 ♥無脊椎動物など ★沼地や湿ったみぞ、湧水地など
いつも水気のある場所にすんでいます。岩や落ち葉などの下にもぐっています。
アメリカサンショウウオのなかまですが、卵からは幼生がふ化します。

→ 金色の体色に黒色のすじが、背面中央と左右体側にある

→ 成長とともにくすんでくる赤色の体色

アカサンショウウオ
アメリカサンショウウオ科 ♠全長11～18cm ♣アメリカ合衆国北東部
♥両生類の幼生、昆虫など ★山地にも平地にもすんでいて、冷たい泉で
見つかることもあります。陸上でも生活していますが、冬はおもに水中にいます。
若いうちはあざやかな赤色をしていますが、年をとると全体に黒ずんできます。

→ 頭部から尾にかけて赤い帯もようが背面にある

→ 円筒形の尾

セアカサンショウウオ
（セアカヌメサラマンダー）
アメリカサンショウウオ科 ♠全長5.7～10cm
♣アメリカ合衆国北東部 ♥昆虫、クモ、無脊椎動物など
★湿った林を好みますが、地中にもぐるのはとくいでは
ありません。名前の通り背中に赤い帯もようの個体もいますが、
もようがない個体も同じ場所で見つかります。

→ 刺激すると皮ふから粘液を出す

→ 黒色の体色に灰色のもようがある

ヌメサンショウウオ
アメリカサンショウウオ科 ♠全長11～21cm ♣アメリカ合衆国南東部
♥昆虫、ミミズなど ★敵におそわれると、強い粘着力の粘液を
出して身を守ります。この粘液がついて乾くと、ヘビでさえ
口が開けられなくなります。卵はめすが保護して、
幼体が産まれます。

→ 円筒形の尾

→ 灰色から青灰色の体色に黒いはん点もようがある

→ 短い尾

ライエルミズカキサンショウウオ
アメリカサンショウウオ科 ♠全長4.4～9cm
♣アメリカ合衆国（カリフォルニア州） ♥無脊椎動物など
★水かきや短い尾を使って岩場を登ることがとくいで、
花崗岩地帯に生息しています。舌を体の長さの半分ほども口から
出してえものをつかまえます。敵におそわれると体を丸めて岩場を
転がり落ちてにげます。

テキサスメクラサンショウウオ
アメリカサンショウウオ科 ♠全長8～14cm ♣アメリカ合衆国（テキサス州のサンマルコス近郊）
♥エビ、ヨコエビなど ★地下水脈や洞くつなどの暗やみの中で生活します。幼形成熟するので、
一生3対の外鰓が残ります。洪水などによって外に流れ出てくることがあります。

テキサスメクラサンショウウオの目は、皮ふにうもれて、わずかに黒い点のように見えます。

ミスジサンショウウオ
アカサンショウウオ
ウスグロサンショウウオ
ヌメサンショウウオ

豆ちしき アカサンショウウオのレッドエフトと呼ばれる若い個体の赤い体色は、有毒のブチイモリの亜成体に擬態しているといわれています。

217

日本の爬虫類・両生類の多様性

日本には亜種や外来種もふくめて110種の爬虫類と、79種の両生類が生息しています。南北に長い日本列島では、爬虫類・両生類は北方系の種から南方系の種まで、さまざまな種が生息しています。特に南西諸島は、面積では日本全体の1％しかありませんが、日本の爬虫類の約65％、両生類の約35％がここに分布しています。ここでは、この図鑑にのっているおもなものをまとめました。

北海道、本州、四国、九州の爬虫類・両生類

南西諸島の爬虫類・両生類

さくいん INDEX

この本に出ている哺乳類、爬虫類、両生類の名前（標準和名）や学名が、アイウエオ順にならんでいます。学名は、ラテン語で表された、世界共通の名前です。(58ページ)
※種の解説があるページは、太字で表しています。

ア

アイゾメヤドクガエル ——— 177・199
Dendrobates tinctorius

アイフィンガーガエル ——— 195
Kurixalus eiffingeri

アオウミガメ ——— 20・30・32・40・59・219
Chelonia mydas mydas

アオガエル ——— 193

アオカナヘビ ——— 84
Takydromus smaragdinus

アオキノボリアリゲータートカゲ ——— 107
Abronia graminea

アオジタトカゲ ——— 80
Tiliqua scincoides

アオスジトカゲ ——— 76
Plestiodon elegans

アオダイショウ ——— 115・141・162・218
Elaphe climacophora

アオホソオオトカゲ
→コバルトオオトカゲ ——— 111

アオマタハリヘビ ——— 152
Calliophis bivirgatus

アオマダラウミヘビ ——— 154
Laticauda colubrina

アカアシガメ ——— 53
Chelonoidis carbonaria

アカイシサンショウウオ ——— 206
Hynobius katoi

アカウミガメ ——— 40・198・218
Caretta caretta

アカオナメラ ——— 137
Gonyosoma oxycephalum

アカオパイプヘビ ——— 119
Cylindrophis ruffus

アカオビマイマイヘビ ——— 145
Dipsas temporalis

アカガエル→ニホンアカガエル ——— 186

アカサンショウウオ ——— 217
Pseudotriton ruber

アカジタミドリヤモリ ——— 72
Naultinus grayi

アカスジクビナガガエル→ナゾガエル ——— 185

アカスジヤマガメ ——— 50
Rhinoclemmys pulcherrima

アカトマトガエル ——— 185
Dyscophus antongilii

アカハライモリ ——— 15・16・201・212・218
Cynops pyrrhogaster

アガマ ——— 91

アカマクトビガエル ——— 194
Rhacophorus pardalis

アカマタ ——— 139・219
Dinodon semicarinatum

アカマダラ ——— 139・219
Dinodon rufozonatum rufozonatum

アカミミマブヤ
→エレガントマブヤトカゲ ——— 78

アカメアマガエル ——— 164・175
Agalychnis callidryas

アカメカブトトカゲ ——— 78
Tribolonotus gracilis

アジアウキガエル ——— 192
Occidozyga lima

アジアジムグリガエル ——— 184
Kaloula pulchra

アジアツノガエル
→ミツヅノコノハガエル ——— 170

アジアミドリガエル ——— 191
Hylarana erythraea

アジアヨツスジトカゲ ——— 77
Plestiodon quadrilineatus

アシナシイモリ ——— 160

アシナシトカゲ ——— 107

アスパーハブ ——— 128
Bothrops asper

アズマヒキガエル ——— 14・16・178・197・218
Bufo japonicus formosus

アズレアネコメガエル
→テヅカミネコメガエル ——— 174

アッサムハヤセガエル ——— 191
Amolops formosus

アデヤカヤセヒキガエル ——— 179
Atelopus varius

アナコンダ→オオアナコンダ ——— 120

アナホリガエル
→マダラクチボソガエル ——— 183

アナホリゴファーガメ ——— 55
Gopherus polyphemus

アフリカイエヘビ→チャイロイエヘビ ——— 149

アフリカウシガエル ——— 191
Pyxicephalus adspersus

アフリカクチナガワニ ——— 28
Mecistops cataphractus

アフリカジムグリガエル
→フクラガエル ——— 183

アフリカタマゴヘビ ——— 139
Dasypeltis scabra

アフリカツメガエル ——— 169
Xenopus laevis

アフリカニシキヘビ ——— 122・198
Python sebae

アベコベガエル ——— 175
Pseudis paradoxa

アベサンショウウオ ——— 207
Hynobius abei

アホロートル
→メキシコサンショウウオ ——— 210

アマウコビトヒメアマガエル ——— 167
Paedophryne amauensis

アマガエル ——— 173

アマガエルモドキ ——— 176

アマガサヘビ ——— 151
Bungarus multicinctus

アマクササンショウウオ ——— 206
Hynobius amakusaensis

アマゾンアミーバトカゲ
→ジャングルランナー ——— 90

アマゾンツノガエル ——— 182
Ceratophrys cornuta

アマミアオガエル ——— 193
Rhacophorus viridis amamiensis

アマミアカガエル ——— 186
Rana kobai

アマミイシカワガエル ——— 190・219
Odorrana splendida

アマミタカチホヘビ ——— 124
Achalinus werneri

アマミハナサキガエル ——— 189・219
Odorrana amamiensis

アマミヤモリ ——— 65・219
Gekko vertebralis

アミメスキアシヒメガエル ——— 185
Scaphiophryne madagascariensis

アミメスキンク ——— 81
Amphiglossus reticulatus

アミメニシキヘビ ——— 122
Malayopython reticulatus

アミメミズベトカゲ→アミメスキンク ——— 81

アムールカナヘビ ——— 84
Takydromus amurensis

アメリカアマガエル ——— 173
Hyla cinerea

アメリカアリゲーター ——— 29・199
Alligator mississippiensis

アメリカオオサンショウウオ ——— 204
Cryptobranchus alleganiensis

アメリカサンショウウオ ——— 216

アメリカツルヘビ ——— 136
Oxybelis aeneus

アメリカドクトカゲ ——— 19・108
Heloderma suspectum

アメリカヒキガエル ——— 181
Anaxyrus americanus

アメリカヒメガラガラヘビ ——— 131
Sistrurus miliarius

アメリカマムシ ——— 127
Agkistrodon contortrix

アメリカワニ ——— 26
Crocodylus acutus

アラビアガマトカゲ ——— 94
Phrynocephalus arabicus

アラフラヤスリヘビ ——— 124
Acrochordus arafurae

アリゲーター ——— 29

アリゾナサンゴヘビ ——— 153
Micruroides euryxanthus

アルジェリアトカゲ ─── 76
Eumeces algeriensis

アルダブラゾウガメ ─── 52
Aldabrachelys gigantea

アルタベラパスサンショウウオ ─── 216
Bolitoglossa dofleini

アルプスイモリ ─── 213
Ichthyosaura alpestris

アルプスサラマンドラ ─── 214
Salamandra atra

アルマジロトカゲ ─── 82
Cordylus cataphractus

アンダーウッドメガネトカゲ ─── 90
Gymnophthalmus underwoodi

アンナンガメ ─── 46
Mauremys annamensis

アンピジュルアパラコンティアストカゲ ─── 158
Paracontias ampijoroensis

アンヒューマ ─── 211
Amphiuma means

イ

イイジマウミヘビ ─── 154
Emydocephalus ijimae

イエアマガエル→イエアメガエル ─── 175

イエアメガエル ─── 175
Litoria caerulea

イエヘビ ─── 147

イグアナ ─── 102

イクチオステガ ─── 12

イシガキトカゲ ─── 75・219
Plestiodon stimpsonii

イシガメ→ニホンイシガメ ─── 46

イシヅチサンショウウオ ─── 207
Hynobius hirosei

イタリアカベカナヘビ ─── 85
Podarcis siculus

イチゴヤドクガエル ─── 177
Oophaga pumilio

イツスジトビトカゲ ─── 92
Draco quinquefasciatus

イナズマヘビ ─── 149
Mimophis mahfalensis

イハラミガエル→カモノハシガエル ─── 171

イヘヤトカゲモドキ ─── 71・219
Goniurosaurus kuroiwae toyamai

イベリアトゲイモリ ─── 214
Pleurodeles waltl

イベリアミミズトカゲ ─── 87
Blanus cinereus

イボイモリ ─── 212・219
Echinotriton andersoni

イボウミヘビ ─── 155
Enhydrina schistosa

イボクビスッポン ─── 39
Palea steindachneri

イボヨルトカゲ ─── 82
Lepidophyma flavimaculatum

イモリ→アカハライモリ ─── 212

イリエワニ ─── 26
Crocodylus porosus

イロカエカロテス ─── 91
Calotes versicolor

イワサキセダカヘビ ─── 125
Pareas iwasakii

イワサキワモンベニヘビ ─── 152・219
Sinomicrurus macclellandi iwasakii

イワヤマプレートトカゲ ─── 82
Gerrhosaurus validus

インガーウデナガガエル ─── 170
Leptobrachium ingeri

インディゴヘビ ─── 137
Drymarchon corais

インドアマガサヘビ ─── 151
Bungarus caeruleus

インドガビアル ─── 28
Gavialis gangeticus

インドカメレオン ─── 97
Chamaeleo zeylanicus

インドクサクイガエル ─── 192
Euphlyctis hexadactylus

インドコガシラスッポン ─── 38
Chitra indica

インドコブラ ─── 150
Naja naja

インドシナウォータードラゴン ─── 93
Physignathus cocincinus

インドシナオオスッポン ─── 38
Amyda cartilaginea

インドシナミナミトカゲ→インドトカゲ ─── 81

インドトカゲ ─── 81
Sphenomorphus indicus

インドニシキヘビ ─── 122
Python molurus

インドネシアキガエル ─── 195
Nyctixalus pictus

インドハコスッポン ─── 39
Lissemys punctata

インドハナガエル ─── 171
Nasikabatrachus sahyadrensis

インドホシガメ ─── 52・198
Geochelone elegans

インプレッサムツアシガメ ─── 55
Manouria impressa

ウ

ウォレストビガエル ─── 194
Rhacophorus nigropalmatus

ウシガエル ─── 189・197
Lithobates catesbeianus

ウスグロサンショウウオ ─── 216
Desmognathus fuscus

ウスグロハコヨコクビガメ ─── 35
Pelusios subniger

ウスタレカメレオン ─── 99
Furcifer oustaleti

ウスリーマムシ ─── 129
Gloydius ussuriensis

ウミイグアナ ─── 88・102
Amblyrhynchus cristatus

ウミガメ ─── 40

ウミヘビ ─── 154

エ

エジプトコブラ ─── 150
Uraeus haje

エジプトトゲオアガマ ─── 94
Uromastyx aegyptius

エシュショルツサンショウウオ ─── 216
Ensatina eschscholtzii

エゾアカガエル ─── 186・218
Rana pirica

エゾサンショウウオ ─── 208・218
Hynobius retardatus

エダセダカヘビ ─── 125
Aplopeltura boa

エダハヘラオヤモリ ─── 68
Uroplatus phantasticus

エボシカメレオン ─── 97
Chamaeleo calyptoratus

エミスムツアシガメ
→セマルムツアシガメ ─── 54

エメラルドオオトカゲ
→ミドリホソオオトカゲ ─── 111

エメラルドツリーボア
→エメラルドボア ─── 121

エメラルドボア ─── 121
Corallus caninus

エラブウミヘビ ─── 154・219
Laticauda semifasciata

エリオプス ─── 12

エリマキトカゲ ─── 62・88・92・198
Chlamydosaurus kingii

エレガントマブヤトカゲ ─── 78
Trachylepis elegans

エローサセオリガメ→モリセオレガメ ─── 56

エロンガータリクガメ ─── 55
Indotestudo elongata

エンマカロテストカゲ ─── 91
Calotes emma

オ

オウカンミカドヤモリ ─── 73
Rhacodactylus ciliatus

オウムヒラセリクガメ ─── 56
Homopus areolatus

オオアオジタトカゲ ─── 80
Tiliqua gigas

オオアオムチヘビ→ミドリムチヘビ ─── 134

オオアシカラカネトカゲ
→シロテンカラカネトカゲ ─── 79

221

オオアタマガメ — 43 *Platysternon megacephalum*	オキナワヤモリ — 65 *Gekko* sp.	ガビアル — 28
オオアナコンダ — 120 *Eunectes murinus*	オサガメ — 41 *Dermochelys coriacea*	ガビシャンヒゲガエル — 170 *Vibrissaphora boringii*
オオイタサンショウウオ — 207 *Hynobius dunni*	オスアカウシサシヘビ — 149 *Ithycyphus miniatus*	ガブーンアダー→ガボンアダー — 126
オオカサントウ — 135 *Ptyas carinata*	オタマジャクシ — 17・165・168・173・175・177・184	ガブーンバイパー→ガボンアダー — 126
オオクチガマトカゲ — 94 *Phrynocephalus mystaceus*	オットンガエル — 190・219 *Babina subaspera*	カブトシロアゴガエル — 195 *Polypedates otilophus*
オオサンショウウオ — 14・133・163・202・204・218 *Andrias japonicus*	オニタマオヤモリ — 73 *Nephrurus amya*	カブトニオイガメ — 42 *Sternotherus carinatus*
オオシマトカゲ — 75・219 *Plestiodon oshimensis*	オニプレートトカゲ — 83 *Gerrhosaurus major*	ガボンアダー — 112・126 *Bitis gabonica*
オーストラリアナガクビガメ — 36 *Chelodina longicollis*	オビトカゲモドキ — 71・219 *Goniurosaurus splendens*	ガボンバイパー→ガボンアダー — 126
オーストラリアワニ→ジョンストンワニ — 29	オマキトカゲ — 79・89 *Corucia zebrata*	ガマガエル→ニホンヒキガエル — 178
オオダイガハラサンショウウオ — 206 *Hynobius boulengeri*	オマキトカゲモドキ — 70 *Aeluroscalabotes felinus*	カミツキガメ — 43 *Chelydra serpentina serpentina*
オオトカゲ — 109	オマキホソユビヤモリ — 66 *Cyrtodactylus elok*	カメガエル — 171 *Myobatrachus gouldii*
オオトラフサンショウウオ — 210 *Dicamptodon tenebrosus*	オリーブヒメウミガメ — 41 *Lepidochelys olivacea*	カメの甲羅 — 51
オオハナサキガエル — 189・219 *Odorrana supranarina*	オリーブミズヘビ→ハイイロミズヘビ — 125	カメレオン — 88・95・100
オオバナガエル — 183 *Afrixalus fornasini*	オリンピックサンショウウオ — 211 *Rhyacotriton olympicus*	カモノハシガエル — 132・171 *Rheobatrachus silus*
オオヒキガエル — 180 *Rhinella marina*	オレンジヒキガエル — 180 *Incilius periglenes*	カラグールガメ — 49 *Batagur borneoensis*
オオフクロアマガエル — 172 *Gastrotheca ovifera*	オンセンヘビ — 145 *Thermophis baileyi*	ガラスヒバァ — 143 *Hebius pryeri*
オオブタバナスベヘビ→マダガスカルオオシシバナヘビ — 148	オンナダケヤモリ — 66・219 *Gehyra mutilata*	ガラパゴスオカイグアナ — 102 *Conolophus subcristatus*
オオミットサラマンダー→アルタベラパスサンショウウオ — 216		ガラパゴスゾウガメ — 52・59 *Geochelone nigra*
オオモリドラゴン — 92 *Gonocephalus grandis*	**カ**	ガラパゴスニセヤブヘビ — 146 *Pseudalsophis dorsalis*
オオヤマガメ — 48 *Heosemys grandis*	カーペットバイパー→サメハダクサリヘビ — 127	ガラパゴスリクイグアナ→ガラパゴスオカイグアナ — 102
オオヨコクビガメ — 34 *Podocnemis expansa*	ガイアナカイマントカゲ — 90 *Dracaena guianensis*	カラバリア→ジムグリパイソン — 121
オオヨロイトカゲ — 83 *Cordylus giganteus*	カイザーツエイモリ — 213 *Neurergus kaiseri*	カリフォルニアイモリ — 215 *Taricha torosa*
オガエル — 168 *Ascaphus truei*	カエル — 164	カリフォルニアホソサンショウウオ — 216 *Batrachoseps attenuatus*
オガサワラトカゲ — 77 *Cryptoblepharus nigropunctatus*	カサレアボア — 119 *Casarea dussumieri*	カリマンタンバーバーガエル — 168 *Barbourula kalimantanensis*
オガサワラヤモリ — 66・218 *Lepidodactylus lugubris*	カジカガエル — 15・194・218 *Buergeria buergeri*	カリンフトコノハガエル — 170 *Brachytarsophrys carinense*
オカダトカゲ — 75・218 *Plestiodon latiscutatus*	カスピスナボア — 121 *Eryx miliaris*	カワガメ — 42
オキサンショウウオ — 208 *Hynobius okiensis*	カスミサンショウウオ — 208 *Hynobius nebulosus*	ガンジススッポン — 39 *Nilssonia gangetica*
オキタゴガエル — 187 *Rana tagoi okiensis*	カテスビーマイマイヘビ — 145 *Dipsas catesbeji*	カンムリトカゲ — 105 *Laemanctus longipes*
オキナワアオガエル — 193・219 *Rhacophorus viridis viridis*	カナヘビ→ニホンカナヘビ — 84	カンムリヤマガメ — 50 *Rhinoclemmys diademata*
オキナワイシカワガエル — 190・219 *Odorrana ishikawae*	カニクイミズヘビ — 125 *Fordonia leucobalia*	
オキナワキノボリトカゲ — 91・219 *Japalura polygonata polygonata*	カノコテユー — 90 *Callopistes maculatus*	**キ**
オキナワトカゲ — 75・219 *Plestiodon marginatus*	カパーヘッド→アメリカマムシ — 127	キアシガメ — 53 *Chelonoidis denticulata*

見出し	ページ
ギアナカイマントカゲ →ガイアナカイマントカゲ	90
キールウミワタリヘビ *Cerberus rynchops*	125
キイロアマガサヘビ *Bungarus fasciatus*	151
キイロドロガメ *Kinosternon flavescens*	42
キイロマダラ *Dinodon flavozonatum*	139
キイロヤドクガエル *Phyllobates terribilis*	177
キオビヤドクガエル *Dendrobates leucomelas*	113・177
キガシラソメワケヤモリ *Gonatodes albogularis*	72
キクザトサワヘビ *Opisthotropis kikuzatoi*	144
ギザギザバシリスク *Basiliscus galeritus*	105
ギザミネヘビクビガメ *Hydromedusa tectifera*	36
キシノウエトカゲ *Plestiodon kishinouyei*	76・219
キスジヒバァ *Hebius stolatum*	143
キスジレーサー *Orientcoluber spinalis*	137
キタオウシュウサンショウウオ *Onychodactylus nipponoborealis*	205
キタクシイモリ→クシイモリ	215
キタサンショウウオ *Salamandrella keyserlingii*	206
キタチャクワラ *Sauromalus obesus*	103
キノボリアデガエル *Mantella laevigata*	196
キノボリクサリヘビ *Atheris squamigera*	126
キノボリヤモリ *Hemiphyllodactylus typus typus*	66
キバラガメ *Trachemys scripta scripta*	45
キボシイシガメ *Clemmys guttata*	44
キボシサンショウウオ *Ambystoma maculatum*	210
キメアライボイモリ *Tylototriton asperrimus*	215
キメアラフトイモリ *Pachytriton glanulosus*	213
キモンホソメクラヘビ *Epictia tenellus*	118
キューバアマガエル *Osteopilus septentrionalis*	174
キューバズツキガエル →キューバアマガエル	174
キューバブチミミズトカゲ *Cadea blanoides*	87
キューバワニ *Crocodylus rhombifer*	27
キュビエブキオトカゲ *Oplurus cuvieri*	88・106
キュビエムカシカイマン *Paleosuchus palpebrosus*	29
ギュンターヘラオヤモリ *Uroplatus guentheri*	68
ギリシャイシガメ *Mauremys rivulata*	46
ギリシャリクガメ *Testudo graeca*	54
キルクアシナシイモリ *Scolecomorphus kirkii*	160
キンイロアデガエル →マダガスカルキンイロガエル	196
キングコブラ *Ophiophagus hannah*	150
キンスジアマガエル →キンスジアメガエル	174
キンスジアメガエル *Litoria aurea*	174
キンスジサラマンダー →キンスジサンショウウオ	213
キンスジサンショウウオ *Chioglossa lusitanica*	213

ク

見出し	ページ
クールトビヤモリ *Ptychozoon kuhli*	66
クサガエル	183
クサガメ *Mauremys reevesii*	46・59・218
クサリヘビ	126
クシイモリ *Triturus cristatus*	215
クジャクスッポン *Aspideretes hurum*	39
クチノシマトカゲ *Plestiodon kuchinoshimensis*	75・219
クチヒロカイマン *Caiman latirostris*	29
クビワトカゲ *Crotaphytus collaris*	104
クマドリマムシ *Agkistrodon bilineatus*	127
クメジマハイ *Sinomicrurus japonicus takarai*	152
クメトカゲモドキ *Goniurosaurus kuroiwae yamashinae*	71・219
クモオツノメクサリヘビ *Pseudocerastes urarachnoides*	113
クモノスガメ *Pyxis arachnoides*	56
クラークハリトカゲ *Sceloporus clarkii*	103
グラベンホーストスベイグアナ *Liolaemus gravenhorsti*	106
クランウェルツノガエル *Ceratophrys cranwelli*	182
グランディスヒルヤモリ *Phelsuma grandis*	69
グリーンアノール *Anolis carolinensis*	20・104
グリーンイグアナ *Iguana iguana*	60・102
グリーンパイソン→ミドリニシキヘビ	123
グリーンバシリスク *Basiliscus plumifrons*	105
グリルツリートカゲ *Anisolepis grilli*	106
グレイオオトカゲ *Varanus olivaceus*	109
グレーターサイレン *Siren lacertina*	15・158・210
クロイワトカゲモドキ *Goniurosaurus kuroiwae kuroiwae*	71・219
クロウミガメ *Chelonia mydas agassizii*	41
クロカイマン *Melanosuchus niger*	29
クロガシラウミヘビ *Hydrophis melanocephalus*	155
クロコダイル	26・28
クロコダイルテグー *Crocodilurus amazonicus*	90
クロコブチズガメ *Graptemys nigrinoda*	44
クロサンショウウオ *Hynobius nigrescens*	208・218
クロテピイヒキガエル *Oreophrynella nigra*	4・179
クロハコヨコクビガメ *Pelusios niger*	35
クロボシウミヘビ *Hydrophis ornatus*	155

ケ

見出し	ページ
ケープスキハナミミズトカゲ *Monopeltis capensis*	86
ケープヒメカメレオン *Bradypodion pumilum*	96
ケープユウレイガエル *Heleophryne purcelli*	171
ケガエル *Trichobatrachus robustus*	183
ケヅメリクガメ *Centrochelys sulcata*	53
ケララヤマガメ *Vijayachelys silvatica*	51
ケンプヒメウミガメ *Lepidochelys kempii*	41

コ

見出し	ページ
コイチョウイボイモリ *Tylotriton kweichowensis*	215
コークィコヤスガエル *Eleutherodactylus coqui*	172
コータオアシナシイモリ *Ichthyophis kohtaoensis*	158・160
コーチスキアシガエル *Scaphiopus couchii*	170

223

コーチヒルヤモリ — 69・88 *Phelsuma kochi*	コンゴコビトワニ — 28 *Osteolaemus osborni*	**シ**
ゴールデンテグー — 90 *Tupinambis teguixin*	コンゴツメガエル — 169 *Hymenochirus boettgeri*	ジェフロアカエルガメ — 37 *Phrynops geoffroanus*
ゴールデントビヘビ — 135 *Chrysopelea ornata*		シカンマクヤモリ — 64 *Gecko subpalmatus*
コーンスネーク — 142 *Pantherophis guttata*	**サ**	シコクハコネサンショウウオ — 205 *Onychodactylus kinneburi*
コガタハナサキガエル — 189・219 *Odorrana utsunomiyaorum*	サイイグアナ — 103 *Cyclura cornuta*	シジミマブヤトカゲ — 78 *Eutropis macularia*
コガタブチサンショウウオ — 208 *Hynobius yatsui*	サイドワインダー →ヨコバイガラガラヘビ — 18・129	シナワニトカゲ →チュウゴクワニトカゲ — 108
コガネガエル — 172 *Brachycephalus ephippium*	サイレン→グレーターサイレン — 210	シベリアサンショウウオ →セイホウサンショウウオ — 206
コケガエル — 113・195 *Theloderma corticale*	サキシマアオヘビ — 135・219 *Cyclophiops herminae*	シマヘビ — 59・141・218 *Elaphe quadrivirgata*
コテハナアシナシトカゲ — 107 *Anniella pulchra*	サキシマカナヘビ — 84・219 *Takydromus dorsalis*	ジムグリ — 140・218 *Euprepiophis conspicillatus*
コノハガエル→ミツヅノコノハガエル — 170	サキシマキノボリトカゲ — 91 *Japalura polygonata ishigakiensis*	ジムグリパイソン — 121 *Calabaria reinhardtii*
コノハカメレオン →ブランジェカレハカメレオン — 96	サキシマスジオ — 141・219 *Elaphe taeniura schmackeri*	シモフリヒラセリクガメ — 56 *Homopus signatus*
コノハヒキガエル — 180 *Trachycephalus typhonius*	サキシマスベトカゲ — 77 *Scincella boettgeri*	ジャイアントミツヅノカメレオン →デレマカメレオン — 98
ゴノメアリノハハヘビ — 148 *Madagascarophis colubrinus*	サキシマヌマガエル — 192・219 *Fejervarya sakishimensis*	ジャクソンカメレオン — 98・101 *Trioceros jacksonii*
コバルトオオトカゲ — 111 *Varanus macraei*	サキシマバイカダ — 138・219 *Lycodon ruhstrati multifasciatus*	シャムワニ — 27 *Crocodylus siamensis*
コバルトヤドクガエル →アイゾメヤドクガエル — 177	サキシマハブ — 130・219 *Protobothrops elegans*	ジャワヤスリミズヘビ — 124 *Acrochordus javanicus*
コビトカイマン →キュビエムカシカイマン — 29	サキシママダラ — 139・219 *Dinodon rufozonatum walli*	ジャングルランナー — 90 *Ameiva ameiva*
コブハナトカゲ — 93 *Lyriocephalus scutatus*	サドガエル — 188・218 *Glandirana susurra*	シュウダ — 140 *Elaphe carinata carinata*
コブラ — 150	サバクオオトカゲ — 109 *Varanus griseus*	シュトゥンプフヒメカメレオン — 19・95 *Brookesia stumpffi*
ゴマフフトイモリ→フトイモリ — 213	サバクツノトカゲ — 103 *Phrynosoma platyrhinos*	シュナイダートカゲ — 77 *Eumeces schneideri*
コモチカナヘビ — 84・218 *Zootoca vivipara*	サバクトゲオアガマ→トゲオアガマ — 94	シュライベルカナヘビ — 85 *Lacerta schreiberi*
コモチミミズトカゲ — 87 *Trogonophis wiegmanni*	サバクヨルトカゲ — 82 *Xantusia vigilis*	シュレーゲルアオガエル — 193・218 *Rhacophorus schlegelii*
コモドオオトカゲ — 2・59・110 *Varanus komoensis*	サハラツノクサリヘビ — 126 *Cerastes cerastes*	ショカリアレチヘビ — 149 *Psammophis schokari*
コモリガエル→ピパ — 169	サバンナヨコクビガメ — 35 *Podocnemis vogli*	ショクヨウガエル→ウシガエル — 189
コモンアミーバ→ジャングルランナー — 90	サメハダクサリヘビ — 127 *Echis carinatus*	ジョンストンカメレオン — 98 *Trioceros johnstoni*
コモンオオカミヘビ — 138 *Lycodon aulicus*	サラサナメラ — 141 *Elaphe dione*	ジョンストンワニ — 27 *Crocodylus johnstoni*
コモンガーターヘビ — 19・144 *Thamnophis sirtalis*	サンゴパイプヘビ — 119 *Anilius scytale*	シリケンイモリ — 212・219 *Cynops ensicauda*
コモンキングヘビ — 20・142 *Lampropeltis getula*	サンゴヘビモドキ — 146 *Pliocercus elapoides*	シロアゴガエル — 195 *Polypedates leucomystax*
コモンヒレアシトカゲ — 74 *Pygopus lepidopodus*	サンショウウオ — 200・205	シロガシラアゼミオプス — 131 *Azemiops kharini*
コヤスガエル — 172	サントメアシナシイモリ — 161 *Schistometopum thomense*	シロクチアオハブ — 131 *Trimeresurus albolabris*
ゴライアスガエル — 166・191 *Conraua goliath*	サンバガエル — 168 *Alytes obstetricans*	シロテンカラカネトカゲ — 79 *Chalcides ocellatus*
ゴリアテガエル →ゴライアスガエル — 191	サンビームヘビ — 123 *Xenopeltis unicolor*	シロテンヒメガエル — 183 *Heterixalus alboguttatus*
コロンビアオオヒキガエル — 180 *Rhaebo blombergi*	サンルカスゴファーヘビ — 143 *Pituophis vertebralis*	シロハラミミズトカゲ — 86 *Amphisbaena alba*

シロフタアシトカゲ ― 74・158
Dibamus leucurus

シロマダラ ― 139・218
Dinodon orientale

シンリンガラガラヘビ ― 89・114・129
Crotalus horridus

ス

スウィンホーキノボリトカゲ ― 91
Japalura swinhonis

ズグロニシキヘビ ― 123
Aspidites melanocephalus

スジオオニオイガメ ― 42
Staurotypus triporcatus

スズガエル ― 168
Bombina orientalis

スタンディングヒルヤモリ ― 69
Phelsuma standingi

スッポン→ニホンスッポン ― 39

スッポンモドキ ― 38
Carettochelys insculpta

ステルツナーガエル ― 179
Melanophryniscus stelzneri

ステルツナークロヒキガエル
→ステルツナーガエル ― 179

ステルツナーヒキガエル
→ステルツナーガエル ― 179

ストロベリーヤドクガエル
→イチゴヤドクガエル ― 177

スナトカゲ ― 79
Scincus scincus

スナメクラヘビ ― 118
Madatyphlops arenarius

スベセヒラタトカゲ ― 82
Platysaurus guttatus

スベヒタイヘラオヤモリ ― 68・112
Uroplatus henkeli

スベヒタイヘルメットイグアナ ― 105
Corytophanes cristatus

スペングラーヤマガメ ― 48
Geoemyda spengleri

スポットサラマンダー
→キボシサンショウウオ ― 210

スマトラトビトカゲ ― 92
Draco sumatranus

スミスセタカガメ ― 50
Pangshura smithii

スミスヤモリ ― 64
Gekko smithii

スリナムオオヒキガエル
→オオヒキガエル ― 180

スローワーム→ヒメアシナシトカゲ ― 107

セ

セアカサンショウウオ ― 217
Plethodon cinereus

セアカヌメサラマンダー
→セアカサンショウウオ ― 217

セイブサンゴヘビ
→アリゾナサンゴヘビ ― 153

セイブシシバナヘビ ― 145
Heterodon nasicus

セイブダイヤガラガラヘビ ― 128・199
Crotalus atrox

セイブツケハナヘビ
→ニシパッチノーズスネーク ― 136

セイホウサンショウウオ ― 206
Ranodon sibiricus

セーシェルガエル ― 171
Sooglossus sechellensis

セグロウミヘビ ― 154
Pelamis platura

セスジイシヤモリ ― 72
Diplodactylus vittatus

ゼニガメ ― 46

セネガルガエル ― 183
Kassina senegalensis

セバブロンズヘビ ― 134
Dendrelaphis tristis

セマルハコガメ ― 47・59
Cuora flavomarginata

セマルムツアシガメ ― 54
Manouria emys

ソ

ソウカダ ― 144
Xenochrophis piscator

ソナンサンショウウオ ― 209
Hynobius sonani

ソノラミドリヒキガエル ― 181
Anaxyrus retiformis

ソバージュネコメガエル ― 175
Phyllomedusa sauvagii

ソボサンショウウオ ― 208
Hynobius shinichisatoi

ソメワケササクレヤモリ ― 67
Paroedura picta

ソリガメ ― 55
Chersina angulata

タ

ダーウィンガエル ― 182

ダーウィンハナガエル ― 182
Rhinoderma darwinii

タイガーサラマンダー
→トラフサンショウウオ ― 210

タイガースネーク ― 153
Notechis scutatus

タイガーネズミヘビ ― 137
Spilotes pullatus

タイコブラ ― 150
Naja kaouthia

タイドクフキコブラ ― 150
Naja siamensis

タイパン ― 153
Oxyuranus scutellatus

タイヘイヨウコーラスガエル ― 174
Pseudacris regilla

タイマイ ― 41・199・219
Eretmochelys imbricata

ダイヤモンドガメ ― 44
Malaclemys terrapin

ダイヤモンドミズヘビ ― 144
Nerodia rhombifer

タイワンアマガサヘビ→アマガサヘビ ― 151

タイワンサンショウウオ ― 209
Hynobius formosanus

タイワンスジオ ― 141
Elaphe taeniura friesi

タイワンハブ ― 130
Protobothrops mucrosquamatus

タカサゴナメラ ― 140
Euprepiophis mandarinus

タカチホヘビ ― 124
Achalinus spinalis

タカネサンショウウオ ― 206
Batrachuperis pinchonii

タカラヤモリ ― 65・219
Gekko shibatai

タゴガエル ― 187
Rana tagoi tagoi

タシロヤモリ ― 67・219
Hemidactylus bowringii

ダスキーサラマンダー
→ウスグロサンショウウオ ― 216

タダミハコネサンショウウオ ― 205
Onychodactylus fuscus

タテガミヨウガントカゲ ― 105
Tropidurus spinulosus

タテスジマブヤトカゲ ― 78
Eutropis multifasciata

タワヤモリ ― 65
Gekko tawaensis

ダンジョヒバカリ ― 143
Hebius vibakari danjoensis

ダンダラミズトカゲ ― 86
Amphisbaena fuliginosa

タンビマムシ ― 129
Gloydius brevicaudus

チ

チチカカミズガエル ― 182
Telmatobius culeus

チチュウカイカメレオン ― 97
Chamaeleo chamaeleon

チビオオオトカゲ ― 110
Varanus brevicauda

チャイロイエヘビ ― 149
Boaedon fuliginosus

チャイロツルヘビ→アメリカツルヘビ ― 136

チャコガエル ― 182
Chacophrys pierotti

チャホアミカドヤモリ ― 73
Rhacodactylus chahoua

チュウゴクアシナシトカゲ
→ハートヘビガタトカゲ ― 107

225

チュウゴクイモリ 212 Cynops orientalis	テキサスメクラサンショウウオ 217 Typhlomolge rathbuni	トタテガエル 174 Trachycephalus jordani
チュウゴクオオサンショウウオ 204 Andrias davidianus	テグートカゲ 90	トッケイヤモリ 65 Gekko gecko
チュウゴククリヘビ 134 Oligodon chinensis	デコルセメクラヘビ 118 Madatyphlops decorsei	トノサマガエル 188・197・218 Pelophylax nigromaculatus
チュウゴクコブイモリ 214 Paramesotriton chinensis	デスアダー 153 Acanthophis antarcticus	トマトガエル→アカトマトガエル 185
チュウゴクシュウダ→シュウダ 140	テヅカミネコメガエル 174 Phyllomedusa hypocondrialis	トラフガエル 192 Hoplobatrachus rugulosus
チュウゴクワニトカゲ 108 Shinisaurus crocodilurus	デレマカメレオン 98 Trioceros deremensis	トラフサンショウウオ 210 Ambystoma tigrinum
チュウベイカミツキガメ 43 Chelydra rossignonii	テングキノボリヘビ 148 Langaha madagascariensis	トランピヤチビヤモリ 69 Lygodactylus tolampyae
チュウベイサンゴヘビ 153 Micrurus nigrocinctus	テンセンナガスキンク 79 Lerista punctatovittata	トリンケットヘビ 138 Coelognathus helena
チュウベイメガネカイマン →メガネカイマン 29	デンタータヒメカメレオン 95 Brookesia dentata	トルキスタンスキンクヤモリ 72 Teratoscincus scincus
チョウセンサンショウウオ 198・209 Hynobius leechii	テントセタカガメ 50 Pangshura tentoria	ドロガメ 42
チョウセンスズガエル→スズガエル 168		ドワーフサイレン→ヌマサイレン 210
チョウセンハコネサンショウウオ 205 Onychodactylus koreanus	**ト**	
チョウセンヤマアカガエル 187 Rana uenoi	トウキョウサンショウウオ 209・218 Hynobius tokyoensis	**ナ**
チリメンナガクビガメ 36 Chelodina oblonga	トウキョウダルマガエル 188・218 Pelophylax porosus porosus	ナイトアノール 104 Anolis equestris
チリヨツメガエル 176 Pleurodema thaul	ドウナガアンフィグロスストカゲ 158 Amphiglossus tanysoma	ナイルオオトカゲ 109 Varanus niloticus
チルドレンニシキヘビ 123 Antaresia childreni	トウブグリーンマンバ →ヒガシグリーンマンバ 151	ナイルワニ 18・20・24・26・59 Crocodylus niloticus
チワワトカゲモドキ →テキサストカゲモドキ 70	トウブジムグリガエル 185 Gastrophryne carolinensis	ナガレガエル 190 Staurois guttatus
	トウホクサンショウウオ 207・218 Hynobius lichenatus	ナガレタゴガエル 187 Rana sakuraii
ツ	トゥリアラシベットヘビ 148 Phisalixella tulearensis	ナガレヒキガエル 178・218 Bufo torrenticola
ツギオミカドヤモリ 73 Rhacodactylus leachianus	ドゥリットアオガエル 194 Rhacophorus dulitensis	ナゴヤダルマガエル 133・188・218 Pelophylax porosus brevipodus
ツクバハコネサンショウウオ 205 Onychodactylus tsukubaensis	トーレチビヤモリ 72 Sphaerodactylus torrei	ナゾガエル 185 Phrynomantis bifasciatus
ツシマアカガエル 186 Rana tsushimensis	トカゲ 60・75	ナマクアカメレオン 6・97 Chamaeleo namaquensis
ツシマサンショウウオ 208・218 Hynobius tsuensis	トカゲモドキ 70	ナマクアサバクカメレオン →ナマクアカメレオン 97
ツシマスベトカゲ 77・218 Scincella vandenburghi	トカラハブ 130・219 Protobothrops tokarensis	ナミエガエル 192・219 Limnonectes namiyei
ツシママムシ 129・218 Gloydius tsushimaensis	トキイロヒキガエル 181 Schismaderma carens	ナミブミズカキヤモリ 69 Pachydactylus rangei
ツチガエル 188・218 Glandiana rugosa	ドクトカゲ 108	ナミヘビ 134
ツノガエル 182	ドクハキコブラ→リンカルス 151	ナメハダタマオヤモリ 73 Nephrurus levis
ツノミカドヤモリ →ホソユビミカドヤモリ 73	トゲウミヘビ 154 Lapemis curtus	ナンアナメクジクイ 147 Duberria lutrix
	トゲオアガマ 94 Uromastyx acanthinura	ナンジャ 135 Ptyas mucosa
テ	トゲオオトカゲ 110 Varanus acanthurus	ナンダ→ナンジャ 135
テキサストカゲモドキ 70 Coleonyx brevis	トゲスッポン 39 Apalone spinifera	ナンベイウシガエル 176 Leptodactylus pentadactylus
テキサスホソメクラヘビ 118 Rena dulcis	トゲヤマガメ 48 Heosemys spinosa	ナンベイカミツキガメ 43 Chelydra acutirostris

ニ

ニシアフリカコビトワニ ― 28
Osteolaemus tetraspis

ニシアフリカトカゲモドキ ― 70
Hemitheconyx caudicinctus

ニジイロハシリトカゲ
→リボンハシリトカゲ ― 90

ニシカナリアカナヘビ ― 85
Gallotia galloti

ニシキハコガメ ― 45
Terrapene ornata

ニシキヘビ ― 122

ニシサンジニアボア ― 121
Sanzinia volontany

ニシパッチノーズスネーク ― 136
Salvadora hexalepis

ニジボア ― 121
Epicrates cenchria

ニシヤモリ ― 65
Gekko sp.

ニセサンゴヘビ ― 113・146
Erythrolamprus aesculapii

ニホンアカガエル ― 17・186・218
Rana japonica

ニホンアマガエル - 14・53・163・165・**173**・197・198・218
Hyla japonica

ニホンイシガメ ― 31・46・59・218
Mauremys japonica

ニホンカジカガエル
→ リュウキュウカジカガエル ― 194

ニホンカナヘビ ― 61・84・162・218
Takydromus tachydromoides

ニホンスッポン ― 39・59・218
Pelodiscus sinensis

ニホントカゲ ― 75・218
Plestiodon japonicus

ニホンヒキガエル ― 178・218
Bufo japonicus japonicus

ニホンマムシ ― 129・218
Gloydius blomhoffii

ニホンヤモリ ― 64・88・218
Gekko japonicus

ニューギニアカブトトカゲ ― 78
Tribolonotus novaeguineae

ニワカナヘビ ― 85
Lacerta agilis

ニンニクガエル ― 170
Pelobates fuscus

ヌ

ヌマガエル ― 192
Fejervarya kawamurai

ヌマガメ ― 44

ヌマサイレン ― 210
Pseudobranchus striatus

ヌママムシ ― 127
Agkistrodon piscivorus

ヌマヨコクビガメ ― 34
Pelomedusa subrufa

ヌマワニ ― 27
Crocodylus palustris

ヌメサンショウウオ ― 217
Plethodon glutinosus

ネ

ネコトカゲモドキ→オマキトカゲモドキ ― 70

ネッタイガラガラヘビ ― 128
Crotalus durissus

ネバタゴガエル ― 187・218
Rana neba

ノ

ノギハラハガクレトカゲ ― 104
Polychrus marmoratus

ノギハラバシリスク ― 105
Basiliscus vittatus

ノコヘリハコヨコクビガメ ― 35
Pelusios sinuatus

ノコヘリマルガメ ― 49
Cyclemys dentata

ノドジロオオトカゲ ― 111
Varanus albigularis

ノドモンドロヒキガエル ― 181
Pelophryne misera

ハ

パーソンカメレオン ― 96
Calumma parsonii

ハートヘビガタトカゲ ― 107・158
Ophisaurus harti

バートンヒレアシトカゲ ― 74・158
Lialis burtonis

バーバーチズガメ ― 44
Graptemys barbouri

バーバートカゲ ― 76
Plestiodon barbouri

ハイ ― 152・219
Sinomicrurus japonicus boettgeri

ハイイロミズヘビ ― 125
Hypsiscopus plumbea

ハイイロモリガエル ― 195
Chiromantis xerampelina

パインヘビ ― 143
Pituophis melanoleucus

ハクバサンショウウオ ― 207
Hynobius hidamontanus

ハグルマブキオトカゲ ― 106
Oplurus cyclurus

ハコネサンショウウオ ― 205・218
Onychodactylus japonicus

パシフィックボア→ハブモドキボア ― 120

バシャムチヘビ ― 137
Masticophis flagellum

バジンバササクレヤモリ ― 67
Paroedura vazimba

ハスオビアオジタトカゲ
→アオジタトカゲ ― 80

バゼットガエル
→マルメタピオカガエル ― 182

パセリガエル ― 170
Pelodytes punctatus

バダグールガメ ― 49
Batagur baska

バタフライアガマ ― 93
Leiolepis belliana

バテイレーサー ― 134
Hemorrhois hippocrepis

ハナガメ ― 47
Mauremys sinensis

ハナサキガエル ― 189・219
Odorrana narina

ハナダカカメレオン ― 96
Calumma nasutum

ハナツノカメレオン ― 99
Furcifer rhinoceratus

ハナブトオオトカゲ ― 111
Varanus salvadorii

ハネハブ ― 128
Atropoides nummifer

ババトラフガエル→トラフガエル ― 192

ハブ ― 130・219
Protobothrops flavoviridis

パフアダー ― 127
Bitis arietans

ハブモドキ ― 144
Macropisthodon rudis

ハブモドキボア ― 120
Candoia carinata

ハミルトンガメ ― 49
Geoclemys hamiltonii

ハユルミトカゲ
→マダガスカルイグアナ ― 106

ハラオビカメレオン ― 96
Calumma gastrotaenia

ハラガケガメ ― 42
Claudius angustatus

パラグアイカイマン ― 29
Caiman yacare

パラシュートヤモリ→クールトビヤモリ ― 66

パラダイストビヘビ ― 135
Chrysopelea paradisi

ハラルドマイヤーオビトカゲ ― 83
Zonosaurus haraldmeieri

バルカンアシナシトカゲ
→バルカンヘビガタトカゲ ― 107

バルカンヘビガタトカゲ ― 107
Pseudopus apodus

ハルマヘラホカケトカゲ ― 93
Hydrosaurus weberi

パレスチナクサリヘビ ― 126
Daboia palaestinae

ハロウェルアマガエル ― 173
Hyla hallowellii

パロットヘビ ― 138
Leptophis ahaetulla

バロンアデガエル ― 196
Mantella baroni

227

パンケーキガメ ― 55
Malacochersus tornieri

パンサーカメレオン ― 99
Furcifer pardalis

バンダイハコネサンショウウオ ― 205
Onychodactylus intermedius

バンディバンディ ― 153
Vermicella annulata

ヒ

ピーターホソユビヤモリ ― 66
Cyrtodactylus consobrinus

ビードロアマガエルモドキ ― 176
Hyalinobatrachium colymbiphyllum

ヒガシアゴヒゲトカゲ ― 94
Pogona barbata

ヒガシアフリカグリーンマンバ
→ヒガシグリーンマンバ ― 151

ヒガシグリーンマンバ ― 151
Dendroaspis angusticeps

ヒガシニホントカゲ ― 75・89・218
Plestiodon finitimus

ヒキガエル→ニホンヒキガエル ― 178

ヒゲカレハカメレオン ― 96
Rieppeleon brevicaudatus

ヒゲコノハカメレオン
→ヒゲカレハカメレオン ― 96

ヒゲミズヘビ ― 125
Erpeton tenaculatus

ヒジリガメ ― 48
Heosemys annandalii

ヒダサンショウウオ ― 207
Hynobius kimurae

ピパ ― 169
Pipa pipa

ヒバカリ ― 143・218
Hebius vibakari vibakari

ビブロンモールバイパー ― 149
Atractaspis bibronii

ヒメアシナシトカゲ ― 107
Anguis fragilis

ヒメアマガエル ― 184・219
Microhyla okinavensis

ヒメハブ ― 130・219
Ovophis okinavensis

ヒャッポダ ― 129
Deinagkistrodon acutus

ヒャン ― 152・219
Sinomicrurus japonicus japonicus

ヒョウガエル ― 189
Lithobates pipiens

ヒョウモンガメ ― 53
Stigmochelys pardalis

ヒョウモントカゲモドキ ― 70
Eublepharis macularius

ヒラオオオカタトカゲ ― 83・88
Zonosaurus laticaudatus

ヒラオオビトカゲ
→ヒラオオオカタトカゲ ― 83

ヒラオミズアシナシイモリ ― 161・163
Typhlonectes compressicauda

ヒラオヤモリ ― 67・89
Hemidactylus platyurus

ヒラガシラコブトカゲ ― 108
Xenosaurus platyceps

ヒラタピパ→ピパ ― 169

ヒラタヘビクビガメ ― 36
Platemys platycephala

ヒラバナヤモリ ― 72
Chatogekko amazonicus

ヒラリーカエルガメ ― 37
Phrynops hilarii

ビルマニシキヘビ ― 122
Python bivittatus

ヒレアシトカゲ ― 74

ヒロオウミヘビ ― 154
Laticauda laticaudata

ヒロオビフィジーイグアナ
→フィジーイグアナ ― 103

ヒロオヒルヤモリ ― 69
Phelsuma laticauda

ヒロクチミズヘビ ― 125
Homalopsis buccata

ヒロノムス ― 13

ピンクイグアナ ― 103
Conolophus marthae

フ

ファイアーサラマンダー
→マダラサラマンドラ ― 214

ファイアースキンク→ベニトカゲ ― 81

フィジーイグアナ ― 103
Brachylophus fasciatus

フィッシャーカメレオン ― 96
Kinyongia fischeri

フィリピンホカケトカゲ ― 93
Hydrosaurus pustulatus

フィリピンヤマガメ ― 51
Siebenrockiella leytensis

フイリマルガシラツルヘビ ― 145
Imantodes inornatus

フウハヤセガエル ― 191
Huia cavitympanum

ブームスラング ― 139
Dispholidus typus

ブーランジェアシナシイモリ ― 160
Boulengerula boulengeri

フクラガエル ― 183
Breviceps adspersus

フクロアマガエル ― 172
Gastrotheca marsupiata

フタアシトカゲ ― 74

フタアシミミズトカゲ ― 87
Bipes biporus

フタユビアンヒューマ→アンヒューマ ― 211

ブチイモリ ― 113・213
Notophthalmus viridescens

ブチサンショウウオ ― 207
Hynobius naevius

ブチピエロヘビ ― 149
Homoroselaps lacteus

ブッシュマスター ― 131
Lachesis muta

フトアゴヒゲトカゲ ― 94
Pogona vitticeps

フトイモリ ― 213
Pachytriton brevipes

フトサンショウウオ ― 206
Pachyhynobius shangchengensis

フラーアシナシイモリ ― 160
Chikila fulleri

ブラーミニメクラヘビ ― 118・219
Indotyphlops braminus

ブライスハナナガミジカオヘビ ― 119
Rhinophis blythii

ブラウンスネーク ― 153
Pseudonaja textilis

ブラジリアンピグミーゲッコー
→ヒラバナヤモリ ― 72

ブラックマンバ ― 151
Dendroaspis polylepis

ブラックレーサー ― 137
Coluber constrictor

ブランジェカレハカメレオン ― 96
Rhampholeon boulengeri

ブルックミズトカゲ ― 78
Tropidophorus brookei

フレイザーヒレアシトカゲ ― 74
Delma fraseri

フロリダイツスジトカゲ ― 76
Plestiodon inexpectatus

フロリダサンゴヘビ ― 153
Micrurus fulvius

フロリダスッポン ― 39
Apalone ferox

フロリダミミズトカゲ ― 19・87
Rhineura floridana

ヘ

ヘーネルカメレオン
→ヘルメットカメレオン ― 99

ヘサキリクガメ ― 53
Astrochelys yniphora

ベッコウサンショウウオ ― 208
Hynobius stejnegeri

ベトナムコケガエル→コケガエル ― 195

ベニトカゲ ― 81
Lepidothyris fernandi

ヘビ ― 114

ヘビクビガメ ― 36

ベランコハダヘビ ― 147
Liophidium vaillanti

ヘリグロヒキガエル ― 181
Duttaphrynus melanostictus

ヘリグロヒメトカゲ ― 77
Ateuchosaurus pellopleurus

ヘリスジヒルヤモリ ― 69
Phelsuma lineata

ベルセオレガメ ― 56
Kinixys belliana

ベルツノガエル ― 182
Ceratophrys ornata

ベルニアキバシリヘビ ― 147
Dromicodryas bernieri

ヘルベンダー
→アメリカオオサンショウウオ ― 204

ヘルマンリクガメ ― 54
Testudo hermanni

ヘルメットガエル ― 171
Calyptocephalella gayi

ヘルメットカメレオン ― 99
Trioceros hoehnelii

ペレンティーオオトカゲ ― 111
Varanus giganteus

ベンガルオオトカゲ ― 110
Varanus bengalensis

ホ

ボア ― 120

ボアコンストリクター ― 120・199
Boa constrictor

ボイドモリドラゴン ― 92
Hypsilurus boydii

ホウシャガメ ― 53
Astrochelys radiata

ホウセキカナヘビ ― 85
Timon lepidus

ホエアマガエル ― 173
Hyla gratiosa

ホオグロヤモリ ― 67・88・162・219
Hemidactylus frenatus

ホースガエル ― 191
Hylarana hosii

ホームセオレリクガメ ― 56
Kinixys homeana

ボールニシキヘビ ― 123
Python regius

ホクベイカミツキガメ→カミツキガメ ― 43

ホクリクサンショウウオ ― 208・218
Hynobius takedai

ホソツラナメラ→アカオナメラ ― 137

ホソユビミカドヤモリ ― 73
Rhacodactylus auriculatus

ボタンカメレオン ― 99
Furcifer verrucosus

ホッホシュテッタームカシガエル ― 168
Leiopelma hochstetteri

ボニーヘッドアマガエル
→トタテガエル ― 174

ホライモリ ― 211
Proteus anguinus

ホルストガエル ― 190・219
Babina holsti

ホルスフィールドリクガメ
→ヨツユビリクガメ ― 54

ボルネオカグヤヒメガエル ― 185
Metaphrynella sundana

ボルネオカワガメ ― 49
Orlitia borneensis

ボルネオチョボグチガエル ― 113・184
Kalophrynus meizon

ボルネオトカゲ ― 79
Apterygodon vittatum

ボルネオヒメアマガエル ― 184
Microhyla borneensis

ホンコンコブイモリ ― 214
Paramesotriton hongkongensis

ホンハブ→ハブ ― 130

ボンベイアシナシイモリ ― 161
Indotyphlus battersbyi

マ

マーブルサラマンダー
→マーブルサンショウウオ ― 210

マーブルサンショウウオ ― 210
Ambystoma opacum

マオエルシャンサンショウウオ ― 209
Hynobius maoershanensis

マスクゼンマイトカゲ ― 104
Leiocephalus personatus

マダガスカルイグアナ ― 61・106
Chalarodon madagascariensis

マダガスカルオオシシバナヘビ ― 148
Leioheterodon madagascariensis

マダガスカルオビトカゲ ― 83
Zonosaurus madagascariensis

マダガスカルガエル ― 196

マダガスカルキンイロガエル ― 196
Mantella aurantiaca

マダガスカルシシバナヘビ
→ムジオオシシバナヘビ ― 148

マダガスカルセイルフィンリザード
→マダガスカルイグアナ ― 106

マダガスカルテングキノボリヘビ
→テングキノボリヘビ ― 148

マダガスカルヒルヤモリ ― 69
Phelsuma madagascariensis

マダガスカルヘラオヤモリ ― 18・68
Uroplatus fimbriatus

マダガスカルボア ― 120
Acrantophis madagascariensis

マタマタ ― 37・112
Chelus fimbriatus

マダライモリ ― 215
Triturus marmoratus

マダラウミヘビ ― 154・219
Hydrophis cyanocinctus

マダラクチボソガエル ― 183
Hemisus marmoratus

マダラサラマンドラ ― 200・214
Salamandra salamandra

マダラスナボア→カスピスナボア ― 121

マダラトカゲモドキ ― 71・219
Goniurosaurus kuroiwae orientalis

マダラヒメボア ― 119
Tropidophis haetianus

マダラヤドクガエル
→ミドリヤドクガエル ― 177

マツカサトカゲ ― 81
Tiliqua rugosa

マツカサヤモリ ― 67
Hemidactylus imbricatus

マツゲハブ ― 128
Bothriechis schlegelii

マッコネリーテプイヒキガエル ― 179
Oreophrynella macconnelli

マッドパピー ― 211
Necturus maculosus

マムシ→ニホンマムシ ― 129

マライマムシ ― 128
Calloselasma rhodostoma

マルオアマガサヘビ
→キイロアマガサヘビ ― 151

マルメタピオカガエル ― 182
Lepidobatrachus laevis

マレーアカニシキヘビ ― 123
Python brongersmai

マレーガビアル ― 28
Tomistoma schlegelii

マレーキノボリヒキガエル ― 181
Rentapia hosii

マレーハコガメ ― 47
Cuora amboinensis

マレーハラボシガエル ― 185
Chaperina fusca

マレーマムシ→マライマムシ ― 128

マングローブオオトカゲ ― 109
Varanus indicus

マングローブヘビ ― 140
Boiga dendrophila

ミ

ミイロヤドクガエル ― 177
Epipedobates tricolor

ミクロヒメカメレオン ― 95
Brookesia micra

ミシシッピアカミミガメ ― 45
Trachemys scripta elegans

ミシシッピニオイガメ ― 42
Sternotherus odoratus

ミシシッピワニ→アメリカアリゲーター ― 29

ミズオオトカゲ ― 109
Varanus salvator

ミズジサンショウウオ ― 217
Eurycea guttolineata

ミズジドロガメ ― 42
Kinosternon baurii

ミズジハコガメ ― 47
Cuora trifasciata

ミズタメガエル ― 15・175
Litoria platycephala

ミツウネヤマガメ ― 50
Melanochelys tricarinata

229

和名	ページ
ミツスジマラガシークチキヘビ *Pseudoxyrhopus tritaeniatus*	147
ミツヅノコノハガエル *Megophrys nasuta*	170
ミツユビカラカネトカゲ *Chalcides chalcides*	79
ミツユビハコガメ *Terrapene carolina triunguis*	45
ミドリカナヘビ *Lacerta viridis*	85
ミドリキノボリサンショウウオ *Aneides aeneus*	216
ミドリトカゲ *Prasinohaema virens*	77
ミドリツヤトカゲ *Lamprolepis smaragdina*	79
ミドリツルヘビ *Oxybelis fulgidus*	136
ミドリニシキヘビ *Morelia viridis*	123
ミドリヒキガエル *Bufotes viridis*	179
ミドリホソオオトカゲ *Varanus prasinus*	111
ミドリマダガスカルガエル→ミドリマントガエル	196
ミドリマントガエル *Guibemantis pulcher*	196
ミドリムチヘビ *Ahaetulla prasina*	134
ミドリヤドクガエル *Dendrobates auratus*	177
ミナミアリゲータートカゲ *Elgaria multicarinata*	107
ミナミイシガメ *Mauremys mutica*	46
ミナミイボイモリ *Tylototriton shanjing*	215
ミナミオオガシラ *Boiga irregularis*	140
ミナミカナヘビ *Takydromus sexlineatus*	84
ミナミトリシマヤモリ *Perochirus ateles*	67
ミナミヤモリ *Gekko hokouensis*	64・219
ミニマヒメカメレオン *Brookesia minima*	95・112
ミミズトカゲ	86
ミミナシオオトカゲ→ミミナシトカゲ	108
ミミナシトカゲ *Lanthanotus borneensis*	108
ミヤコカナヘビ *Takydromus toyamai*	84
ミヤコトカゲ *Emoia atrocostata atrocostata*	76
ミヤコヒキガエル *Bufo gargarizans miyakonis*	178・219
ミヤコヒバァ *Hebius concelarus*	143・219
ミヤコヒメヘビ *Calamaria pfefferi*	134
ミヤラヒメヘビ *Calamaria pavimentata miyarai*	134・219
ミューラスナボア *Eryx muelleri*	121
ミルクヘビ *Lampropeltis triangulum*	142

ム

和名	ページ
ムーアカベヤモリ *Tarentola mauritanica*	72・89
ムカシガエル	168
ムカシトカゲ *Sphenodon punctatus*	57・59
ムクアオガエル *Buergeria robusta*	194
ムジオオシシバナヘビ *Leioheterodon modestus*	148
ムジヒレアシトカゲ *Delma inornata*	74
ムジブタバナスベヘビ→ムジオオシシバナヘビ	148
ムスラナ *Clelia clelia*	145
ムツコブヨコクビガメ *Podocnemis sextuberculata*	34

メ

和名	ページ
メガネイモリ *Salamandrina terdigitata*	214
メガネカイマン *Caiman crocodilus*	22・29
メキシコアシナシイモリ *Dermophis mexicanus*	161
メキシコアマガエル *Smilisca baudinii*	174
メキシコカワガメ *Dermatemys mawii*	42
メキシコキノボリサンショウウオ *Bolitoglossa mexicana*	216
メキシコクジャクガメ *Trachemys ornata*	45
メキシコサラマンダー→メキシコサンショウウオ	210
メキシコサンショウウオ *Ambystoma mexicanum*	201・210
メキシコサンビームヘビ→メキシコパイソン	123
メキシコジムグリガエル *Rhinophrynus dorsalis*	169
メキシコドクトカゲ *Heloderma horridum*	108・199
メキシコトラフサンショウウオ→メキシコサンショウウオ	210
メキシコパイソン *Loxocemus bicolor*	123
メキシコミットサラマンダー→メキシコキノボリサンショウウオ	216
メクラヘビ	118
メラーカメレオン *Trioceros melleri*	98

モ

和名	ページ
モウドクフキヤガエル→キイロヤドクガエル	177
モエギハコガメ *Cuora galbinifrons*	47
モーリシャスボア→カサレアボア	119
モモアカアルキガエル *Kassina maculata*	183
モモジタトカゲ *Cyclodomorphus gerrardii*	80
モリアオガエル *Rhacophorus arboreus*	193・197・218
モリイグアナ *Hoplocercus spinosus*	105
モリセオレガメ *Kinixys erosa*	56
モロクトカゲ *Moloch horridus*	93
モンキヨコクビガメ *Podocnemis unifilis*	34
モンペリエヘビ *Malpolon monspessulanus*	146

ヤ

和名	ページ
ヤエヤマアオガエル *Rhacophorus owstoni*	193・219
ヤエヤマイシガメ *Mauremys mutica kami*	46・219
ヤエヤマセマルハコガメ *Cuora flavomarginata evelynae*	47
ヤエヤマタカチホヘビ *Achalinus formosanus chigirai*	124・219
ヤエヤマハラブチガエル *Nidiana okinavana*	190
ヤエヤマヒバァ *Hebius ishigakiensis*	143・219
ヤクシマタゴガエル *Rana tagoi yakushimensis*	187・219
ヤクヤモリ *Gekko yakuensis*	65・219
ヤシヤモリ *Gekko vittatus*	64
ヤスリミズヘビ	124
ヤドクガエル	177
ヤマアカガエル *Rana ornativentris*	186
ヤマイボイモリ→ミナミイボイモリ	215
ヤマカガシ *Rhabdophis tigrinus*	144・197・218
ヤマギシニンギョトカゲ *Voeltzkowia yamagishii*	81・158
ヤモリ	64

ユ

ユーステノプテロン ― 12

ユウレイガエル ― 171

ヨ

ヨウスコウアリゲーター ― 29
Alligator sinensis

ヨウスコウワニ
　→ヨウスコウアリゲーター ― 29

ヨーロッパアオダイショウ ― 140
Zamenis longissimus

ヨーロッパアカガエル ― 187
Rana temporaria

ヨーロッパアシナシトカゲ
　→バルカンヘビガタトカゲ ― 107

ヨーロッパアマガエル ― 173
Hyla arborea

ヨーロッパクサリヘビ ― 127
Vipera berus

ヨーロッパトノサマガエル ― 188
Pelophylax esculentus

ヨーロッパヌマガメ ― 44
Emys orbicularis

ヨーロッパヒキガエル ― 179・198
Bufo bufo

ヨーロッパヤマカガシ ― 144
Natrix natrix

ヨコクビガメ ― 34

ヨコスジスベウロコヘビ ― 147
Thamnosophis lateralis

ヨコバイガラガラヘビ ― 129
Crotalus cerastes

ヨツヅノカメレオン ― 98
Trioceros quadricornis

ヨツメイシガメ ― 50
Sacalia quadriocellata

ヨツメヒルヤモリ ― 69
Phelsuma quadriocellata

ヨツユビリクガメ ― 54
Testudo horsfieldii

ヨナグニキノボリトカゲ ― 91
Japalura polygonata donan

ヨナグニシュウダ ― 141・219
Elaphe carinata yonaguniensis

ヨルトカゲ ― 82

ヨロイハブ ― 131
Tropidolaemus wagleri

ラ

ライエルミズカキサンショウウオ ― 217
Hydromantes platycephalus

ライノセラスアダー ― 126
Bitis nasicornis

ラオスイモリ ― 214
Laotriton laoensis

ラッセルクサリヘビ ― 126
Daboia russelii

ラバーボア ― 121
Charina bottae

ラフアメリカアオヘビ ― 136
Opheodrys aestivus

ラフツリーバイパー
　→キノボリクサリヘビ ― 126

ラボードカメレオン ― 98
Furcifer labordi

ラルティアトカゲ ― 81
Larutia larutensis

リ

リクイグアナ
　→ガラパゴスオカイグアナ ― 102

リクガメ ― 52

リバークーター ― 44
Pseudemys concinna

リボンハシリトカゲ ― 90
Cnemidophorus lemniscatus

リュウキュウアオヘビ ― 135・219
Cyclophiops semicarinatus

リュウキュウアカガエル ― 186・219
Rana ulma

リュウキュウカジカガエル ― 194・219
Buergeria japonica

リュウキュウヤマガメ ― 48・219
Geoemyda japonica

リンカルス ― 151
Hemachatus haemachatus

リングアシナシイモリ ― 161
Siphonops annulatus

リンネアシナシイモリ ― 160
Caecilia tentaculata

ル

ルリオオトカゲ ― 111
Varanus doreanus

レ

レイテヤマガメ→フィリピンヤマガメ ― 51

レインボーアガマ ― 92
Agama agama

レースオオトカゲ ― 110
Varanus varius

ロ

ロココヒキガエル ― 179
Bufo schneideri

ロシアリクガメ→ヨツユビリクガメ ― 54

ロゼッタカメレオン ― 95
Brookesia perarmata

ワ

ワキモンユタ ― 103
Uta stansburiana

ワグラーヘビ ― 146
Xenodon merremii

ワタクチマムシ→ヌママムシ ― 127

ワニ ― 22

ワニガメ ― 43・113
Macroclemys temminckii

ワニトカゲ ― 108

ワモンニシキヘビ ― 123
Bothrochilus boa

ワラストビガエル
　→ウォレストビガエル ― 194

231

[監修]
森 哲　京都大学大学院 理学研究科 准教授 博士（理学）
西川完途　京都大学大学院 人間・環境学研究科 准教授 博士（人間・環境学）
鈴木大　東海大学生物学部生物学科　講師　博士（理学）

[原稿執筆]
大渕希郷　京都大学 野生動物研究センター 特定助教／日本モンキーセンター キュレーター

[写真]
Adam Scott、アフロ、アマナイメージズ、岩附信紀、内山りゅう、江頭幸士郎
オアシス、越智慎平、皆藤琢磨、学研写真部、木元侑菜、栗田和紀、栗田隆気
黒光康仁、ゲッティイメージズ、児島庸介、小宮輝之、佐久間聡、城野哲平
髙橋洋生、高橋瑞樹、田口精男、竹中踐、戸田守、戸田光彦、富永篤、鳥羽通久
西川完途、長谷川雅美、PPS通信社／山田智基、BBC、福家悠介、藤原尚太郎
松尾公則、増永元、水田拓、三保尚志、森 哲、与古田松市、吉川夏彦

Alan H. Savitzky	p145	アカオビマイマイヘビ (*Dipsas temporalis*)
	p146	ガラパゴスニセヤブヘビ (*Pseudalsophis dorsalis*)
Anslem de Silva	p119	ブライスハナナガミジカオヘビ (*Rhinophis blythii*)
Antonieta Labra	p106	グラベンホーストスベイグアナ (*Liolaemus gravenhorsti*)
Behzad Fathinia	p113	クモオツノメクサリヘビ (*Pseudocerastes urarachnoides*)
Blair Hedges	p87	キューバブチミミズトカゲ (*Cadea blanoides*)
Damian Lettoof	p74	コモンヒレアシトカゲ (*Pygopus lepidopodus*)
Deepak Veerappan	p51	ケララヤマガメ (*Vijayachelys silvatica*)
Djoko T Iskandar	p168	カリマンタンバーバーガエル (*Barbourula kalimantanensis*)
Frank Glaw	p95	ミクロヒメカメレオン (*Brookesia micra*)
Harvey Lillywhite	p128	マツゲハブ (*Bothriechis schlegelii*)
Indraneil Das	p152	アオマタハリヘビ (*Calliophis bivirgatus*)
Joachim Nerz	p160	キルクアシナシイモリ (*Scolecomorphus kirkii*)
	p160	ブーランジェアシナシイモリ (*Boulengerula boulengeri*)
Laurie Vitt	p72	ヒラバナヤモリ (*Chatogekko amazonicus*)
	p105	タテガミヨウガントカゲ (*Tropidurus spinulosus*)
	p105	モリイグアナ (*Hoplocercus spinosus*)
	p108	ヒラガシラコブトカゲ (*Xenosaurus platyceps*)
Li Ding	p129	タンビマムシ (*Gloydius brevicaudus*)
	p145	オンセンヘビ (*Thermophis baileyi*)
Quynh Ha	p39	イボクビスッポン (*Palea steindachneri*)
Rachunliu G Kamei	p160	フラーアシナシイモリ (*Chikila fulleri*)
Ruchira Somaweera	p123	チルドレンニシキヘビ (*Antaresia childreni*)
	p124	アラフラヤスリヘビ (*Acrochordus arafurae*)
	p125	カニクイミズヘビ (*Fordonia leucobalia*)
Sérgio Morato	p106	グリルツリートカゲ (*Anisolepis grilli*)
Shi Hai-Tao	p38	インドコガシラスッポン (*Chitra indica*)
	p34	ムツコブヨコクビガメ (*Podocnemis sextuberculata*)
	p35	クロハコヨコクビガメ (*Pelusios niger*)
	p50	ミツウネヤマガメ (*Melanochelys tricarinata*)
Truong Nguyen	p77	アジアヨツスジトカゲ (*Plestiodon quadrilineatus*)
Varad B. Giri	p161	ボンベイアシナシイモリ (*Indotyphlus battersbyi*)
Zach Felix	p216	ミドリキノボリサンショウウオ (*Aneides aeneus*)
賴俊祥	p194	ムクアオガエル (*Buergeria robusta*)

[参考文献]
疋田努.2002.爬虫類の進化.東京大学出版会.234ページ

[イラスト]
工藤晃司、小堀文彦、角慎作、中倉眞理
ネイチャープロダクション

[協力]
邑南町教育委員会、(公財)沖縄こどもの国
(公財)横浜市緑の協会 野毛山動物園
ジャパンスネークセンター
ジャパンワイルドライフセンター
ダルマガエルの里親、長崎ペンギン水族館
広島市安佐動物公園、瑞穂ハンザケ自然館
有限会社プラスト
伊東明洋、井藤文男、角矢永嗣
桑原一司（日本オオサンショウウオの会）、小西裕真
佐藤 肇、田口勇輝、丹羽奎太、服部真生、林 臨太郎、
福谷和美

[カバーデザイン・装丁]
FROG KING STUDIO
(近藤琢斗／石黒美和／今成麻緒／冨岡夏海)

[本文レイアウト]
小林峰子

[表紙画像レタッチ]
アフロビジョン

[編集協力]
田口精男、藤原尚太郎

[校正]
フライス・バーン

[企画編集]
百瀬勝也

<DVD映像制作>
[英語ナレーション・字幕]
DAVID ATTENBOROUGH

[日本語ナレーション]
江原正士

[メニュー画面制作]
村上ゆみ子

[制作協力]
田辺弘樹（シグレゴコチ）、山本直美

<見てみようAR制作>
[動画提供]
アフロ、アマナイメージズ、伊藤亮、学研教育ICT
ゲッティイメージズ、城野哲平、藤原尚太郎

[3DAR制作]
水木玲 (orbit)

[制作協力]
アララ株式会社、田辺弘樹（シグレゴコチ）

学研の図鑑LIVEシリーズ
WEBアンケート
今後とも良い本を作るため、みなさまの
ご意見、ご感想をお聞かせください。

学研の図鑑 LIVE
爬虫類・両生類

2016年 7月12日　初版発行
2023年 1月30日　第7刷発行

発行人	土屋 徹
編集人	代田雪絵
発行所	株式会社Gakken 〒141-8416 東京都品川区西五反田2-11-8
印刷所	共同印刷株式会社

NDC 487　232p　29.1cm
ISBN978-4-05-204328-4
©Gakken

本書の無断転載、複製、複写（コピー）、翻訳を禁じます。
本書を代行業者等の第三者に依頼してスキャンやデジタル化することは、
たとえ個人や家庭内の利用であっても著作権法上、認められておりません。

お客様へ
■この本に関する各種お問い合わせ先
本の内容については、下記サイトのお問い合わせフォームよりお願いします。
　　https://www.corp-gakken.co.jp/contact/
DVDの破損や不具合に関するお問い合わせは
　　イービストレード DVDサポートセンター　フリーダイヤル 0120-500-627
　　受付時間 10時〜17時（土日祝日をのぞく）
在庫については　　Tel 03-6431-1197（販売部）
不良品（落丁、乱丁）については　Tel 0570-000577
　　学研業務センター　〒354-0045 埼玉県入間郡三芳町上富 279-1
上記以外のお問い合わせは　Tel 0570-056-710（学研グループ総合案内）
■ 学研の図鑑 LIVEの情報は下記をご覧ください。
　　https://zukan.gakken.jp/live/
■ 学研グループの書籍・雑誌についての新刊情報・詳細情報は下記をご覧ください。
　　https://hon.gakken.jp/
※ 表紙の角が一部とがっていますので、お取り扱いには十分ご注意ください。

生物の進化

地球にあらわれた生物はさまざまです。この図鑑では、爬虫類、両生類を中心にしょうかいしています。

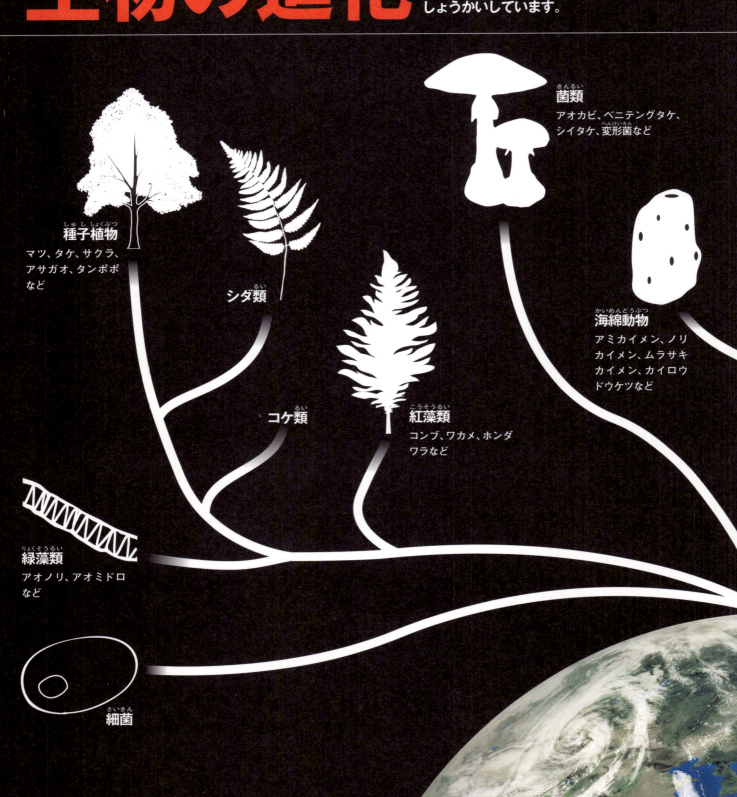